西方毛发时尚演变

[英] 苏珊·J.文森特 著　　陈瑞青 邹兵 黄雪琴 译

长江出版传媒 | 湖北美术出版社

图书在版编目（CIP）数据

西方毛发时尚演变 /（英）苏珊·J. 文森特著；陈瑞青，邹兵，黄雪琴译．-- 武汉：湖北美术出版社，2025. 2. --（盖博瓦丛书）. -- ISBN 978-7-5712-2551-3

Ⅰ. TS974.21-091

中国国家版本馆 CIP 数据核字第 2024V5L342 号

西方毛发时尚演变

XIFANG MAOFA SHISHANG YANBIAN

著　　者：[英] 苏珊·J. 文森特（Susan J. Vincent）
译　　者：陈瑞青　邹兵　黄雪琴
责任编辑：杨蓓　彭福希
责任校对：周嘉欣
技术编辑：平晓玉
封面设计：俞诗恒

出版发行：长江出版传媒　湖北美术出版社
地　　址：武汉市洪山区雄楚大道 268 号湖北出版文化城 B 座
电　　话：（027）87679525（发行部）　87679548（编辑部）
邮政编码：430070
印　　刷：武汉精一佳印刷有限公司
开　　本：720mm × 1000mm　1/16
印　　张：21
版　　次：2025 年 2 月第 1 版
印　　次：2025 年 2 月第 1 次印刷
定　　价：98.00 元

目录 CONTENTS

致谢

本书经历了漫长的创作过程。第二章和第三章中关于现代理发和修面的一些内容曾在《男人的头发：18 世纪的外貌管理》一文中出现，但论述背景有所不同。此文由汉娜·葛里格、简·哈姆雷特和利奥妮·汉南所编写，收录于《1600 年以后的英国性别与物质文化》（*Gender and Material Culture in Britain Since 1600*，伦敦：帕尔格雷夫出版社，2016）49—67 页。同样，第一章中对近代早期护发的概述和第四章对该时期胡型的讨论也曾见于《胡须与卷发：查理一世时期的宫廷发型》（*Beards and Curls: Hair at the Court of Charles I*），此文由阿比盖尔·纽曼和列恩尼基·尼茨坎普所编写，收录于《鲁本斯的天然与雕饰：17 世纪安特卫普的时尚与绘画》〔*(Un-)dressing Rubens: Fashion and Painting in Seventeenth-Century Antwerp*，纽约：哈维·米勒出版社，即将出版〕。感谢帕尔格雷夫·麦克米兰和哈维·米勒允许我将上述内容收入此书。

手稿的创作因受到其他项目和日常琐事的干扰而一再拖延，但布鲁姆斯伯里学院的编辑人员在这段漫长的日子里一直给予我支持，并对我有着无比惊人的耐心。我要特别感谢安娜在初期对我的帮助，还有后期的弗朗西斯与帕里，他们从未对我丧失信心，并想尽一切办法推动我跬步而行，直至本书完成。

由衷感谢我的家人一直以来的容忍和陪伴，以及他们给予我的许多有关头发的奇妙灵感。家母芭芭拉可谓身怀绝技，总能找到激发人奇思妙想的案例送到我面前。每当收到我求助的电子邮件，我的经济学家姐夫安迪便会挺身而出，替我查找和解读各种数据，解决最棘手的问题。一如既往，最特别的感谢属于我的丈夫艾伦。感谢他不断的鼓励，敏锐的编辑眼光，发自内心的兴趣，以及与我展开的极有裨益的讨论。同时，他还是一本行走的辞典，每当我强行要求他翻译各种晦涩的外文资料时，他总会耐心地帮助我。爱你们，谢谢。

另外，一定要感谢我的天才发型师史蒂芬，谢谢他引人深思的谈话和他所设计的精妙绝伦的发型。我作为与他结识多年的老主顾，有友如此，夫复何求？

绪论　头发的重要性

头发很重要。如莎拉·成（Sarah Cheang）和杰拉尔丁·比德尔－佩里（Geraldine Biddle-Perry）所言："人生而有毛发。"[1]身体有毛这样的生理结果已经渗透进所有文化当中，世界上所有宗教都有关于头发的信条和教义。纵观人类历史，人生中各种阶段性仪式和变迁都伴随着发型的变化。它已然成为我们部分肢体形态和情感状态的表达，伴随我们走向一生的终点。从人类学意义上看，头发是我们作为人该"做"的基本事项之一（图 0–1）。

在这些纵横四海、贯通古今的超凡进程背后，无数男男女女用自身的群体活动和不同信仰构筑成我们所定义的历史。或许有人对自己的发型和发质不甚在意，但这些人无疑只是少数派。相反，我们中的大多数人都能清晰地感受到头发与自我意识之间的联系。例如，成千上万的人在头发开始变得

图 0–1　头发：作为人的一部分

灰白时，会把它染成与内心那个“自我”相匹配的颜色——因为此刻渐趋灰白的真实发色在某种意义上并不符合他们对自我的认知。[2] 同样，意外的脱发也可能带来猝不及防的认知危机，因为脱发的人很难把这一截然不同的形象与内心笃信已久的自我形象匹配起来。化疗便是典型的例子，许多治疗报告表明，比起疾病本身，更让化疗病人难以接受的是脱发的现实。英文中广为人知的俚语“糟糕的一天”（bad hair day，字面意思为“头发乱糟糟的一天”）也说明，当头发怎么也不肯呈现它“应有”的样子时，我们都知道那是什么感觉。

富有的公众人物可以一掷千金，只为让自己想象中的发型成为现实。每周六，玛丽莲·梦露（Marilyn Monroe）都会花钱请她的染发师从圣地亚哥飞到洛杉矶，花上一整天的时间为她打理“金发尤物”的形象。[3] 不过，肯在发型一事上耗时又烧钱的不只有以外貌为生的名流。一篇被戏称为“美发入门”的报道中提到，据披露，2016年，法国总统弗朗索瓦·奥朗德（François Hollande）每月支付近 1 万欧元给发型师。尤其是考虑到总统那严重后移的发际线和简单的发型，这笔花销相当可观（图 0–2）。不过，对于这份甚至包含了发型师出国随行费用的月账单是否合理，政府发言人是这样解释的：“人人都要理发。发型师还得丢下自己的发廊，保证一天 24 小时随叫随到。”[4] 毫无疑问，认为这项支出合理的人不多，能负担得起的就更少了。这位政府发言人倒是说对了一点：确实，人人都要理发，大家也都像奥朗德一样，希望现实中的发型能够符合自己的想象。

也许正是发型与自我认知间的这种联系使我们倾向于以同样的观点看待别人，即把人们的发型与他们的个性联系在一起。当然，这种修辞手法在小说中也屡见不鲜，并在 19 世纪的写作艺术中达到顶峰，其中特别是女性角色的人物性格，常通过描写其发型来诠释。[5] 简·爱（Jane Eyre）的棕

图 0–2　2015 年，法国总统弗朗索瓦·奥朗德接见美发师学徒。奥朗德正在炫耀他那月花费 10000 欧元的发型。

色发髻梳得整齐熨帖，内在的任性被稳稳收敛；布兰琪·英格兰（Blanche Ingram）有着一头耀眼的乌黑秀发，卷曲而富有光泽；疯狂残忍的伯莎·罗彻斯特（Bertha Rochester）则顶着“马鬃般茂密狂野的斑白的深色头发，在阁楼里喋喋不休”。[6] 这些女人的发型成了一种转喻，用身体的一小部分来象征整个人物。如今的电影和视觉媒体也充分运用这一手法来表现角色性格、推动叙事。[7] 虚构故事中的手法同样适用于现实生活，因为我们也会在其他视觉线索的基础上，根据头发提供的信息，对我们认识和看到的人做出评判——无论这种评判最终是否正确。

发色与性格

每当涉及头发颜色时，人们总以为，一个人的外貌与性格间的联系尤为紧密。这种联系由来已久，并且经久不变。事实上，依据后文的论述，我们甚至可以认为，这些刻板印象正在日渐加剧。随着我们对生物学和遗传学的认识不断深入，以及染发技艺的精进，在某些方面，人们的理性认知似乎受到了动摇，偏见反而日渐昭彰。

过去几百年间，这些刻板印象存在得有理有据，因为它们完全符合当时的医学理论和人们对物质世界的理解。继承古典主义思想的近代早期体液学说认为，包括人体在内的所有物质都由 4 种体液构成。血液、黏液、黄胆汁（胆汁）和黑胆汁（肾脾汁）混合起来，构成一个人的内在状态——或称性情，性情又转而作用于人的外表和个性。[8] 因此，医生会把病人的外表和行为当作洞察内在的诊断依据，用来判断病人体内的体液状态，从而给予适当的治疗。此外，同样源于希腊罗马学派的面相学也认为某些身体特征与特定的心理特征间存在关联，进一步强调了身体与思想之间密不可分的关系。[9] 只要掌握了解读它们——包括发色与发质——的关键，任何人都能“读懂”他人的面相，洞察其内在的道德本质（图 0–3）。[10] 在如此庞大而又系统的信念基础上，人们自然会得出这样的结论：性格等同于发色，刻板印象便是客观现实。

这些观念在 16、17 世纪无数的文稿中出现，涵盖各种文体类型，从科学论著和自助医疗手册，到被钉在酒馆墙壁上供人吟唱调笑的俗气民谣，几乎无处不在。《牧羊人日历》（*The Shepherd's Calendar*）就是一个例子。它是一本影响广泛、读者甚众的通用百科，自法语译入英语后，在 16 和 17 世纪不断被重印。[11] 1570 年版的日历中写道：

图 0–3　1648 年的一本英文相面术手册中收录了有关相面术和 4 种体液的资料，以及对面相、发色与胡须长短和颜色的解析。

> 红发者，愚笨易怒，不明真理。黑发者，貌姣好，色愈乌黑愈热衷正义。发硬者，好和平友睦，敏感聪慧。男子黑发赤须，是为好色淫荡，好吹嘘，易背叛，不可轻信。男子发黄且虬，即爱嬉笑作乐，易背叛，善欺骗。黑卷发者，性悲忧，重色欲，多邪念。[12]

也有轻松些的例子，17 世纪 70 年代的歌谣《英国来的算命先生》（*The English Fortune-Teller*）中，对于择妻的建议如下：

> 我的相面术，
> 将向您指明，
> 根据头发色彩，
> 或是相貌和脸庞，
> 您就能知道哪位宜家宜室，
> 哪位最适合依偎身旁。[13]

后面的歌词戏称金发妻子会给丈夫戴绿帽，红发危险，肤色黝黑者聪慧却善于伪装。这并不只是厌女者的说辞，更像当时公认的一种文化玩笑，其他歌谣也从相对的角度提到过这种性别差异。稍微近期一些的歌曲《唱给她的棕胡子》（*To Her Brown Beard*）就给女性提供了择偶建议：浅褐发色的男人善妒，黄发与红发者太过沉迷酒场，棕发男子最为真诚、善良、钟情。[14]

这种信念以各种形式延续到 18 世纪甚至往后更久，那时仍有不少医书在探讨体液学说及其与发色间的关系。[15] 尤其是在寓教于乐的大众科普领域，这些有关外貌的所谓“真相”仍然广为流传。1796 年，一本女士历书提到头发的含义，认为发色和发质直接指向一个人的道德品质。因此，书中的性格解析指南总结了以下规律：无论男女，只要长着柔顺的黑发，就会温柔坚贞、感情丰沛；黑色卷发则意味着此人嗜酒、好争吵且生性好色。对男性而言，红色长发“意味着狡黠、诡计多端、欺瞒成性”；若是女性，则意味着巧言善辩、天性自负，“没有耐心且易怒”。[16] 历书中的这些内容就像今天每本杂志上刊登的星座解析一样，供人参看却不一定会被采信。但这一做法本身已经说明，人们仍然在某种程度上认同有关外貌的刻板印象。

19 世纪，受遗传学先驱格雷戈尔·孟德尔（Gregor Mendel）的影响，越来越多的人赞同生理特征产生和传递的机制是遗传可能性（heritability），达尔文的自然选择论更是将它与人类应对环境挑战时的长期成功或失败联系在一起。不过，这一时期其他领域的科学探索非但没能割裂外貌与内在间的旧有联系，反而将其进一步强化。颅相学便是其中之一。该学说认为，大脑不同部分的大小和形状决定着我们的智力和道德水平，颅骨的形状则取决于其中包裹的器官。该学说因此声称，只要能够精准地解读头部的高低起伏，就可以将人的个性一览无余（图 0–4）。借此，相面术也在 19 世纪得到了新的推动。[17] 尽管将其真正付诸实践的只有少数曲高和寡的专业人士，这些观念却已是“常识性”诠释学（hermeneutics）的一部分，被普通人广泛运用于人际交往中进行识人。颅相学和相面术共同影响着人们对种族、犯罪、异常行为和优劣区分的看法，且在头发方面应用显著：头发的样子是一种性格指标，这一观点在维多利亚时期的文学作品中反复出现。

尽管对外貌的研究已持续了数百年，其结论却仍然不甚精确。头发的色彩千变万化、深浅不一，外界赋予的含义也因而不断分化引申。而且，只要有人符合规律，就必然会有人例外。不过，人们对红发的态度倒是十分鲜明，而且惊人地一致。作为当下文化话语的外在表现，人们眼中时髦的发色总在变化，然而，一条有关红发地位的线索却暗暗贯穿了每个时代。从上文的部

PROF. THOMAS MOORES,

PRACTICAL PHRENOLOGIST,

OF LEEDS,

Begs to inform the Lady and Gentleman of this residence that he is spending a short time in this town and neighbourhood before going to his summer quarters (Douglas, Isle of Man). Having completed his lecture tour for the season, he now proposes to spend a short time in visiting families, &c., to give Phrenological Examinations, Advice on the choice of Trades, Professions, Education, &c. Mr. Moores, in his Descriptions, points out what your physical and mental qualities are, and how you may best apply them to ensure success. He shows the excesses and deficiencies which characterise you, and how you may overcome them; putting within your possession a sure guide to self-knowledge and self-improvement. If you

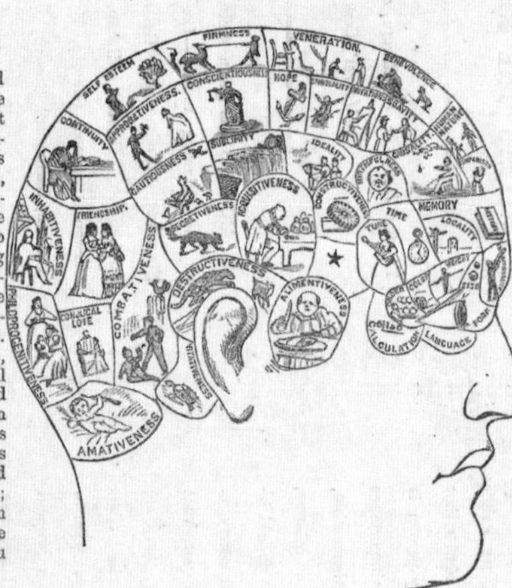

are a parent or guardian to children whom you are anxious to train aright, and put to the calling which will best agree with their health, and in which they have capacities to succeed, then try Phrenology, it has done it for thousands, and it can do it for them. Are you about to adopt some child in your family, and want to know what kind of a disposition it possesses? and whether it is likely to fulfil the desires which lead you to take it? Mr. Moores can tell you, and guard you against making a wrong choice. Have you servants whose characters are a puzzle to you? or, are you just going to engage one, and want an impartial character of them? Mr. M. will describe their characters with unerring accuracy.

MR. MOORES' experience as a Practical Phrenologist is a very wide one. His practice in Public and Private have been well tested, and his abilities well acknowledged both by the Press and the Public. The following may be given from hundreds who have borne equal testimony:—

"The Phrenological Examination I have undergone by MR. T. MOORES is very correct, it gives me every confidence in his abilities as an examiner."

H. BONE, Wesleyan Minister.

"MR. MOORES closes his Lectures with Public Examinations of persons chosen from the audience. They are *very* good, and give great satisfaction."—*Bacup Times.*

THE FOLLOWING IS FROM A WELL-KNOWN SOLICITOR.

"MR. MOORES has examined three of my family, and the startling descriptions convince me of his thorough knowledge of Phrenology."

图 0–4 利兹大学颅相学专家、教授托马斯·穆尔（Thomas Moore）的个人宣传页，约 1870 年。穆尔教授坚称，他可以通过分析人头部的形状，揭示被试者的内在性格。附图展示的是颅骨各个突起部分所揭示的不同能力，其中包括斗志、夫妻恩爱、寻找食物的行为倾向（觅食性）和希望。

分引述可以看出，人们对于红发的评价几乎都很负面，而且涵盖了多个世纪中的所有语域。譬如，1612 年的一份产科手册在有关乳母选择的建议中警告道，“她尤其不能是红发”。为表强调，手册中多次出现这条旁注：“不建议选择红发乳母。”[18] 1680 年，伦敦的一位医生在广告中列出自己能够治疗的病症，他在列出的内容中（从疟疾到蠕虫、痛症到痔疮）声称自己能改变红发者的发色，默认了红发起码是一种缺陷、甚至是疾病。[19] 他的处方可能是染发（下一章将讨论这一话题并介绍各种配方和产品），也可能是用铅梳梳头来加深发色。求诊者可能只是为了躲避嘲笑，毕竟对红发者的中伤自古就有。早在 1662 年，下列说法就被当作公认的事实：“英格兰百姓中流传着戏谑之语，称红发者为胡萝卜。”这句话的作者——意大利语与英语语法词典的编纂者，用这条知识来解释另一个俗语，说明到英国王政复辟时期，它已经成为众人熟知的既定事实。[20] 事实上，橘黄色头发的“胡萝卜头”在该世纪早期才刚刚（作为荷兰人的一支后裔）进入英国，这一人群的壮大和绰号流传之迅速可见一斑。约 30 年后的 1690 年，一首欢闹的歌谣《多情马车夫之歌》（*Ballad of an Amorous Coachman*）在街头巷尾和酒馆中传唱，歌中宣扬：

> 他们希望我娶珍妮，她也的确貌美可人，
> 但她的胡萝卜头仿如瘟疫，我不喜欢红发人，
> 她的皮囊我中意，头发却让我怨忧，
> 我这辈子也不可能爱上胡萝卜头。[21]

这样的公然抨击在之后的几个世纪依然存在（图 0-5），至今甚为普遍。大部分红发人士表示遭到过嘲笑和霸凌，一部分人甚至受到长期的心理创伤，深感差别与歧视。[22] 人们熟知这种嘲笑，有关姜黄色头发的讥讽比

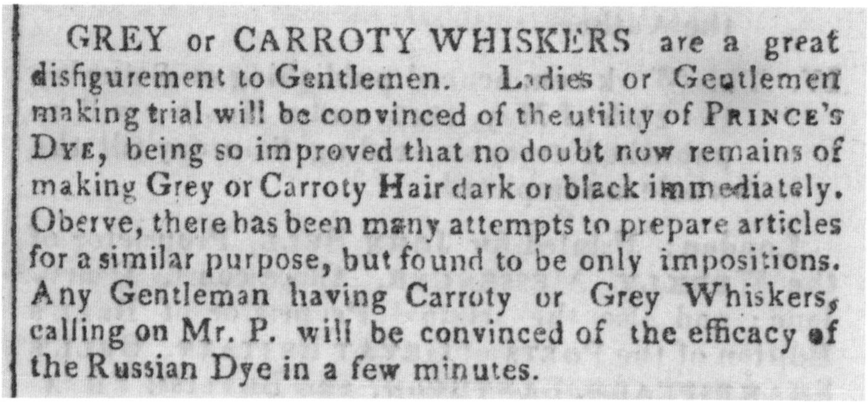

GREY or CARROTY WHISKERS are a great disfigurement to Gentlemen. Ladies or Gentlemen making trial will be convinced of the utility of PRINCE'S DYE, being so improved that no doubt now remains of making Grey or Carroty Hair dark or black immediately. Oberve, there has been many attempts to prepare articles for a similar purpose, but found to be only impositions. Any Gentleman having Carroty or Grey Whiskers, calling on Mr. P. will be convinced of the efficacy of the Russian Dye in a few minutes.

图 0-5　18 世纪，一则男女通用的“王子染发剂”广告。广告中称，该产品对灰色或胡萝卜色头发造成的外形损伤的修复尤为有效。

比皆是，甚至 2011 年时任英国工党副党魁、前任妇女及平等事务部长的哈里特·夏雅雯（Harriet Harman）都曾称与她共事的一位国会议员为“姜黄鼠”。她因此举遭到强烈谴责，不得不在事后出面道歉。[23] 在英国，类似的霸凌甚至升级为数例无缘无故针对个人乃至整个家庭的暴力性仇恨犯罪，唯一缘由只是这些人长着红色的头发。[24] 面对这样的歧视，来自世界各地的红发人士纷纷参与到名为“我红发我骄傲（Ginger Pride）”的系列游行活动当中，希望通过声势高涨的运动推动平权法案的订立（图 0-6）。首次游行于 2013 年爱丁堡艺术节期间举办，之后不断蔓延扩散，该系列活动如今已遍布全球。[25]

到了 21 世纪，人们已经没有任何借口，只凭外貌判断一个人是否有价值、能否被接纳。人类早期知识结构的基础是凭感官了解到的物质与精神世界间的关系，如今却大不相同。我们不再从“总体液”“坏血”和胆汁质的角度理解红色头发，而是意识到它是某些隐性基因遗传的结果。全世界红发者的数量其实很少，大约仅占全球人口的 1%——不过，某些国家（例如英

图 0–6　2013 年爱丁堡“我红发我骄傲”游行的参与者们。

伦三岛国家）的比例较高。[26] 但既然是隐性基因，携带这种红发 DNA 的人数并不少，只不过被其他更显性的发色基因编码掩盖住了。红发人群的稀有性也是现代人仍对他们保有偏见和刻板印象的原因，即：对少数群体的排斥和差别对待。

而在 20 世纪，人们对金发的态度与此相似却又截然不同。金发和红发一样属于隐性基因，浅色头发在全球都算少见，占比约为 2%。从发色来看，深发色在全世界占据绝对优势。[27] 但在北欧、北美等部分地区，金发者的比例要高出许多，甚至形成了一种显著的文化迷恋。其中最恶毒的例子是雅利安人神话：纳粹分子出于对金发碧眼的种族优越性的信仰，一面强制这一人种大量繁殖，一面对其他种族大肆屠杀。[28] 不过，迷恋金发的信仰也在通过其他形式的文化帝国主义隐秘地传播。自 20 世纪 30 年代以来，好莱坞机器炮制了一大批银幕上的“金发尤物”，用一连串的电影名称把这种发色上升成一种存在状态。这类影片开篇自 1931 年珍・哈露（Jean Harlow）（图 0–7）出演的《金发女郎》（*Platinum Blonde*），以 1953 年玛丽莲・梦露的《绅士爱美人》（*Gentlemen Prefer Blondes*）收尾。短短 22 年之内，就出现了 17 部片名包含“金发女郎（blonde）”一词的电影。[29] 以金发闻名的女星中，有不少人是靠染发改变原本的发色。这一文化进程中最著名的例子，不是把浅棕色头发漂染成金色的梦露，而是西班牙裔美国艺人玛格丽塔・坎西诺（Margarita Cansino），她不仅改名换姓、漂洗发色，还用电针抬高了发际线，摇身一变，成了“金发尤物”丽塔・海华斯（Rita Hayworth，图 0–8 和图 0–9）。

凭借媒体、广告和个人护理产品的推波助澜，这种审美的影响遍及全球[30]，甚至造就了芭比娃娃（图 0–10）这一令几代少女心驰神往的形象。少女慢慢长大，这种神往却始终被留在心底。如今，中年女性把金发看作一种新风尚。有数百万人认为，相较于日渐灰白的天然发色，不同色阶和亮度的金色更衬得人漂亮年轻。据估计，在西方，近三分之一的白人女性曾经染过金色系的头发。[31]

金发和红发引起的反响截然不同，恰恰说明，人们如今仍然把头发的样式与个人特质和刻板印象联系在一起。[32] 即使明知遗传学和环境的相互作用会造就独一无二的自我，我们仍然坚持把头发作为彰显个性的直接标志。显然，我们也对外表的其他部分抱有同样的看法：体形、身材和面容，当然还有衣着，这些都是帮助我们读懂周围的人、也读懂自己的直观线索。而在所有这些标志中，头发又有着难以被划分为某类标志的特殊地位。它既是与生俱来，又可以后天修蓄。它固然是我们外在装扮的一部分，但同时又属于身

图 0–7　漂染成金发女郎的珍 · 哈露，1933 年。

图 0–8 年轻的玛格丽塔·坎西诺的演艺生涯始于她和父亲共同演绎的西班牙语数字双人歌舞。这张照片中的她大约 12 岁，照片被刊登在 1942 年的《美国杂志》。

图 0–9　玛格丽塔·坎西诺的封神之作："金发尤物"丽塔·海华斯，图为她在 1947 年的影片《上海小姐》（*The Lady From Shanghai*）中与奥森·威尔斯（Orson Welles）的剧照。

图 0–10　芭比娃娃，图中的金发长裙由服装设计师让·夏尔·德·卡斯泰尔巴雅克（Jean-Charles de Castelbajac）为 2009 年芭比娃娃 50 周年诞辰纪念展所作。这条可穿脱的长裙由金色头发制作而成，浓缩了芭比娃娃外貌和内在的精华。

体发肤——尽管具备了身体其他部分所没有的可塑性。它甚至可以被剪掉，成为独立于我们之外的生命。下面要探讨的便是这种独立的存在。

主体/客体

头发与个人的身份认同和人类的集体经验密切相关，却又不只是人本体的一部分。它一方面对人的主体性至关重要，一方面又奇妙地被客体化。头发是我们身体的一部分，独属于每一个个体，每根头发都蕴含着独一无二的基因信息。但它又可以被剪下来单独存在，甚至比本体活得更为长久，并因此具备了极为不同的意义。这种“属此人又非此人”的状态赋予了头发作为感性纪念品的功能，甚至无须任何解释。把头发当作一个人的象征不是什么稀奇事，初生婴儿的头发常被剪下，作为纪念品保留。在网络上稍加搜索，就可以找到许多把头发制作成装饰性纪念品的方法，还有专门销售用于保存头发的各种吊坠首饰的市场。

这种传统由来已久。例如，1617 年，安妮·克利福德（Anne Clifford）夫人在日记中提到，她把“孩子的一绺头发”送给了自己的妯娌，这里的孩子指的是她尚在蹒跚学步的女儿玛格丽特（Margaret）。[33] 17 世纪一些肖像画中的人物也戴着用头发编成的手镯或宝贵的发丝织就的项链，用于哀悼逝者的个性化首饰则在该世纪下半叶流行起来。首饰中放着逝去者的头发，为了长久美观地保存，通常用水晶或玻璃包裹，再用宝石和珍贵的饰物装点。[34] 它可能是这样的一件信物：“一只发丝戒指，中间刻着一句密语，两侧各镶有一颗宝石”——这段话摘自 1701 年 9 月的一则失物招领广告，物主许诺将以重金酬谢。[35] 根据其他书面证据，头发还具有将人际关系实体化的作用。各种文章都记载着人们是如何求取或送出缕缕发丝，作为给生者的定情信物或对逝者的哀思寄托。最著名的例子是亚历山大·蒲柏

（Alexander Pope）1712 年初次写下的仿英雄体诗歌《夺发记》（*The Rape of the Lock*），[36] 诗人以滑稽夸张的手法，讲述某人在与女主人公贝莱（Belle）共进下午茶时，趁她低头啜饮，偷偷剪下她一绺头发的故事。犯人钟情于她无法自拔，计划把这绺头发做成戒指，然而这对贝莱而言却是在物理伤害之外又添一层精神侮辱（第四章 113 至 116 行）：

> 这战利品，这无价至宝，
> 能否穿透水晶迎接凝视的目光？
> 凭钻石环曜为之添晖，
> 在贪婪的手心中恒久闪耀？

这首诗取材自真实事件，现实中的女主人公阿拉贝拉·弗莫尔（Arabella Fermor）在被未婚夫罗伯特·彼得（Robert Petre）爵士剪下发绺后，与他解除了婚约。两人的一位朋友担心双方家族就此疏远，力劝蒲柏写下此诗以促成和解。用蒲柏自己的话说，《夺发记》是要“就此事开个玩笑，让两人一笑泯恩仇”。可惜诗作虽然成了文坛经典，却没能劝阿拉贝拉回心转意，这桩婚事最终也没能达成。

至于用头发悼念逝者的例子，我们有幸找到了凯内尔姆·迪格比（Kenelm Digby，1603—1655）爵士在 1633 年写给家中幼子们的一封信，当时他的夫人薇妮莎（Venetia）刚刚去世两周半。从信中的家常叙述可以看出，爵士珍藏了薇妮莎的几缕秀发作为他的情感寄托，借此回忆故人，仿佛亡妻仍然在他身边。说起来，这封信还有别的启示意义，说明在近代早期，人们相信人的发质与品性息息相关；另外，薇妮莎分娩时严重的生理压力曾导致她脱发（如今，妊娠仍被认定为暂时性脱发的诱因之一）。从信中还可以看出，用烙铁卷发的传统已有 400 年的历史，而这位离世已久的女子也曾因为发质细软但发量丰盈、好不容易塞进卷发棒却难以定型而感到心烦意乱。凯内尔姆·迪格比信中的这段话十分精彩，值得全文引述：

> 她的头发近乎褐色，却闪着奇特的天然光泽。发质比我见过最软的头发还要柔上几分，让我数度怀疑面相法则的准确性，因为法则中说，发质细软意味着人性情温和软弱。我想象不到任何比她的头发更细弱的东西，我常捧一缕于手心，手中却轻如无物。在因为一次生产而大量脱发之前，她的头发浓密丰满却又柔软细致，盘起后轻盈无比。这件人人艳羡的事却总令她不悦，因为头发太过柔软，烫卷后从来撑不过一刻钟，就会被空气中的湿气打直；看来只有粗硬的头发才能长久保持烙铁烫出的样子。这是她留下的唯一一丝死神无法企及的美好；在为她涂膏入殓之前，我剪下了这缕头发，权当她的音容再世，也是她美貌的片段——我自信世上再无女子可以与她媲美。[37]

到了 19 世纪，人们对头发之类的毛发的膜拜达到顶峰，许多人更是把它制作成可随身佩戴的信物和饰品。[38] 头发之类的毛发成为交流感情的通用货币，在挚爱、亲人和珍贵的朋友间频繁流通。这种做法流传广泛，最荒诞的例子必然是卡罗琳·兰姆（Caroline Lamb）夫人在结束她与拜伦（Byron）那段广为人知的风流韵事时，剪下自己的私处的毛发相赠。[39] 用头发制成的礼物常被人悉心收藏，譬如在伊丽莎白·盖斯凯尔（Elizabeth Gaskell）1855 年的小说《南方与北方》（*North and South*）中，弗雷德里克·希尔（Frederick Hale）就把未婚妻的“一绺黑色长发”收藏在袖珍书里。[40] 不过，也有不少男女将头发精心制作成可以佩戴的珠宝首饰（图 0-11）。这一现象生动地体现在 1888 年对哈里特·菲普斯（Harriet Phipps）阁下的一段描述中——作为维多利亚女王的侍女，她身上总装饰着这些纪念品和她家人的遗

图 0–11 维多利亚时代，用头发制成的首饰和哀悼品，里面保存着死者的发丝。图中最大的胸针表面，是用头发绘制出的一幅包含坟墓、湖泊和垂柳的伤感景象。

物：“她戴着几十个镯子，走起路来叮当作响……镯子上挂着许多小吊坠，里面装着她已故和在世亲人的头发。”[41] 人们甚至会用这种方式悼念自己挚爱的宠物。比如，大英博物馆的藏品中就有一枚黄金胸针，表面是一只白色博美犬的水晶微雕（图 0–12），里面藏着一卷白毛，背面刻着“忠实真诚的穆夫”，还有它死亡时的日期、地点和年龄。[42]

此时，仔细翻阅大英图书馆的案卷，你会有种奇妙的感觉，发现这些文字不只记录了过去，更贮藏着人性。无数发丝被装入信封、夹到纸间或口袋书中，最终在大英图书馆的地下室里长眠。其中大部分头发的主人如今已被埋没了姓名，跟随家族文书辗转收入图书档案库。不过，仍有许多是著名人物的纪念品，比如 1827 年，贝多芬（Beethoven）去世时被剪下、缝到纸上的一缕头发，夏洛特·勃朗特（Charlotte Bronte）1855 年逝世后被撷取的秀发，以及狄更斯（Dickens）的头发，还附着他嫂子写下的字条，

图 0–12 一枚刻字胸针，用于纪念一只名为穆夫的博美犬，胸针底座由黄金制成，里面存放着狗狗的毛发，1862 年。

用来证明头发的真实性。纳尔逊（Nelson）的头发被保存在一个木盒子里，歌德（Goethe）的则被放进信封，还有所有汉诺威皇室成员的发丝集锦（图 0–13）。甚至还有西蒙·玻利瓦尔（Simon Bolivar）的头发，正是这位革命领袖帮助南美洲摆脱西班牙的统治，取得了独立。[43]

大英图书馆保存的这些精美绝伦的物件提醒着我们，头发不仅是纪念亲人的一种方式，还可以作为名人的遗物长存于世。这在中世纪圣徒崇拜时期最为常见，在圣徒神圣的身体器官中，头发是最容易获得的一部分，人们便

图 0–13　伦敦科学博物馆收藏的一绺头发，据称来自英王乔治三世（George III），于 1927 年拍卖购得，如今存放在证明其来源的文件之中。

通过敬拜他们的头发来纪念头发主人在俗世的名望。作为将头发客体化的另一种方式，这种做法似乎越发受到当代人的追捧：人们正用金钱来向现代社会的俗世偶像——明星名流表达敬意。因此，2016 年，大卫・鲍伊（David Bowie）去世 5 个月后，他的一缕头发被拍卖出了 18750 美元的高价。远不止他一人的头发变成了商业收藏品，从切・格瓦拉（Che Guevara）[44] 到贾斯汀・比伯（Justin Bieber），从约翰・肯尼迪（John Kennedy）到约翰・列侬（John Lennon），这些人的头发都被拿来买卖，而且常常是互联网交易（图 0–14）。短短一截或少许几根头发就能开出极高的价格，迄今为止最高的纪录是猫王埃尔维斯・普雷斯利（Elvis Presley）的几缕头发，叫价 115000 美元。

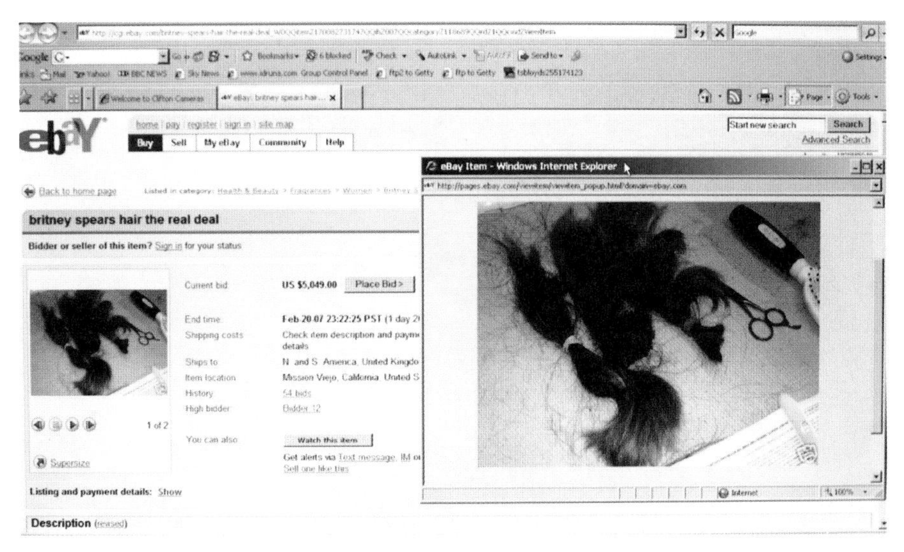

图 0–14　某网站上拍卖的“小甜甜”布兰妮·斯皮尔斯（Britney Spears）的头发，2007 年。

头发之所以能被客体化、衍生出以上种种用途，完全有赖于它和主体间的关系。不是任何一根古老的发丝都能被水晶镶嵌，卖出高价，它必须属于某个特定的人。因此，头发的出处和大英图书馆档案中那些证实主人身份的字条便十分重要。不过，也有许多方法能将头发加工成各种各样的艺术或工艺品，让它的意义不再取决于头发的主人，切断头发与主体间的联系——制作私人物品时极力保留的那种联系。19 世纪，头发曾作为独立的材料，被用来制作精美的艺术品（图 0–15）。1851 年的世界博览会上，有两处专门展览这种由人发制成的工艺品的场馆。成千上万的参观者惊讶于“以各种可能的方式制作的耳环、手镯、胸针、戒指和钱包，（头发被）变着法地卷曲缠绕，仿制成羽毛和花朵、卷轴或花束……还有一只 18 英寸见方、盛着鲜花水果的篮子”。[45] 头发制品在后来的国际博览会上也有出现：1855 年巴黎世博会甚至展出了一座完全由头发制成的真人大小的维多利亚女王像。[46]

图 0–15 纯人发编织的帽子，约 1850 年。

不过，作为客体的头发常常被用来衬托别的主体。剪下来的头发被加工成假发套、发片和各种发饰，以假乱真，成为风靡 18 至 19 世纪的时尚潮流和装扮习俗（图 0–16）。这种改造不乏讽刺的意味。原本的头发经过加工制作，被剥去了个人特性，成为待售的商品。一旦被新主人买回去戴上，便被赋予了新的身份，装作佩戴者“真正”的头发，融入一个全新的主体（图 0–17）。

但这些发制品都有着共同的问题：原材料来自哪里？供应渠道又是什么？英国的头发贸易在18世纪走向鼎盛——假发市场的大幅扩张为个体商户带来机遇，使这一天然产品的采购和供应成为一门生计。做这门生意的人来自社会各个阶层，经济水平各异，有走遍全国、想方设法收购头发的底层收购者，也有向他们进货的顶层商贾。根据1777年消费指南《伦敦商户》（*The London Tradesman*）中的叙述，商人们也会从国外进口头发，进行大致的分类加工后，再供应给假发制造商（图0–18）。商人的货品种类繁多，占用大量资本。1744年，托马斯·杰弗里斯（Thomas Jeffreys）便刊登广告，宣布退行并拍卖库存，其中包括“正在卷制和已经卷制成型的各种人发”。杰弗里斯出售的还有（用于制作低档货的）马毛、山羊毛和马海毛，各型各款的成品假发套，以及“假发制造商所用的各种物品和工具”。[47] 产业链顶端的头发商人的确有机会飞黄腾达，比如“优秀”的班扬（Banyon）先生就在1738年与北安普顿的富家小姐汤姆林（Tomlin）成婚，一夜之间坐拥5000英镑家产。[48] 这一行当在一定程度上也对女性开放，例如，寡妇伊丽莎白·尤尔（Elizabeth Ure）就在1774年接手了丈夫过世时留下的生意。[49] 处于贸易链底端的行商却要在小镇之间艰难跋涉，寻找深陷困境（可能是因为贫穷，也可能是疾病——那时，剪掉病人的头发是治疗发热的常用方法）、愿意出售头发的中青年女子。恐怕，也有些头发是从死人身上剪下来售卖的。[50] 在官方指定的头发收购商出现前后，走街串巷的小贩也会收购头发：17世纪末至18世纪初，头发常常出现在流动商贩的库存当中。[51] 行业链底层的生活艰苦动荡，从这条报道中可见一斑：“一名在格罗斯特（Gloucester）周边工作的头发收购商，在11月的一个早晨被人发现死在水沟里。”[52]

低廉的创业成本和高涨的头发需求引得不少人冒险入行，也为一些不法行径提供了掩护。18世纪时，人们并不认可四处流离的生活方式：有家

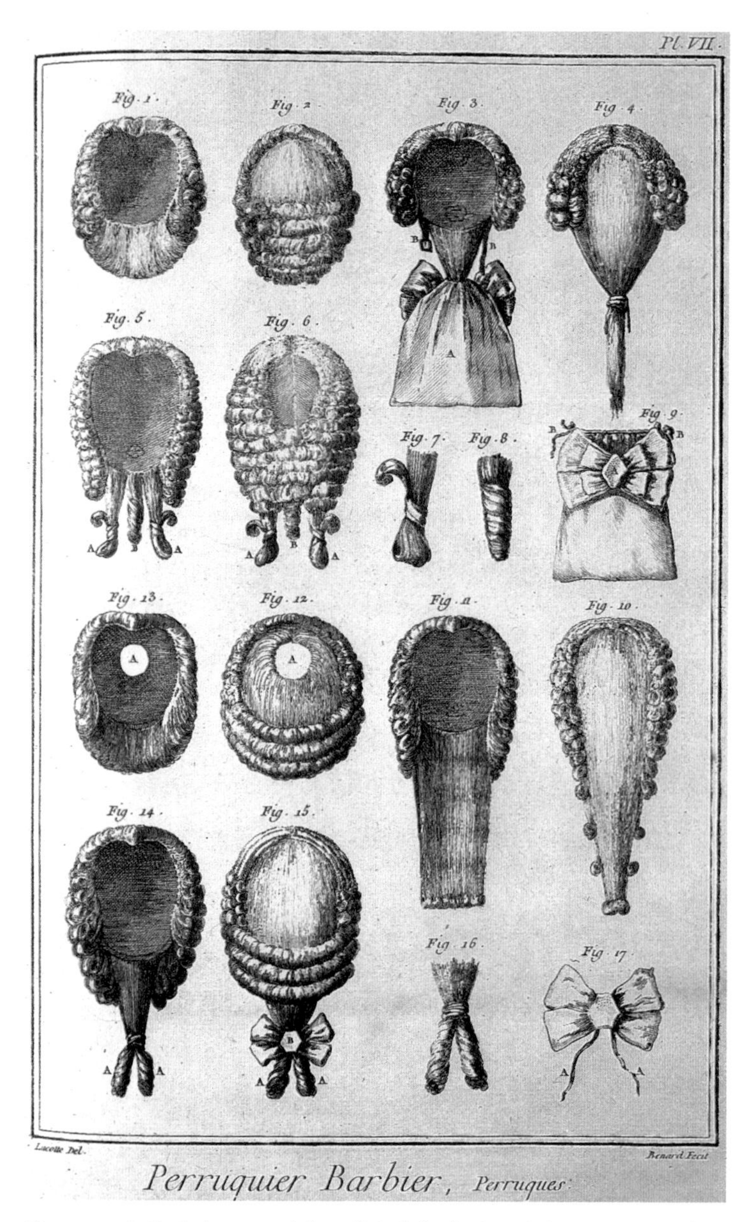

图 0–16　狄德罗（Diderot）《百科全书》中的一张插图，画的是各种不同的假发套，1762 年。

图 0–17　19 世纪初的一幅雕版画，画中女子手握一件简单的头发制品——绑着许多假发束的缎带。

To HAIR MERCHANTS and HAIR-DRESSERS.
JUST arrived from abroad, a Hair Merchant, with a parcel of fine Hungary, German, and Flemiſh, Human Hair, of all colours; the moſt of it is from 25 to 40 inches long. Likewiſe fine natural white, picked grey, and light colours, warranted the beſt of any in England for its length and goodneſs. To be ſold for ready money only; and thoſe merchants and hair-dreſſers who chuſe to favour the ſeller with their cuſtom, may apply at No. 63, Red-lion-ſtreet, Holborn. 1777.

图 0–18 一则报纸广告，向头发商人和发型师宣传一批新进口的人发，1777 年。

业者落地生根，只有一穷二白、无所事事之辈才会四处游荡——譬如无业游民、悖主潜逃的仆人和学徒，总之都是法外之徒。而头发收购商的身份似乎为这些人提供了很好的伪装和借口，可以用来应付盘诘，临时想要偷点儿什么或是计划好了入室行窃，也都很方便。因此，我们发现 18 世纪缉拿逃犯的布告常常提醒民众，他们可能会伪装成头发收购商。约翰 · 厄林（John Urlin）便是其中之一，他于 1716 年 2 月越狱，警方完整描述了他的样貌，还提到他“曾伪装成头发收购商”。抓获他可以获得 2 基尼的赏金（译注：基尼是英国旧货币名，1 基尼等于当时的 1.05 英镑），外加补偿合理的花销。[53]

推动头发贸易全面发展的是优质头发带来的高额利润。1715 年，一位商人遗失了自佛兰德斯（译注：欧洲历史地区名，位于今法国西北部、比利时西部和荷兰南部）进口的一大批头发，于是刊登了寻物启事。这批头发重约 20 磅，商人经过计算，认为值得为之付出 20 英镑的奖金“且不问来路”——这笔钱相当于今天的 3000 英镑。[54] 如果付出这笔钱后仍然有利可图，那么头发作为商品的价值可见一斑。不过，如此有价值又便于携带的商品也让头发收购商饱受偷盗掳掠之苦。例如，1725 年，一位头发商人在 12 月的一个月黑风高的夜里，在林肯因河广场被两名劫匪拦路抢劫，被抢走“价值不菲”的“高档人发”。[55] 高昂的价格也引来不少招摇撞骗之徒，爱丁堡的一位不知名发商就常常欺骗假发商人，用掺杂马毛的羊毛充作人发销售，并因此于 1729 年入狱。[56]

到了 19 世纪，男人们摘掉了假发套，女性却开始流行在原本的头发上添加发片、打造时髦精美的发型（图 0–19）。19 世纪下半叶，这些装饰性假发被统称为“假发束”（postiche），有各式各样的成品，包括假发髻、假发辫和假刘海，可以直接固定在原本的头发上。这种潮流一直风行到 20 世纪初：法国发型师埃米尔·隆（Emile Long）在为英国《发型师周刊》（*Hairdressers' Weekly*）撰写的月度专栏中写道，1918 年，有近 80% 的法国女性佩戴假发束。随着这一潮流的持续传播，越来越多的商家也参与到大规模生产和大宗零售当中，供应各种时髦产品，让大部分女性能从百货公司和布匹商人那里购买到便宜的假发束。而根据隆的文章，在高端市场上，顶级发型师使用的假发束成本高达 20 英镑（约为今天的 870 英镑）。[57]

显然，这些头发总得来自什么地方。有时，女人们会收集自己落在梳子上的头发：她们会在梳妆台上放着专门的“发篮”——顶部开口、用于收纳碎发的袋子或容器（图 0–20）。不过，大部分头发还是来自商业贸易。1863 年的首期《发型师期刊》（*Hairdresser's Journal*）探讨过假发生意，讲的是收购商如何拜访发型师、购买他们用剩下的头发和梳子。然而有些头发的来源却颇令人堪忧，众所周知女性会因为疾病、绝望或贪婪而出卖自己的头发。向监狱收购女囚犯被迫剃下的头发也存在伦理层面的问题，许多人认为这种做法是对受害人的侮辱，在道义上站不住脚。[58]

图 0–19　时尚杂志《品味》（*Le Bon Ton*）的插图，介绍了不同种类的假发束及其在发型中的运用，1865 年 4 月。

A

B

图 0-20　A 和 B　爱德华七世时期的发篮，可以挂在梳妆台上，多为手工制作。

由于头发价值不菲，国内又存在供应困难，有远见的收购商开始四处寻找其他货源。1824 年出生的乔治亚娜·西特维尔（Georgiana Sitwell）从小就有一头丰盈的卷发，长发及腰。据她回忆，在她 12 岁时，布莱顿有位发型师出价 20 英镑购买她的头发，称“老妇人们想要的前发片就是这种颜色”。[59] 偶尔还会有些头发偷盗案的报道，看来，有些人做起生意还真是不择手段。美国波士顿的一位年轻女子在下楼梯时感觉有人在拽自己的头发，等回到家才发现，自己的辫子被人用刀割断，好在发卡别得紧，小偷没能把它取走。十年后的 1889 年，宾夕法尼亚州发生了大量头发盗窃案，一般由一人控制住年仅十几岁的受害人，另一人剪下她的头发。[60] 在英国，1870 年 1 月《泰晤士报》（*The Times*）的一封读者来信中提到，在大西洋的这一边，偶尔也会有投机分子以类似的手法作案。来信的读者希望“提醒女士们，当心在伦敦各条干道和公共汽车上成群出没、盗取头发的歹徒（男女都有）”。这位读者的一位朋友便身受此害：她在拥挤的路中间被人剪去“全部头发”并割断软帽的系带，直到回家才察觉。[61] 虽然很难追究具体原因，但想想那时的发型和女帽的款式——系带软帽轻轻扣在头顶，发髻则松垂在背后，也就能理解为什么会被人顺手牵羊。[62]

以往头发贸易中的许多特点和问题如今仍然存在。虽然很多假发和接发已改用合成材料，但最为高档昂贵的货品仍然由人发制成，因此对人发的需求依然存在。曾经靠行商摊贩四处收购的国内货源已然枯竭，进口原料成为当今主流。从全世界范围来看，大部分头发来自亚洲，那里的女性普遍留长发，并且在经济或文化原因的影响下，愿意出售自己的头发。[63] 头发贸易大多有着严格的规范管理流程，比如从印度的许多印度教寺庙流出的头发。为了履行宗教仪式，每天都有千万信众在这里剃下头发捐给寺庙（图 0–21）。加工厂将这些头发收购、清洗、分类并划分等级后，再拍卖到全球时尚市场。

也有位于贸易链底层的私人代理商，会像18世纪走遍全英国的头发收购商那样，踏遍整个亚洲，四处收购头发。女人们会把梳洗时掉落的头发保存起来，出售给这些位于供应链最上游的流动摊贩。然而，这种来自人体的商品背后的暴利也再次引得一些人采用不法手段，通过伤害他人来牟取暴利。消息表明，有些人会逼迫甚至威胁家中的女性剪头发。顺便一提，这项贸易中流通的大部分头发来自女性，唯一原因只是她们的头发更长。1912年，中国男性在文化变革的洪流中剪下的清辫也曾被拿到市场上贩售。而直到今天，短发在亚洲也仍具有商业价值，可以用来制作绳子等物品。来自人又非人、亦真亦假、宜主宜客、无生命却在生长：头发就是如此千变万化，奇妙异常。

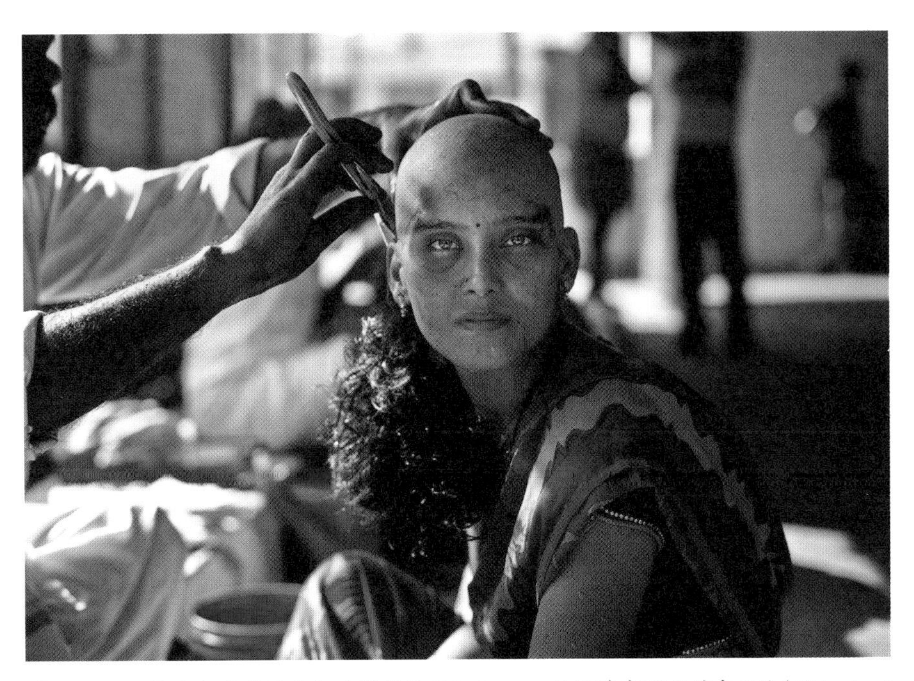

图 0–21　一位女印度教徒在印度蒂鲁塔尼（Thiruttani）的蒂鲁塔尼穆卢干庙（Thiruthani Murugan Temple）剃发。这些头发将被捐给寺庙，加工后向全球出口。

头发的宗谱

头发的话题包罗万象，不仅与生物学和衣着打扮有着千丝万缕的联系，还与个体生命和更广泛的文化实践关系密切。因此，它也与社会中各种不同的话语和概念息息相关，无论是性别和两性关系、年龄、种族、宗教、权力、政治挑战、“他者”的构建，还是身体健康与卫生状况。正因如此，本书无法一一囊括所有内容。笔者能够做到的是以头发为焦点，在特定的历史框架下，检视过去 500 年来人们对待头发的主要方式，以此深化我们对更为宏大的社会发展和文化进程的理解。

第一章探讨头发护理的做法及相关的物质文化，探索大众所容许的身体护理疗法和不容许的过度修饰、重塑行为，以及两者间的界线。最初的护发配方出现在私人手记和早期书籍当中，但都只能在家中手工制作。现成品出现于 18 世纪，在 19 世纪迅速风靡，最终成了一项全球化产业，许多著名发型师建立起了自己的护发品牌。对护发产品的深入研究表明，尽管市场变化巨大、潮流几经变迁，在漫长的时间里，人们关于头发样貌的困扰和期望却没有什么变化。许多护理手法和工具一直沿用到了今天，唯一改变的只有人们对干净的理解——原来，它与物质资源的可得性密不可分。

了解“如何”护发之后，第二章的重点是“谁”来护发。这一点很重要：好看的发型能激发人的自信和自尊，反之亦然。头发被剪坏了虽然不是无可救药，却总要几个月才能恢复。纵观历史记载，我们发现，在几经发展变化、涉及各种技巧的理发行业，谁来理发始终是一个问题。本章首先探讨了家庭成员、仆人和各种美发专业人士所扮演的角色，然后审视了理发活动中人际关系的本质。理发活动的亲密性为人们带来了社交上的乐趣，构建起信任，也成就过不少风流韵事，但它也促成了人们心中长久存在的刻板印象，认为发型师通通多嘴长舌、淫荡好色，而且全都是同性恋。

“无毛的艺术”一章深入探讨了人们长久以来为了除毛所付出的努力。开篇讨论的是非自愿的除毛行为，这些行为会对自我身份认知造成创伤性的打击。然后是男性剃须的话题。剃须作为男性气概的一种体现，关系到人际交往是否得体、礼貌、卫生，同时也是某些社交群体的共同体验。本章最后一部分的话题则是如何塑造“天然”无毛的女性气质。在时装潮流的带动下，随着人们的衣摆不断升高、衣着越发暴露，需要脱毛的身体部位也越来越多。

最后 3 章是一系列的案例分析。“毛发修饰的传统”分析了胡须作为男子气概的基本构成的 3 个历史时期：都铎王朝和斯图亚特王朝时期，透过“胡须运动”塑造维多利亚中期男性形象的 19 世纪，文化叛逆的 20 世纪。最后一节，我们将聆听长胡子的女性们静默的声音，尽管全世界的女性都在竭力驯服这些桀骜的毛发，长胡子的她们仍然固守在这场文化对谈的边缘。

最后两章探讨的话题是，以头发的长短作为反抗政治或社会现状的标志，到底有多大作用。这种做法始于英国内战时的“圆头”和“骑士”形象——议会军粗糙的碗状短发对比保皇派的大波浪卷，仿佛正在开展一场古老的体育竞技。研究完这些历史形象的起源和本质，本章便转向第二个案例，1790 年代的共和党短发。受国外革命和国内改革风潮的影响，臭名昭著的发粉税引得舆论一片哗然，这种新潮的短发造型则登上了有关外表的政治舞台。第六章“社会挑战：长短的较量”研究的是 20 世纪发型的政治化演变，首先探讨年轻人和嬉皮士运动中流行的长发，最后以 20 世纪 20 年代的“波波头争议”（Bobbed Hair Controversy）结尾，在新的世界秩序形成过程中，分析有关现代性和女性角色的全球性焦虑。

如今，我们对待和看待头发的方式，只属于我们所处的时代、地区和文化，但它也曾有过漫长的历史，回顾过去能让我们更好地认识现在的习俗和信仰。我们拥有一份关于头发的宗谱，希望本书能帮我们找到自己在这份宗谱中的位置。

第一章

呵护你的秀发

问题与解答

安·范肖（Ann Fanshawe，1625—1680，图 1–1）夫人的家庭手账中，收藏着她在马德里居住时得到的一份特殊配方。在她的丈夫、时任英国驻西班牙大使理查德（Richard）爵士躬身外交事务之时，安则忙着结交命妇仕女，与她们互相拜访、交换礼物。这份配方大概就是这样来的。这份由安夫人署名、日期为 1664 年 12 月 8 日的配方名为“皇后油”（Queen's Oil），用途是促进头发生长（图 1–2）。安·范肖崇尚西班牙文化的方方面面，包括西班牙女性的外表和整洁的打扮。她后来写道，“她们的头发最为精致”。[1] 可以想象，她的溢美之词令许多人对这个配方趋之若鹜。然而，350 年后，安夫人的秘方唯一的作用似乎只是勾勒出了横亘在当今习惯与近代早期习俗间的鸿沟。正因如此，用它来开启本章对护发的讨论再合适不过。

按照安夫人的记述，应当选取最优质的橄榄油，放到玻璃瓶中，加上 4 只活蜥蜴、2 盎司苍蝇、4 盎司白葡萄酒和等量的蜂蜜。[2] 把瓶子里的东西摇匀后，在最炽烈的阳光下静置 15 天。安夫人在最后提到，高温非常重要，夏季的 6 至 8 月是制作发油的最佳时节。等瓶子里的内容物缓慢腐化后，倒入煎锅中煮沸并用布过滤。然后，分别加入 2 盎司安息香和苏合香（两种树脂），混合后加热至融化，再整体过滤一遍。将做好的发油保存在密封瓶中，每晚取少量抹在头发根部，然后立即戴上帽子或头巾。

这份“皇后油”配方是无数护发方剂的典型代表，制作者们会详细记录方剂的特性、功效和成分配方，给出必要的说明，确保人们能成功制作并付诸使用。这些方剂广见于各种手抄簿册，里面抄写着有关烹饪、医疗、美容、家务等的各类配方。例如，在安夫人的手账中，“皇后油”就夹在堕胎药（“可有效致使流产的红色粉末”）和一种止肺咳的药剂中间。这种文本体裁出现于 16 世纪，到 19 世纪仍在流传，但到那时，这种传统手稿几乎已经被印刷

图 1-1　安·范肖夫人的画像

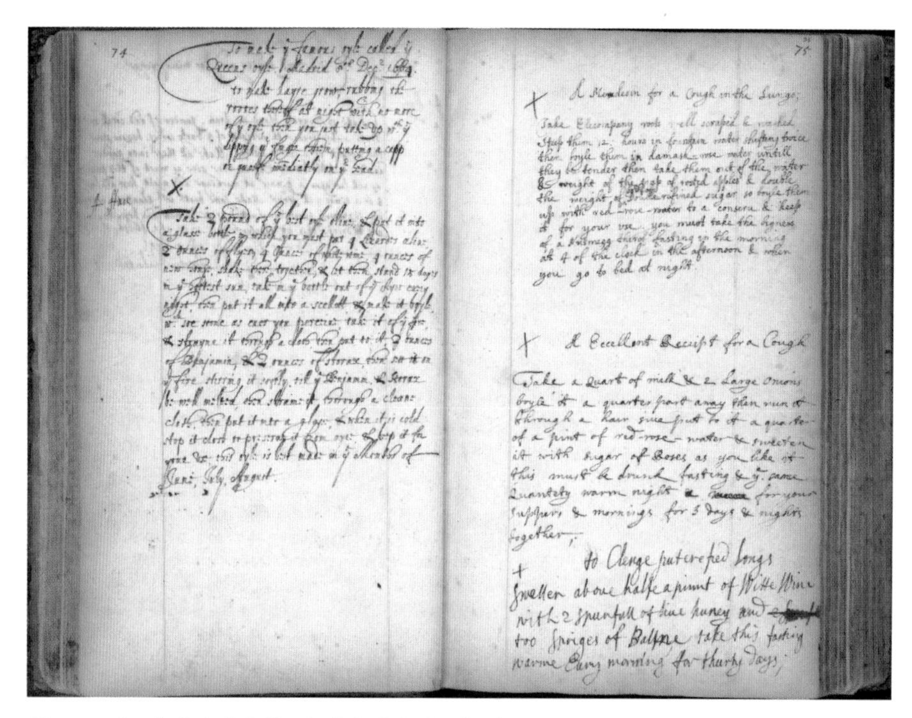

图 1-2 安·范肖的手账簿，左页为“皇后油”的配方。

量产的处方和唾手可得的制成品所取代。这些处方集大多由女性编写，往往会传给家族后代，再由继承者添加注释和内容，变成多人共同撰写的手稿。例如，安夫人那本手账的橄榄色摩洛哥皮革封面内，是她在世儿女中最年长的凯瑟琳（Katherine）的题词，记录着母亲在 1678 年 3 月 23 日将这本簿子作为礼物传给自己；内页还有许多不同的人的笔迹，包括安和凯瑟琳，以及约瑟夫·阿夫里（Joseph Averie，显然是安的抄写员）。

与这种手抄簿子同时存在的，是越来越多的印刷文本。与私人使用的手账不同，后者多由男性编纂整理。不过，两种文体常常互相借鉴，人们总能在这两者中找到相同的配方。例如，1586 年出版的《寡妇秘籍》（*The*

Widows Treasure），从书名看是在讨论妇女的知与行，其中用于促进胡须生长的配方以拉丁文形式出现在 3 年后出版的一本医书中——该书的目标读者应该是男性和医学专业人士。[3] 还有相隔更久的例子，采用牛膝根、青蛙和羊粪的灰烬治疗头发“掉落”或稀疏的方法既在 1582 年出版的一本医疗手册中出现，又收录于大受欢迎的处方集《淑女之乐》（*The Accomplish'd Lady's Delight*）——该书由汉娜·伍利（Hannah Woolley）著，17 世纪 70 年代到 18 世纪期间出版了多个版本。[4] 1655 年的《女王的衣柜》（*The Queens Closet*）也是印刷本和手抄簿相互借鉴的例子，编写于 1675—1710 年前后的波义耳〔Boyle，译注：罗伯特·波义耳（1627—1691）为英国化学家，近代化学奠基人〕家族手账中的润发油配方似乎就出自此书。尽管手账中称，这幅方子来源于“香农夫人”（Lady Shannon）——这说明方剂常会注明出处、以供参考，还会在亲朋好友间频繁流传——但香农夫人的配方很可能出自先前的那本书籍，也可能两者都参考了别的更早的资料。两份方子都提到，为了制作优质发膏，要先将幼犬杀死（波义耳 / 香农的版本中指明要用西班牙猎犬），以免血液渗入脂肪。经过漫长的提炼和精制过程，最终做出白色的饼状发膏，可以保存两到三年。[5]

最有趣的地方大概在于，相同的配方会在不同的手稿中出现，尽管并不清楚到底是谁抄了谁，或是谁抄了另外的不知名的书籍或手稿。这里有一个著名的例子，17 世纪中叶，一份匿名辑录中收录的生发配方也曾出现在伊丽莎白·奥克弗（Elizabeth Okeover）1675 到 1725 年前后编写的手账中。两份方子都要求使用新鲜黄蜡和红砖粉末，就连空出来的单词都一样，似乎两人都在抄写某一个词时遇到了麻烦。而且，双方都在结尾给了这份发油相同的评价，称它用在脱发掉须的人身上“颇有奇效”。[6]

这些配方的重复和互换说明，无论是在制剂的调制还是用途上，人们护发的方法都很一致。这还说明，家庭妇女和男性大夫制作的都是相同的产品。最后，手账这类载体所记录的内容说明，在当时，将化妆品和美容品视为道德瑕疵的文化传统并未波及护发领域。相反，按照自古以来的习俗，头发的保养属于广义的卫生保健领域，对身体发肤的护理是治疗学中合理且必要的部分。[7] 尽管耗时耗力，还要使用令人恶心的原材料——比如安·范肖发油中的蜥蜴和苍蝇、香农夫人发膏里的西班牙猎犬的脂肪，这些配方制作起来倒也不难。[8] 除了油脂和蜜蜂粉末、动物粪便这种（在我们看来）意想不到的成分，配方中最常用的是草药、植物、玫瑰水、松香等芳香剂。

到 17 世纪末，市面上开始售卖现成的护发制品。较早的例子是在 1693 年 5 月，一位不知名女子颇有胆识地在《雅典公报》（*Athenian Gazette*）上发布广告，宣传她出售的液剂可以把头发染成漂亮的棕黑色，出汗、洗头都不会掉色。[9] 到 18 世纪下半叶，护发制剂的销量不断攀升，发膏和发粉卖得尤其好，成为当时标准的养发、定型和清洁用品。[10] 最后，到了维多利亚时期，人们对头发和胡须的执着使得这类广告无孔不入，男士润发油和马卡发油（macassar oil）等产品甚至出现在了俗语当中（图 1–3）。

从质量上看，这些早期护发产品中的大多数与家庭手工制品的差别不大。从 18 世纪的制造配方集 [11] 和 19 世纪到 20 世纪初的制药手册可以看出，它们只是沿用了相同的配方，进行批量生产并包装出售。购买现成产品只不过给人们节省了些时间和精力。因此，在很长一段时间里，人们都在重复使用相同的重要原料。比如，熊油就因其滋养和修复头发的功效而备受推崇。在 16、17 世纪的手稿和印刷品中，它还只是偶尔出现在促进毛发生长的配方里。到了 18 世纪，大概由于获取起来更加容易，熊油成为批量生产的润发油时最理想的原料，人们还会把它装在陶瓷罐里，在盖子上印着熊的图样，单独出售（图 1–4）。用 1770 年的广告语来说，“该物质的活性、挥发性和

图 1-3 19 世纪的马卡发油广告。马卡发油在维多利亚时期的文化中占有一席之地，甚至出现在拜伦（Byron，1788—1824）的《唐璜》（*Don Juan*，1819—1824；第一章第十七节）和路易斯·卡罗尔（Lewis Carroll）的《爱丽丝镜中奇遇记》〔*Through the Looking Glass*，1871；出自白骑士的诗《黑线鳕的眼睛》（*Haddocks' Eyes*）〕中。这则广告带着明显的殖民者视角，用人们对异国风情的渴望做文章。

渗透性远优于其他动物油，因而能更精准有效地增加发量、强韧发丝并养护头发”。[12] 到该世纪末，美发师亚历山大·罗斯（Alexander Ross）用了一整本专著详细解释这一神奇产品的效用。步入 19 世纪后，熊油的热度丝毫未减。1850 年，化学师和药剂师队伍不断壮大，迅速改变着维多利亚时期卫生保健行业的版图，行业手册《药剂师配方总辑》（*The Druggist's General Receipt Book*）也将熊油纳入滋养型润发膏和治疗秃头的配方当中。[13] 尽管

图 1–4　各种熊油的标签。16 世纪到 19 世纪末，熊油一直是理想的护发产品。

到了该世纪末，熊油的至尊地位已被其他产品所取代，但在维多利亚时代末期，遵循老派传统的人仍然可以用一先令左右的价格买到它。[14] 斑蝥（或称西班牙蝇）的经历与此类似：它最早出现在 16 世纪用于恢复头发生长的配方中，到 20 世纪仍被用作滋补药剂。同样地，雌黄（orpiment，这种复合物用在破损的皮肤上可能导致砷中毒）至少从 16 世纪就开始被用作脱毛剂，直到 1930 年前后才被停用。[15]

随着 18 世纪的深入，最初只能向私人商贩——比如 1693 年在《雅典公报》上兜售染发剂的那位女士——购买的护发产品越来越多地出现在发型师、理发匠、假发商和调香师的库存当中，这 4 种颇具渊源的职业也逐渐主导了那时的理发护发行业。同样，药剂师和药材商们也会按照自己的配方，或是依照客人提供的护发秘方配制此类产品。不过，随着维多利亚时期制药业地位的提高和发用制剂市场份额的提升，头发在医疗保健领域的地位也相应提升了。主导当今市场的许多跨国公司也发迹于这一时期。1837年，肥皂制造商詹姆斯·甘波尔（James Gamble）和蜡烛制造商威廉·普罗克特（William Proctor）在美国共同创办了宝洁公司（Proctor & Gamble），该公司如今已是生产大量护发用品的日用巨头。大约50年后，另一家大型企业联合利华（Unilever）在英国诞生，创始人威廉·赫斯凯斯·利弗（William Hesketh Lever）也是位肥皂商人。再后来，施华蔻（Schwarzkopf）和欧莱雅（L'Oreal）分别于1903年和1907年成立。前者的创始人是同名的德国化学品零售商，他发明了一种洗发粉；后者则源自法国化学家尤金·舒勒（Eugene Schueller）在自家实验室中开发的一种安全合成染发剂。[16]

再回头想想安·范肖，她希望自己的“皇后油”配方达到怎样的效果？用她的话说,这个配方的目的是“促进头发生长”。那么别的配方和产品呢？人们倾注时间和资源制作或是花大价钱购买这些产品又是为了什么？从这些配方来看，什么样的头发是有问题的？理想的头发长什么样？首先，安夫人绝不是唯一一个想靠外力促进头发生长的人：大部分方子的作用似乎都是促进毛发或胡须的生长。此外，还有预防或改善脱发的制剂，这种状况通常被称为“掉发”，即如今的“脱发症”和“秃头症”。头发稀少是个问题，毛发过盛也一样。也有不少用于脱发的处方和产品，目的是除掉那些长错地方的多余毛发。尽管生发剂的功效存疑，分别或同时使用生石灰和雌黄的脱毛剂却着实有效。1660年的一本配方手册中，对某种混合等量砷和石灰的药膏做出了使用说明，还若无其事地添加了一条注释，“小心不要让药膏起火”。[17] 其他文本则建议采取一些舒缓措施：使用上述药物前，应先用温水敷于将涂抹处，15分钟后用热水洗净；脱去毛发后，用少许舒缓油涂抹患处。[18]

在这些方剂——尤其是手抄簿中的生发剂和脱发剂占了绝大多数。也有少数用于卷发的试剂，既可以单独使用，也可以用作器械卷发时的固定剂。布里奇德·海德（Bridget Hyde）的手稿中有一份单独使用的配方：用海绵将树脂、安息香、红酒和露水的混合剂抹在头发上；波义耳家族的手账簿中也有一个非常相似的配方，并且说明“卷发时请把头发打湿”。[19] 用来卷发的器械（与化学品相对）包括自古便广为人知的铁制卷发棒——烙铁，有时也被称为卷发钳。[20] 托马斯·吉姆森（Thomas Jeamson）在美容手册《人为装扮》（*Artificiall Embellishments*）中提到：“为了让头发变卷，有些人会在睡觉前把头发卷在热的烟管或铁棒上。”[21] 可以肯定的是，用纸卷或布卷卷发的做法在18世纪甚至更早以前就已出现。拜伦显然很喜欢这种方法。据称，当他还在剑桥读书时，一天早晨，有位朋友发现他正在用羊皮纸卷发，卷着满头纸筒。他的朋友斯克鲁普·戴维斯（Scrope Davies）说，“我一直以为你的头发是自然卷”。“没错，”拜伦满不在乎地回答，“每晚自然卷的。”[22]

虽然各个时期的人都认为卷发时髦又好看，卷发配方的数量却很少，这该如何解释？在某种程度上，其他可能更有效的技术的可用性似乎意味着，直到20世纪，都很少有人去研制“永久性”化学卷发产品。[23] 另一个因素很可能是卷发与保健的关系不大，反而与无足轻重的美容更为相关。人为制造的卷发显得俗气而又多余，因此被从医疗王国驱逐到时尚领域。

除了卷发剂、修护剂和脱毛剂以外，印刷出版的配方集中还有大量用于染发的制剂，且多有制成品出售。1693年《雅典公报》那则广告上的染发液，就宣称能把头发永久地染成漂亮的棕黑色。这些产品和脱毛剂一样，也可能对用户造成危险，某些配方要求使用时一定要小心，避免接触皮肤。按照18世纪一位发型师戴维·里奇（David Ritchie）的说法，这些物质不仅会损伤头发——使发丝脆弱、发质变差且容易断裂，而且还会被毛孔吸收，对大脑造成损害。同一时期在巴斯工作的美发师威廉·摩尔（William Moore）也举了一位客人的例子，来证明这些产品的毒性。这位女士不听劝阻，购买使用了一种特殊的染发剂，导致太阳穴和手指起了水疱，头发一碰就掉，一连病了两个月。[24] 虽然某些染料的成分是无害的（例如蜂蜜、无花果叶和青核桃皮），但制剂中通常包含铅、王水和矾油，后两者就是现在的硝基盐酸和硫酸。因此，难怪许多染发剂和脱毛剂制成品要向用户反复保证产品的安全性，欧莱雅帝国更是靠无害的合成染发剂起家。尽管如此，1931 年，吉尔伯特·方恩（Gilbert Foan）在撰写《美发艺术与工艺》（*The Art and Craft of Hairdressing*）培训手册时，仍然认为必须设置“染发剂中毒”一节，讨论某些染料的毒性、美发师的合法地位以及购买专业保险的重要性。他还在这一节中建议，用斑贴试验来检查每个人对化学风险的敏感性。[25] 尽管斑贴试验在今天已经成为法定步骤，但方恩提醒人们注意的对苯二胺（PPD）化学品仍在使用，并在少数（且越来越多的）人中引起极端的过敏反应。而且，家庭和沙龙用户中都出现过死亡案例。[26]

关于染发剂配方和制成品，有三点值得注意：首先，男性和女性都被看作潜在用户。其次，头部和面部的毛发都可以染色。最后，它们也证明，灰发和红发一直不受欢迎（正如绪论中所述）。1664 年的一本医疗养生类书籍是这样说的：

> 一些老年人渴望拥有黑色的头发，这样看起来年轻。而年轻人如果在头发或胡须中找到几根白发，也会想染回原来的颜色，或是把红发染成黑色。

作者在后文中列出了几种不同的染发配方和方法，但也提醒在家染发可能产生灾难性的后果：

> 您在染黑发时必须注意，购买的药品要有足够的上色能力，以免发生这位老人的悲剧——老人刚娶了位小娇妻，想把自己的银发染黑，用年轻的外表来取悦新娘，却不慎把头发、胡子和眉毛都染成了绿色，反而贻笑大方。[27]

19世纪的广告虽然昙花一现，却扩大了产品销量和受众，证明发色是男女都应当关注的问题（图1-5）。也有人进一步证明：至少有一部分男性会染发。其中一位是普克勒－穆斯考（Puckler-Muskau，1785—1871）王子，这位落魄的德国贵族希望在第二次婚姻中与豪门联姻，借此东山再起。他从1826年起便长居英国，只为寻觅一位豪门美眷来为自己圆梦。为此，他自然要拿出最好的状态。他在一封信中透露了事情的经过：

> 染发的过程一塌糊涂，只有魔鬼知道是怎么回事，今晚我只能重头来过……但魔鬼也不可能一手遮天，如果我是因为太在意才会过早长出白发，那么总有办法能让它重返乌黑，把在意变成享受。[28]

写这封信时，普克勒－穆斯考41岁，而在一幅落款1837年的肖像中，已经50岁出头的他仍然满头黑发，就连胡子也是黑色（图1-6）。

上面这些配方和早期产品所体现的护发方式在现代人眼中可能并不熟悉，护发的原因却几乎没有变化。再来看看安夫人的“皇后油”配方，把4只活蜥蜴和多只苍蝇放在橄榄油中炖煮，这种做法不可能出现在我们的日常生活中。然而，从安夫人制作这一产品的目的——促进头发生长——就能看出，数百年来，人们心中的头发问题和理想的发质并没有多大变化。和今天

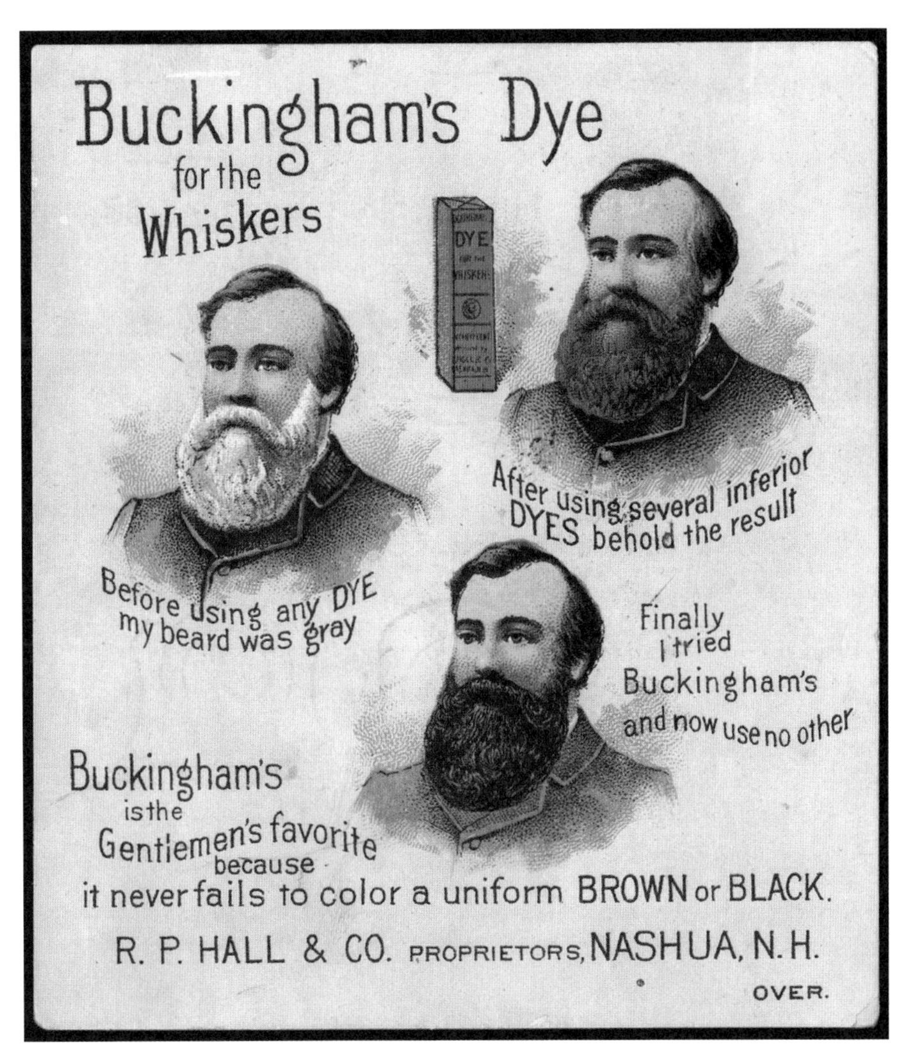

图 1-5　1870—1900 年前后的白金汉牌染剂（Buckingham's Dye）广告

图 1-6　普克勒－穆斯考王子的画像。出于窘迫的经济状况，他和妻子共谋，离婚后到英国另娶一位富家小姐，用她的财产投资自己的庄园并赡养前妻。最终计划流产，但他出版的记录其旅行见闻的信件辑录却十分畅销，为他积蓄了不少财富。

一样，过去的人们也希望头发丰盈茂密；试图治愈秃头和脱发；也会做发型，染头发，还会在不想有毛发的地方进行脱毛。这种对头发的共同期望从有配方传统的时期一直延续到早期制成品时代，而且不断驱动着当今的全球护发市场。

同样延续至今的还有各种护发工具。的确，不少工具都可以追溯到古代，其中最基本也最古老的是梳子。梳子由木头（通常是纹理细致又耐水的黄杨木）、动物的角或骨头制成，最上等的梳子则由象牙或龟壳制成，是用于头发清洁、梳理和定型的多功能工具。[29] 伊丽莎白·弗农（Elizabeth Vernon）夫人的著名画像（图 1-7）向我们罕见地展示了梳子在 400 年前的梳妆台上的运用：注意，她的梳子上刻着拉丁语“menez moi doucement”，意为“轻柔待我”。同一时期写下的詹姆斯一世风格对话（译注：詹姆斯一世是英女王伊丽莎白一世的继任者，1567—1625 年在位，其在位期间的戏剧作品被称为“詹姆斯一世风格戏剧”，故事主题多为道德败坏和暴力复仇，以辛辣的讽刺和悲观、愤世嫉俗的人生态度为主要特点）则对这种日常琐事做出了另一种诠释。首先，夫人会让人用亚麻布擦拭自己的头部，再在肩膀

图 1-7　伊丽莎白·弗农，南安普顿伯爵夫人，约 1600 年。图中的她身着便装，正在用象牙梳梳头。

上披一块围布来保护衣服——和今天理发店的做法一模一样——最后才是梳头。她和侍女间的对话读起来很像是在偷听：

> 乔伊，但愿你能好好擦干净我的头发，上面都是头屑，我的梳子不也一样吗？我的象牙梳在哪里？用黄杨木梳给我梳头吧，先把围布铺上，不然又弄得到处都是头发，全落到我的衣服上。往后梳，天哪！你梳得太用力了，刮到我了，还扯到我的头发，就不能先用手轻轻理开打结的地方再梳吗？[30]

打理头发的全套用具包括剪刀、剃刀、卷发钳、镊子、发夹和一面镜子。除了卷发棒外，这些工具穷人也能负担得起，大部分乡民都能从流动商贩处或是当地市集中买到它们。从这些商贩的库存记录可以看出，哪些用具最为常用。在兰开夏郡（Lancashire）贝里镇（Bury），理查德·里丁斯（Richard Riddings）1680 年的库存中，有 24 把每打价值 17 便士的牛角梳和 12 把每打 8 便士的白骨梳，最贵的是每把 2 便士的象牙梳，共有 10 把。此外，他还备了 12 个梳套（用来保护梳子，通常由类似首饰包布的布料制成）和 3 把剪刀。和他一样，1642 年身处纽卡斯尔（Newcastle）的威廉·麦克瑞尔（William Mackerrell）也在售卖镊子、剪刀、梳子、梳套和胡须梳。而在 1730 年的诺福克（Norfolk），约翰·麦吉（John Mackie）则在兜售梳子的同时收购眼镜和刮刀（应该就是剃刀）。[31] 大一点儿的城镇上，缝纫用品店也会供应这类货品。而从 18 世纪开始，做理发生意的商人——美发师、理发匠、假发制造商和香水制造商，也越来越多地卖起这些用具。几百年来，这些工具的变化微乎其微，直到维多利亚时期才实现机械化生产。从 19 世纪 60 年代晚期开始，塑料制品的发展极大地改变了它们的供需和价格。[32]

不过，倒是有一项重大进展。虽然人们早就开始使用刷具清洁衣物、胡须和梳子，发刷却直到 18 世纪晚期才变得普及，并在维多利亚时期成为保持卫生和个人护理的关键用品之一。男女性都被灌输了这样的观念，每天都要用发刷梳头以清洁、刺激头皮，使头发有光泽。虽然都得认真梳头，男性和女性的做法却不相同。男士梳头的目的是让头发整洁利落，他们的发刷通常没有手柄，这样显得更有男人味。这种发刷也因此被称为“部队刷”（military hairbrush），一般成对售卖，甚至一起使用，方便同时梳理两边的头发（图 1–8）。相反，广告中的女性往往留着长发公主般的丰盈卷

图 1–8 百利发乳（Brylcreem）的广告，1954 年。广告中的男士正在用一对男用发刷涂抹发乳。

发，手握一支长柄发刷：直观地展示出维多利亚时期的理想女性形象（图1–9）。在这种情境下，梳头更像一种克制而又放纵的奢侈：每晚按例“用发刷梳头一百下”，透过这种略带情色意味的自律行为，为秀发的丰盈赋予韵律和秩序。[33]

"Mama, shall I have beautiful long hair like you when I grow up?"
"Certainly, my dear, if you use **'Edwards' Harlene'**."

图1–9　爱德华哈琳公司（Edwards' Harlene）的产品广告，约19世纪90年代。“妈妈，我长大以后，头发就能像你一样又长又美吗？”小女孩一边看妈妈用发刷梳头，一边学习怎样成为淑女。

维多利亚时期的民众热衷于发刷带来的好处，甚至把它和另一项振奋人心的科技——电结合在一起。19 世纪 80 年代，帕尔玛尔电力协会（Pall Mall Electric Association）生产了斯科特牌（Scott's）电发刷，并在天花乱坠的广告词中宣称，它不仅能防止掉发、治疗头屑、阻止头发变白、让头发更长更有光泽，还能舒缓脑部，只需 5 分钟就能治好头痛和神经痛（图 1–10）。这番说辞实在大胆，尤其考虑到这把刷子除了名字之外，完全和电扯不上关系（反而是在手柄中装了磁铁条）。这家公司还不死心地生产过一款电梳。而在这方面真正称得上发明的产品是旋转发刷，1862 年获得专利后，被理发匠和发型师当作现代化的治疗器械使用。发刷被做成卷筒状，全部连接到一条带子上，由挂在天花板上的转轴驱动。操作者双手握住刷子两端的手柄，为顾客梳头（图 1–11）。这种设备原本以各种机械手段驱动，到 1904 年才被电气化，普遍运用到一战后期。[34]

人们也曾以别的方式将电力与护发相结合。19 世纪 80 年代前后，电解技术开始被用来脱毛，不过不是用在理发店或人们家中，而是在医疗场景下使用。[35] 具有长效卷发功能的机器最早出现在 20 世纪初，但在之后的许多年里毫无进展。这些机器极为笨重耗时，客人需要戴着宛如巨型章鱼般的机器触手，连着电源呆坐好几个小时（图 1–12）。被迫原地不动，可不止无聊那么简单。据战时还在当学徒的维达尔·沙宣（Vidal Sassoon）回忆，每个隔间都贴着警示语：“女士，空袭期间烫发的风险将由您自行承担。”客人的头发被缠在机械发棒中无法移动，每当空袭警报响起，理发师就会安抚道：“抱歉，女士。我要去防空洞了，我保证会回来。”而在员工逃到地下的时候，客人还被困在椅子上动弹不得。身为学徒，切断烫发机的电源是沙宣的职责。有一次他忘了，客人的头发全部被烧坏，但好在至少躲过了炸弹的袭击。[36] 吹风机同样也在 19 世纪晚期出现，最初是用煤气炉来加热空气；

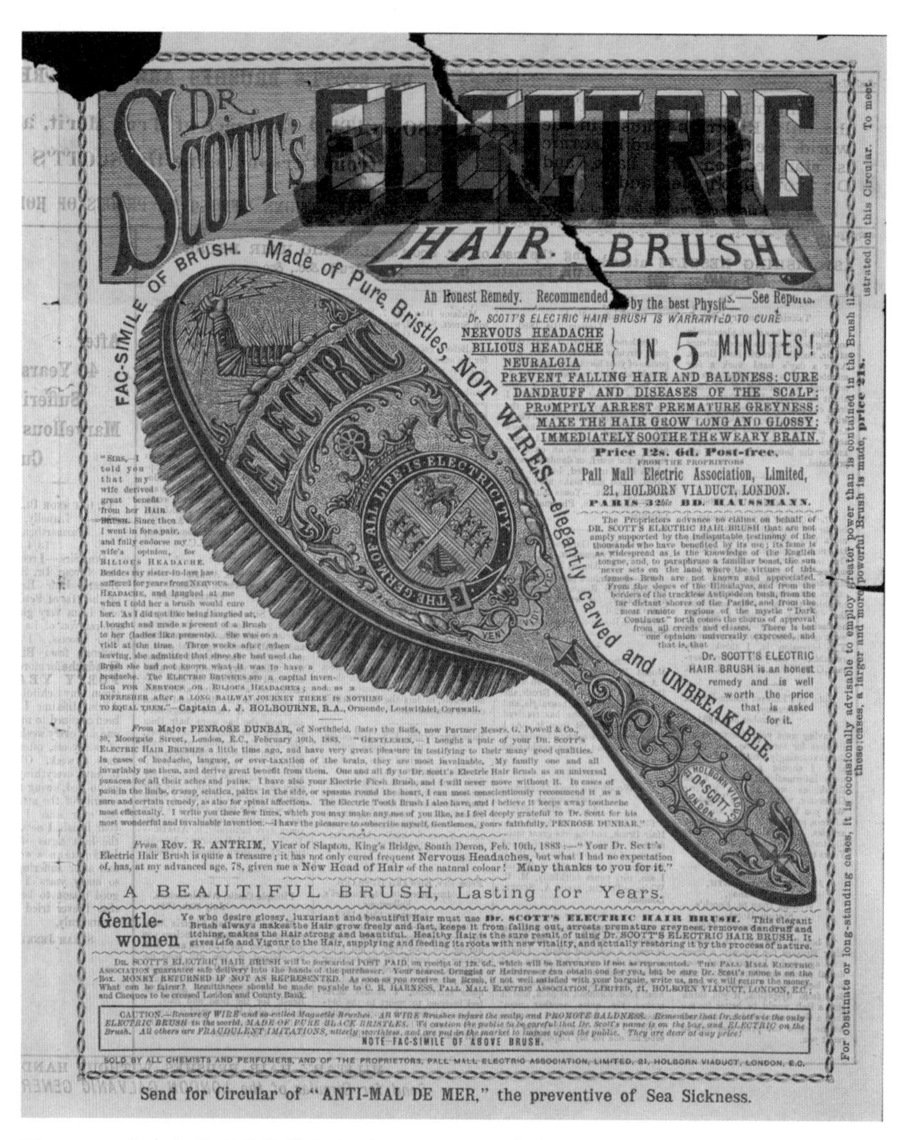

图 1–10 没有电的斯科特牌电发刷，19 世纪 80 年代。

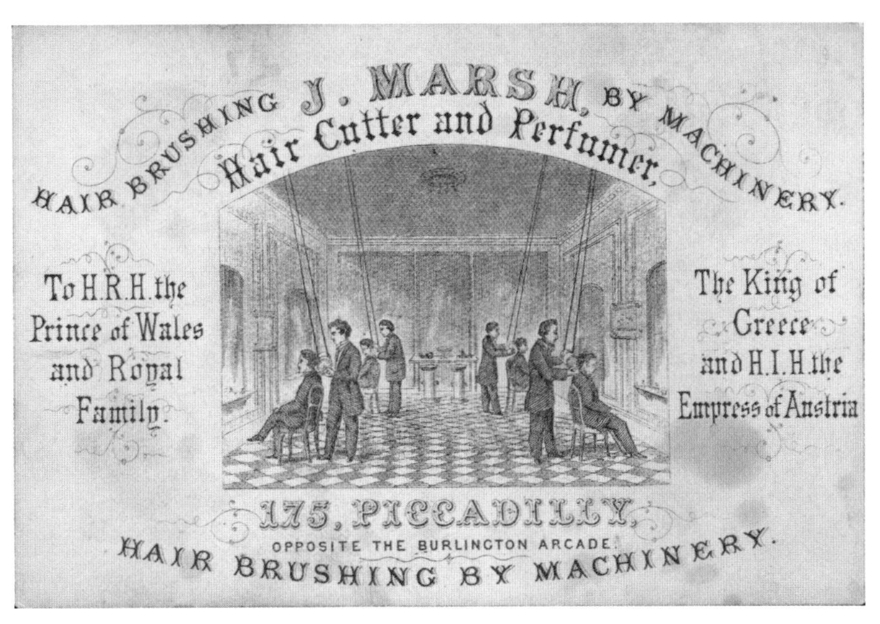

图 1–11 J. 马什（J. Marsh）理发香水店的名片。图中的 4 位理发师都手持着卷筒发刷为客人服务，机器显然是从屋顶垂下来。名片底部写着："机器梳发。"

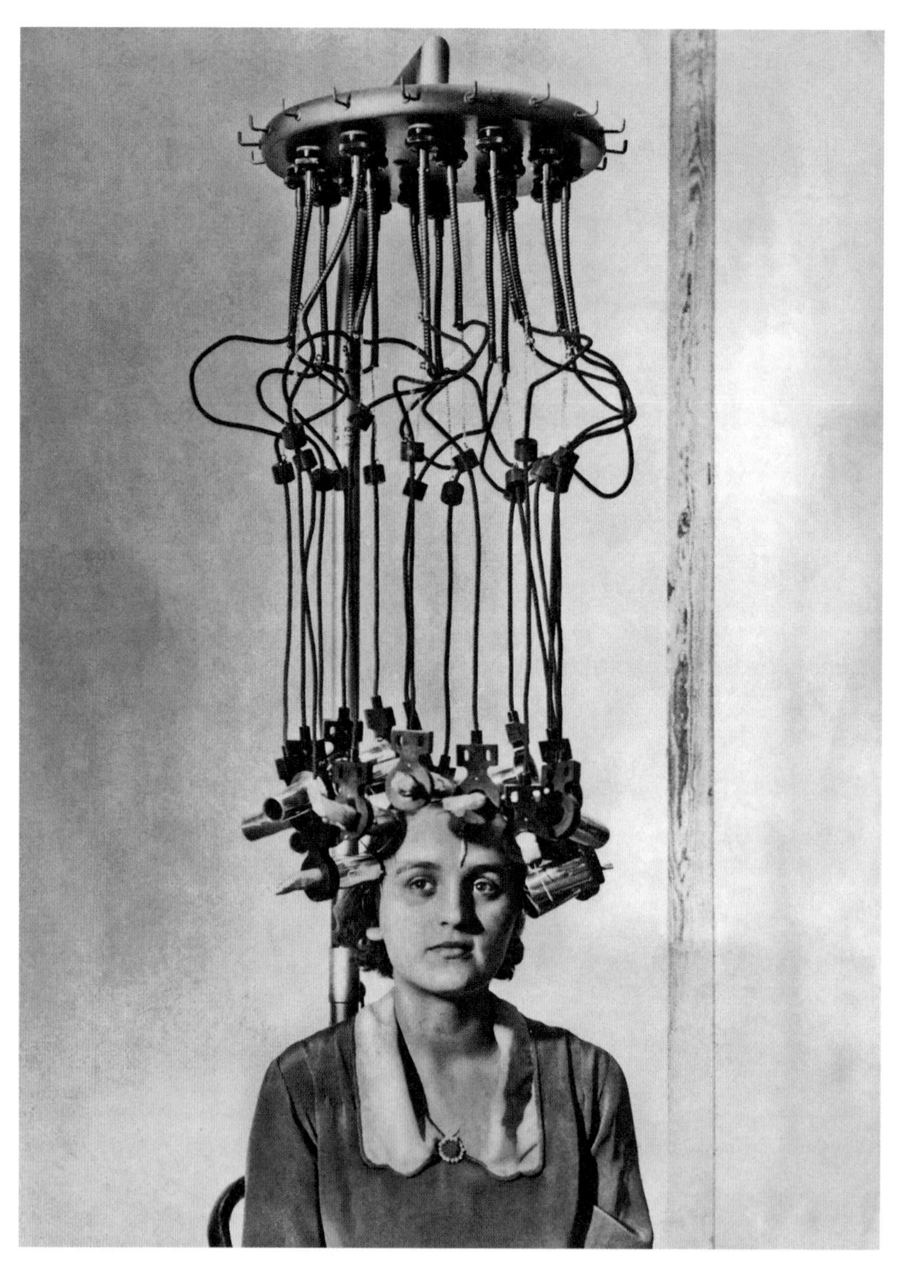

图 1-12　伦敦美发博览会上展示的早期长效卷发机，1928 年。

到 1900 年前后，改用电扇吹出热风。后来，又有了新的电器元件。随着时间推移，手持式吹风机也被发明出来。

论起护发的目的和技术，除了电的运用，这项传统在成百上千年来的变化可以说是微乎其微。不过，人们在某个方面却发生了思考模式上的转变，即对干净和卫生的理解。

保持干净

无论是配方还是早期产品，人们都不关心其清洁功能，这一点倒也可以理解。那时，人们对头发的卫生观念和身体其他部位一样，认为泡在水里既不干净也不健康。洗澡和温度的变化会带来风险，因此只能偶尔为之。比如，约翰·伊夫林（John Evelyn，1620—1706）就在日记中写道，自己开始一年洗一次头，先用温水和芳草汁，再用冷泉水冲洗。[37] 一位法国医生让·李耶伯（Jean Liebault）提醒人们："清洗头发，必须慎之又慎。"[38] 梳子反而成了最基本的清洁工具：人们通过梳头来疏通打结的头发，清理脏污，把头皮自然分泌的油脂梳开。正如外科医生威廉·布雷因（William Bullein）在 1558 年出版的一本健康指南所说："从人们头发上的虱虫、虱卵、油脂、羽毛、稻草等物可以看出，他们极少梳头。"[39]

布雷因的话提醒了我们，梳头还有助于清理寄生虫（图 1-13）。在人类剧烈的进化过程中，通过梳理毛发去除虱虫、虱卵的做法被保留下来，成为人类必不可少的习惯，也是我们与陆地上其他哺乳动物的共通之处。[40] 我们的种族已经跳下树干，走出洞穴，但寄居在我们身上的小小生物却一直如影随形（图 1-14）。今天的我们也和布雷因时代的人一样，把篦梳当作清理寄生虫的工具，还会用各种乳液药剂作为辅助。近代早期的方剂通常采用猪油、醋这类的油性和酸性物质，因为油脂能粘住成年虱虫，酸则可以使虱卵

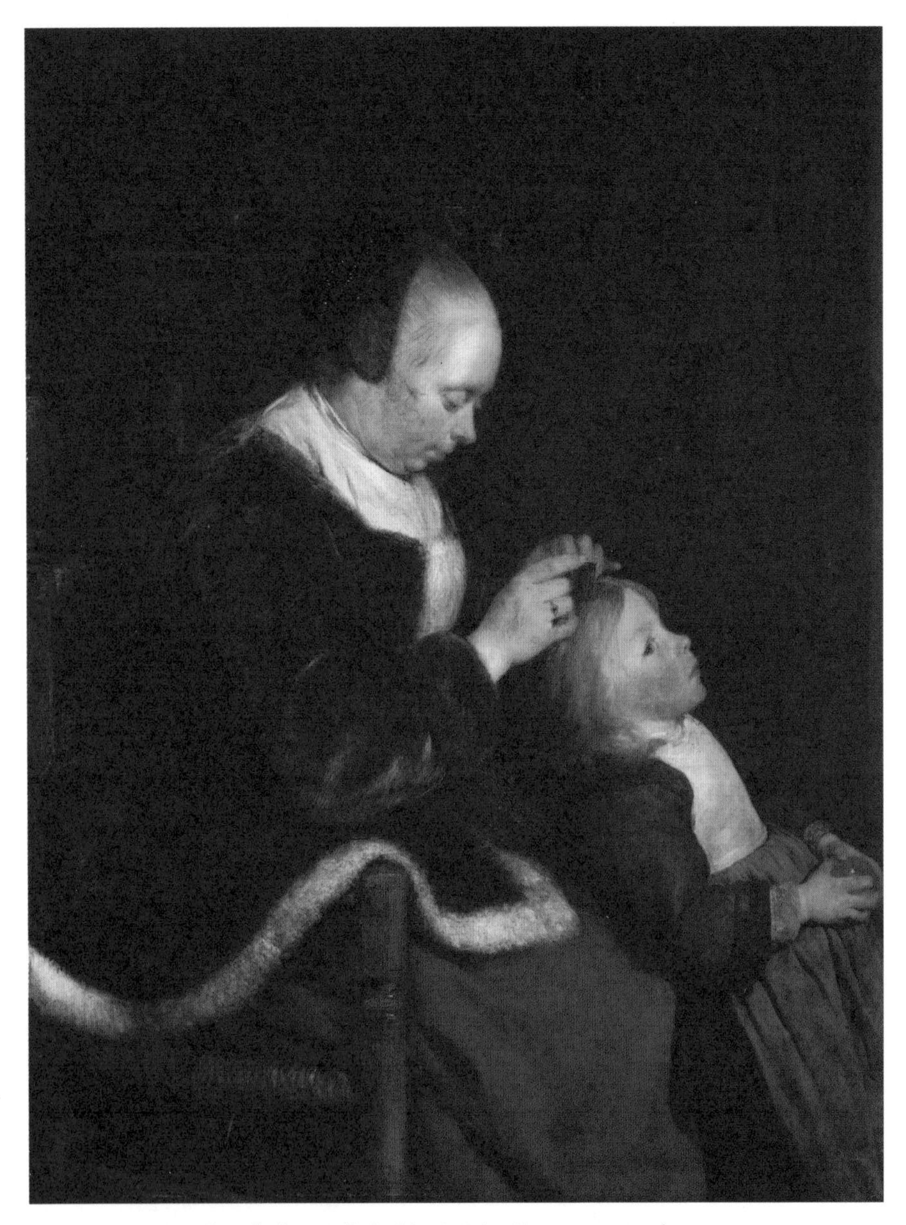

图 1-13　一位母亲正在为孩子梳头（抓虱子），约 1652—1653 年。

图 1-14 成年男性头上的虱子，也称“雄人头虱”。

从发丝上脱落，配合梳子清理起来更加有效。去除头皮屑则是卫生和美观的另一项需求。同样，印刷出版的方剂和医书也给出了相关建议，包括各种可用的软膏和液剂。一些作者还提供了诊断指南，说头屑的外形就像小片的麦麸。[41] 医学上认为，头屑是体液失衡、心烦气躁在头部的表现，并不危险，但还是会“导致某种外在缺陷和不少麻烦”。[42] 尽管现代研究发现严重的头屑是由真菌引起，但总的来说，它和虱子一样，一直是困扰人们的通病。[43]

因此，保持干净主要是指除掉脏污、打结、头屑、头虱和别的异物。即使到了 1845 年，一本礼仪指南在讲到头发“基本干净”的重要性时，仍然建议人们每天通过早晚梳头来保持清洁，否则“灰尘便会堆积在女士的长发上”。[44] 干净的头发看起来柔顺，在自身油脂和外用产品的作用下焕发光泽，或许还伴着并不难闻的麝香气味。

大概从19世纪初开始，人们习惯了水洗（偶尔配合香皂）的清洁方式。[45] 从1830年的男士自我提升类书籍中可以推测出清洗的频率。《装扮的整体艺术》（*The Whole Art of Dress*）的目标读者大多想要提升形象却又精打细算，这本书便教他们怎样花些小钱就能装扮得宜。看起来“中规中矩”的头发有以下主要特点：卷、强韧、有光泽。作者建议，最好每月修剪一次，夏天每两周洗一次，冬天则一月一次。显然，从书中可以看出，当时的人们已经不再认同洗发有害的想法，但又与21世纪的普遍做法存在较大差距。

“香波”（shampoo）一词出现于18世纪，和英国的许多舶来文化一样源自印度。它来自印地语“champo”一词，意为按压或揉捏，最初用来形容身体按摩。从19世纪中期开始，这个词意味着用清洁剂（最常用的是香皂和水的混合物）按摩头皮的特定做法，此时，“香波”开始具备了名词性质，用来指代这种制剂。[46] 最早的香波有各种形式（图1-15），最常见的液体香波需要加水才能起泡洗头。不过，也有其他按摩到头皮上的溶液，不用加水，用海绵或毛巾擦拭即可。这种做法被含混地称为“干洗”。另一种形式是粉末，加水后会变成液态香波。但也有干用的粉末，用法是先将其抹到头发上吸收油脂，再用梳子梳掉，这种做法在17世纪就已经出现。最后才是乳状香波，它在20世纪50年代成为市场主导，并延续至今。[47]

“干洗”香波液以石油（图1-16）、四氯化碳等溶剂作为基底，稍微有些化学常识的人都能明白，使用这种产品得冒多大的风险。19世纪90年代从巴黎传到伦敦的这种石油香波具有高度可燃性，在一定条件下会自燃。这种不稳定性遇上用来加热卷发钳或早期吹风机的明火，带来的是噩梦般的健康和安全隐患。尽管很少看到有人因此受伤，但在多个广为流传的案例中，事故结果都是致命的。其中一则是1897年7月的一条新闻，报道了31岁的范妮·塞缪尔森（Fanny Samuelson）的死亡案例。6月26日午间，从家乡约克郡来到伦敦的塞缪尔森夫人造访了埃米尔美发店（Emile and Co.），要求用石油洗剂洗头。美发师确认所有的煤气炉都已经熄灭后，才把乳液抹到她的头上。突然有东西爆炸了，两人被火焰包围。火被扑灭后，范妮已经被严重烧伤，且主要伤在头部，很快便去世了。和每则警世故事一样，这次事件也有着深刻的寓意。当时，范妮亲口告诉身边的朋友："千万别用石油做

图 1-15　早期的香波标签

图 1–16　石油润发油的广告，20 世纪初。

头发。”为了等待专家收集更多证据，验尸官多次推迟了对事故的问询，就连伦敦市议会也不得不插手该案件。然而直到10年后，才有一位议会委员提出建议，将用石油洗发列为非法行为。[48]

事实上，石油洗发剂的危险性很低，与石油灯相比根本不值一提。仅在范妮·塞缪尔森事故发生前后的几个月，各个理发场所因使用石油灯导致的死亡人数就高达36人。[49] 但不知为何，影响却远不及一例“会爆炸的洗发剂”。其中一个原因可能是受害者的贵族出身，而美发店的档次也不容小觑：都是坐落在伦敦西区、由法国大师操刀的高端沙龙。石油洗发剂带着一种时髦的诱惑，其他广为人知的事故发生在蒙特卡洛和巴黎。这也许就解释了，范妮·塞缪尔森为何会在已被告知没有必要的情况下坚持使用这种洗剂。也能够说明，为什么在范妮死后，少数几家仍然提供石油洗剂的沙龙里，要求这种护理的客人反而越来越多。

干洗香波采用的另一种物质是毒性极高的化合物——四氯化碳。人们知道石油可燃，因此也大致了解这种物质的危险性，明白使用溶剂时最好保持良好的通风条件。然而，尽管已预先要求要打开窗户和电扇，1909年7月，哈洛德百货的理发部还是发生了一起死亡事故。[50] 这次事故与12年前塞缪尔森的事故有许多相似之处——事发场所颇有名气，受害者出身高贵，这次的死者是29岁的海伦诺拉·凯瑟琳·霍恩－埃尔芬斯通·达尔林普尔（Helenora Catherine Horn-Elphinstone Dalrymple），事件也广为人知。达尔林普尔夫人在了解护理流程、被提醒烟气可能导致眩晕之后，仍然预约了干洗服务。涂上溶剂仅仅几分钟，她就感到不适，晕了过去。虽然做了心肺复苏，她还是近乎当场死亡。必须再次强调，这是一次极为罕见的事故。根据对沙龙经理和洗发助手的问询和后续有关过失杀人的审讯，哈洛德百货使用四氯化碳已经6年之久，用过的客户多达两三万人，但除了几位头晕的客人之外，并未造成更严重的后果。用公诉人的话说，哈洛德百货“幸运得惊人”，同样幸运的还有那两三万客人。尽管医疗专家和理发师工会都不建议，四氯化碳还是被沿用到了 20 世纪 30 年代。[51]

无论使用的是有害溶剂还是无害粉末，干洗的好处之一是不需要水。毕竟，直到 20 世纪下半叶，大部分的英国家庭才有了浴室和充足的热水。因此，当想要确定洗头发的频率时，一定要记得它在很大程度上取决于人们的阶层、文化规范和手头的资源。爱德华哈琳公司克里米克斯（Cremex）香波粉的宣传资料形象地说明了这一点。爱德华七世时期的这款产品采用小袋包装，一盒 7 袋，售价 1 先令。根据哈琳公司的广告，克里米克斯加水后可以揉出泡沫，专为家用设计。广告图中，一男一女、一位少年坐在装有冷热水龙头的洗手盆边，分别展示着洗发的不同阶段（图 1–17）。文案中说道：

> 真正的秀发应当洁净无瑕。要想彻底清洁头发，必须定期使用安全科学的滋养型香波粉，令秀发闪耀光泽，吸引所有人的目光。[52]

图 1–17　爱德华哈琳公司克里米克斯香波粉的广告页，19 世纪晚期。

这则广告和洗发致死的报道在同一时期见报，广告中强调安全健康的内容显得尤为中肯。文案中称，光泽是头发干净的主要特征，这也与早期的规范大相径庭。用克里米克斯香波粉洗发的推荐频率更进一步体现了人们习惯上的改变：乡村居民一周使用一次香波；城里人一周两次。

不过，与这则短暂存留的广告相反的是，大部分民众只享有最低限度的管道系统的现实。糟糕的卫生状况广泛存在于 19 世纪的英国——短语“the great unwashed”（译注：字面意“大量久不清洁的人”，后成为“下层民众”的另一种说法）便诞生于这一时期，“公共浴室运动”也由此引发（图 1-18）。[53]“公共浴室运动”旨在解决的不卫生状况并不是狄更斯笔下局限于维多利亚时代英国贫民窟的幽灵，相反，这种状况直到 20 世纪仍在深深危害大众的健康。生于 1928 年的维达尔・沙宣只能每周去一次公共浴室，后来他曾深情地写下自己在伦敦东区的成长经历，说那里“没有浴室、没有室内厕所，只有小厨房里冰冷的自来水”。直到 20 世纪 40 年代后期，他才搬进带浴室和热水龙头的房子。[54]想想战后欧洲大部分地区的稀缺资源和住房条件，在美国以外的地区，“香波消费并不普遍”也就不足为奇了。[55]据报道，1949 年，英国女性洗头的频率为“平均每一到两周一次”。[56]

在整个 20 世纪，文化态度与物质条件之间错综复杂的关系仍旧主导着世界各地不同的卫生制度。[57]然而，最近几十年来，人们对干净的期望不断变化，西方美容业向亚非经济体扩张，这些都意味着资源的利用和可持续发展都将在未来成为挑战——怎样才能找到足够的水和能源，想出废物处理的办法，满足这座星球上 70 多亿人的头发清洁、护理和造型需求。

在本章的开头，我们见识了安・范肖泡在橄榄油罐中的蜥蜴和苍蝇。一路上，虽然也经过熊油和毒药这样的陌生领域，但除了清洁观念这个特例之外，我们看到的大多还是熟悉的景象。当然，从时尚的表象来看，数百年来

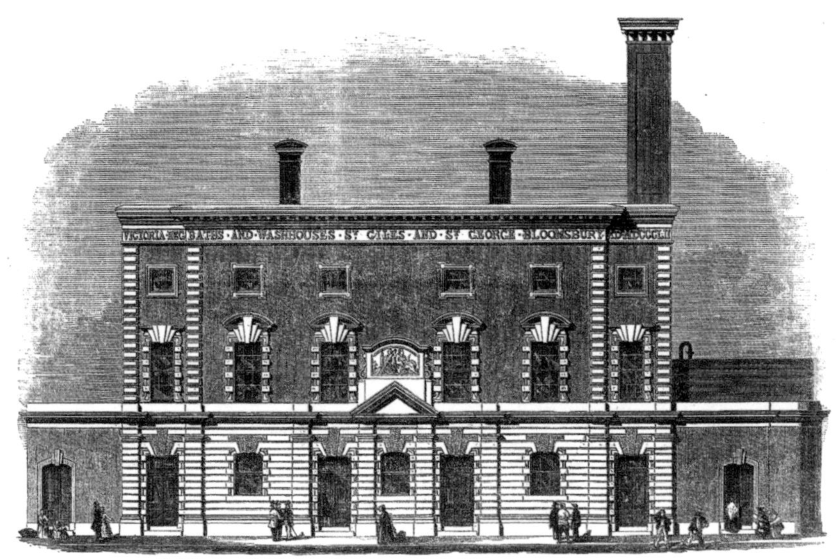

图 1-18　圣吉尔斯和布鲁姆斯伯里（St Giles and Bloomsbury）公共浴室及洗衣房。这类建筑为“下层民众”提供洗衣和洗浴设施。在英国的一些城市，这种设施到 20 世纪 60 年代以后仍然存在。

的发型发生了巨大变化，但其深层原因和护理方法却没有太多区别。下一章中，我们将转而研究负责这一文化领域的人——过去的仆人、理发匠和美发师，以及随着理发、护发而大为发展的亲密关系。

Hint to yᵉ Husbands, or the Dresser, properly Dressed.

London, Printed for R. Sayer & J. Bennett, Nº 53 Fleet Street, as the Act directs 14 Aug.st 1777.

第二章

从仆人到造型师

人物

如果我们能在1662年10月5日那天偷看塞缪尔·佩皮斯（Samuel Pepys，1633—1703）和他的妻子在干什么，就会发现两人正躺在床上拌嘴。他们本来在享受周日的慵懒时光，不知怎地聊到了女仆萨拉（Sarah）。佩皮斯（图3-4）觉得她比以往所有的仆人都要优秀，伊丽莎白（Elizabeth）却想辞退她，另外找个“能把头发打理好”的佣人。[1] 佩皮斯在日记中记录了夫妻间的这次口角，也揭示了一个简单的事实：历史上，美发大多属于家政工作。大部分人都是自己打理头发，家人也会帮忙，而像塞缪尔·佩皮斯和伊丽莎白·佩皮斯这样的富庶家庭还会有仆人服侍（图2-1）。在佩皮斯家，这件事并没有划分得那么清楚。伊丽莎白有女仆服侍，帮佩皮斯先生打理过头发的则有他的妻子、家庭女佣以及伊丽莎白的弟弟和弟媳。[2] 这种多变性源自头发护理本身的特性，它可以承载不同的情感意义，既可以是一段专业的契约关系，也可以是平辈间的一种互动。

在被服侍的主人眼中，仆人的手法是否熟练非常重要，上面那位女仆可能就得靠它保住这份工作。[3] 做得好的仆人甚至可能因此声名远扬：比如范妮·博斯卡文（Fanny Boscawen，1719—1805）就在给表亲的信中写道：“我知道法尔茅斯（Falmouth）夫人的女仆能把头发打理得非常完美。”[4] 这项技能不仅对女仆来说是必备的，对男仆而言同样重要。正如伊莎贝拉·比顿（Isabella Beeton）1861年的家政管理书中所述，美发是淑女的女仆最重要的职责，但贴身男仆也得是“美发好手”，要能依据主人的头型和脸型梳理和修剪发型。[5] 这个关于家政管理的简单观点，在约翰·麦克唐纳（John MacDonald，生于1741年）的回忆录中被诠释得非常鲜活生动。这位生活在18世纪的仆人在书中回忆起自己在深宅大院帮佣的经历，为我们提供了难得的一手资料。在33年的从业生涯里，麦克唐纳服侍过27位不同的主人，

图 2–1　一位夫人坐着，由女仆为她打理头发。

从侍从一路干到贴身仆人，担任过各种职位，脚步则从苏格兰到印度，遍布许多国家。理发技艺为他的求职带来很大帮助，给了他不少酬劳丰厚、享尽艳福的工作机会。他把剃刀、发粉、发油和发卡运用得十分娴熟，不仅当过家仆、专职伺候男主人（有时还有他们的夫人），也为其他机构的成员服务，包括儿童。他还不断地磨炼这些可以融会贯通的技能，甚至为了提升水平，和一位美发师搭伙住了好几个月。[6]

从相对不那么主观的报纸广告中，也能看出人们对仆人理发技能的要求。无论求职还是招聘广告都在强调，美发能力至关重要。18 世纪最后几十年，报业开始扩张，人们的读写能力也有所提高，发型时尚变得更加复杂，这类广告的数量出现迅猛增长。广告常常要求求职者能够“按时下品位”打理头发，说明人们会考虑发型是否时尚，渴望跟上潮流的脚步。求职者有男有女，招聘者也一样。《先驱晨报》（*Morning Herald*）1781 年 1 月 4 日的专栏中，一位 30 岁左右的女性说自己“会做头发”，希望应聘女仆，而一位单身绅士则在招聘“必须很会理发剃须”的仆人。[7]虽然美发对女仆来说是一种专门提供给女雇主的技能，但对于男仆来说，以约翰·麦克唐纳为例，能够男女兼顾是很正常的。比如一名 38 岁左右、性格沉稳的男子，就在求职广告中表示可以“按当下的审美为淑女或绅士理发剃须”。[8]靠美发技能来提高就业竞争力的不仅有贴身仆从，还有应聘各种岗位的男男女女：有位绅士希望雇佣一个经验丰富的侍从，他不仅要会钉马掌，还“最好懂一点儿美发”；一位应聘寄宿学校助教的女士称，自己会法语、女红和打理头发。[9]

有些人像约翰·麦克唐纳一样力求上进，为了吸引雇主的注意，还会向专业人士拜师学艺。尽管当时修剪和打理头发的主要场所是在家中，但已经有职业美发师自立起了门户。早在 16 世纪，就有专门负责为女性剪发、卷发、染发和做造型的梳头侍女（tire woman）。例如，布兰琪·斯旺斯泰德

（Blanche Swansted）就是英王詹姆斯一世（James I）的妻子丹麦的安妮王后（Anne of Danmark）的梳头侍女。1619 年，王后去世后，布兰琪曾向詹姆斯申请抚恤金，称自己因为服侍先王后而失去了以往的顾客和生计。[10] 塞缪尔·佩皮斯的日记则告诉我们，查理二世（Charles II）的王后凯瑟琳·布拉甘萨（Catherine of Braganza）的梳头侍女是位法国人，人称高缇耶夫人（Gotiers，也作“戈尔捷”，Gaultier）。[11] 1747 年，R. 坎贝尔（R. Campbell）在谈到伦敦的贸易问题时，将这位梳头侍女称为女性美容界的“首相”——也是在影射这一不久前刚刚设立的政治头衔。这位梳头侍女“用这些危险的武器——漂亮的卷发和迷人的发缕来武装女性：把她们的头发理成各种时髦的形状”。如坎贝尔所说，这一行“利润丰厚”。[12]

然而，坎贝尔撰文时，“梳头侍女”的说法已经过时，兴起的是另一种叫作“剪头匠”或“美发师”的新行当，从业者主要是男性。整个 18 世纪，专门从事这一行的人数呈指数增长：有报道称，1727 年乔治二世（George II）登基时，整个伦敦一共只有两名美发师；据估计，到了 1795 年，英国的从业人数已经达到 5 万。[13] 他们为男女客人打理头发，同时销售香水和护发产品（图 2–2）。在那个假发套风行的时代，美发师们也一样戴着男士假发和各种发饰，打扮得很时髦。有些美发师开班授课，有些开设了正规的美发学院（图 2–3），还有一些甚至冒险进军出版界，撰写有关头发及其护理的专著和手册。在这个世纪里，美发行业蓬勃发展，许多美发师更是跻身名流。凯瑟琳王后有专门的梳头侍女，100 年后，乔治三世（George III）的妻子夏洛特王后（Queen Charlotte）则由一位名为苏亚迪（Suardy）的美发师侍奉。1619 年，布兰琪·斯旺斯泰德为了维持生计，不得不向国王申请一小笔抚恤金；而到了 1788 年，苏亚迪仅仅侍奉夏洛特王后一个夏天，就敢开价 200 英镑。[14] 这在所有人眼中都是一笔巨款，相当于今天的 2.2 万英

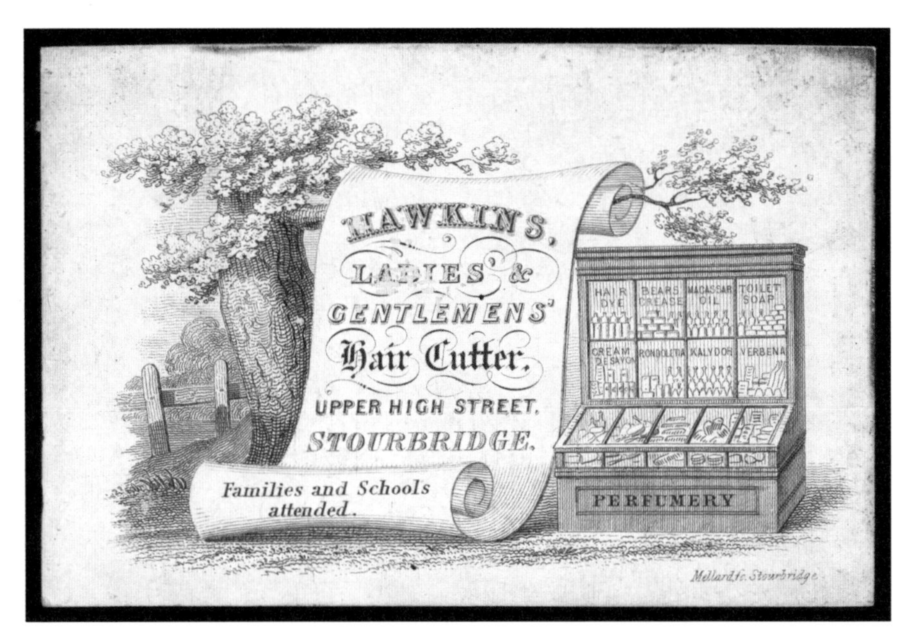

图 2-2　19 世纪初的美发师名片。这位美发师提供上门服务，服务对象包括上流社会的绅士淑女、普通家庭和学校。右侧橱柜展示着他售卖的货品，包括梳子和发刷，以及染发剂、马卡发油、熊油、肥皂等产品。

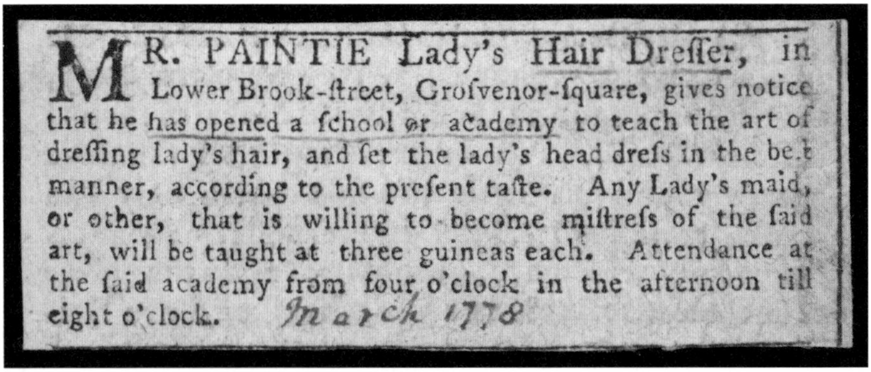

MR. PAINTIE Lady's Hair Dreſſer, in Lower Brook-ſtreet, Groſvenor-ſquare, gives notice that he has opened a ſchool or academy to teach the art of dreſſing lady's hair, and ſet the lady's head dreſs in the beſt manner, according to the preſent taſte. Any Lady's maid, or other, that is willing to become miſtreſs of the ſaid art, will be taught at three guineas each. Attendance at the ſaid academy from four o'clock in the afternoon till eight o'clock. March 1778

图 2-3　1778 年，专为女士服务的美发师佩安迪（Paintie）先生在报上刊登了广告，称自己开办了一所专门教授女士美发技巧的学院。

镑。[15] 不过，王后并没有同意这笔花销，而是改为必要时才召他入内，并支付相应的费用。她有没有同意这份全职合同并不重要，因为这件事本身已经说明，理发行业飞速发展，男性美发师逐渐取代女性，人们慢慢接受由男美发师为女顾客服务，而美发师作为造型方面的专家，即使在最具权势的人面前也有了谈条件的资本（图 2-4）。

根据夏洛特王后的宫女帕彭迪克（Papendiek，1765—1840）太太的记述，当时的美发师有两种服务模式。大多数上流贵妇要么像苏亚迪给王后建议的那样按季度签订服务合同，要么如同王后给苏亚迪的回复，只在有需要的特殊场合聘请美发师。[16] 有时，为了出席一些特别的活动，帕彭迪克太太自己也会请基德（Kead）先生为自己打理。从她的回忆录中可以看出，两人维持着密切的主顾关系。帕彭迪克完全信任他，称他为“一日骑士”，并靠他“无可比拟的造型技艺”在各大场合展现风采：无论是出席音乐会、长子的受洗仪式，还是被著名艺术家约翰·佐法尼（Johan Zoffany）画进肖像。帕彭迪克太太还和大家一样，一旦有了心仪的美发师，就再也忍受不了别人拙劣的技术。有时，她只能将就地请希尔克（Theilcke）先生为自己服务，但心里总会觉得自己“打扮得不够得体”，甚至抱怨“本就难看的头发变得更糟了”。[17] 夏洛特王后用另一位美发师邓肯（Duncan）来取代漫天要价的苏亚迪时，也有类似的感受。尽管有不少宫女的举荐，她还是认为邓肯“毫无品位”，说他缺乏苏亚迪那样的创造力，“除了掌握普通的美发技艺外，一无是处”。[18]

虽然有自己的店铺或营业场所，梳头侍女和美发师还是会为客人提供上门服务。对于上流社会的贵妇们来说，这是享受专业美发服务最常见的做法。在城镇地区，上门非常容易。乡村客人也能享受上门服务，不过美发师可能会一口气拜访好几位客人。诺福克郡的牧师詹姆斯·伍德福德

图 2-4　19 世纪初的一位男美发师正为一位女士做头发。梳子和剪刀是他营生的工具，被放在外衣口袋里，方便取用。从他浆洗过的衬衫衣领、挂在腰间的印章和踩在脚底的合身马裤可以看出，这是位紧跟最新时尚潮流的时髦人士。

（James Woodforde，1740—1803）的侄女南希（Nancy，1757—1830）住在离镇子8英里以外，但还是被邀请到当地乡绅的家中，“让诺维奇市最好的女士美发师布朗（Brown）先生为她打理头发”。[19] 小说家范妮·伯尼（Fanny Burney，1752—1840）曾写道，一次，由于没有女佣，她从5英里外的牛津预约了一位美发师，第二天上午6点来到家中。让她满意的是，美发师不仅准时到达，还花了2个小时给她做头发。[20] 有些美发师跑得更远。1780年，理查德·坎伯兰（Richard Cumberland，1732—1811）前往西班牙就英国贸易协定开展谈判时，为了方便妻女，就带了“一位名叫莱格（Legge）的伦敦美发师”随行。[21]

女性在家中美发的做法一直延续到爱德华七世时期。塞西尔·比顿（Cecil Beaton，摄影师、设计师，1904—1980）记得在自己很小的时候，有一位背着棕色皮包的男士会在特别的日子登门造访，用加热的卷发钳帮母亲打造精美的发型。[22] 不过，彼时，这一传统已如夕阳沉落，因为20世纪最初的几十年，美发行业历经了另一场革命。女性越发自由地参与到公众交往当中，新潮短发的流行和半永久卷发器等新技术的发展使得美发沙龙迅速成为女性享受专业美发服务的主要场所。为了满足女性客户的需求，美发师数量出现爆炸式增长。与早期的行业扩张不同，这时的从业人员几乎全是女性，至今仍然如此。在21世纪的英国，从事美发和理发工作的人中88%是女性，发廊老板中女性的比例则是79%。[23] 然而，该行业极度女性化的本质背后却隐藏着严重的不平等：几乎所有拥有以自己名字命名的产品线、足以影响人们审美观念的著名造型师都是男性。[24]

理发匠

美发师和仆人只是这个行业的一部分。塞缪尔·佩皮斯在日记中提到，除了让家人和仆人为他理发梳头，他也会自己剃须或者花钱请理发匠帮忙。（译注：barber 常被译为“理发师”，但原本特指为男士剃须、修面和剃头的男性理发师。本章中，这一词汇特指此类专为男士服务的男理发师，均译为“理发匠”，为便于区分，另以“理发师”作为该职业人士的统称。）过去，这些专业人士隶属理发匠兼外科医师联合行会（the guild of barber-surgeons），持有进行剃须、梳头、剪发等“小手术”的执照。1745 年，该行会正式解散，但早在此前，成员们便大多只专攻其中某一个领域。[25] 到了佩皮斯的时代，理发匠已经适应新的时代潮流，开始进军假发界：所以他到理发店既可以剃须剪头，也可以向理发匠或专业的假发制造商购买假发套，还能请他们帮忙清洁和修补买来的假发（图 2-5）。

图 2-5 一间兼营理发和假发制作的店铺，1762 年。坐在中间的客人正在剃须（注意他手里端着的盆子），另一位客人站在窗边正对着镜子擦掉残留的泡沫。屋里的其他人都在制作和整理假发，其中两人是女性。成品假发套被挂在背后的墙上。

为高端市场的男士理发是一门奢侈的营生。从国王付给理发匠用来报销理发布、剃刀、梳子和肥皂的花销就能看出，这些顾客出手多么阔绰。1636 到 1637 年，查理一世（Charles I）的理发匠托马斯·戴维斯（Thomas Davies）一年的理发布报销费用是 91 英镑，6 个月的消耗品花费 60 英镑，总额相当于今天的 2.1 万英镑。[26] 而底部市场却与此有着天壤之别：同是查理一世时期，海军水手的理发匠津贴仅为每月 2 便士。[27]

理发匠们的工作场所也是千变万化，不一而足。最贫穷的行商面对的是周围没有理发店或根本去不起店里的农村人口。理发匠们也与旅馆有联系，大概是为了方便接待附近的客人，也可能是服务那些在旅馆歇脚、给马匹补给的旅人。根据佩皮斯的记述，他曾在天鹅旅店修整（剃须），还让他的理发匠到那里与他会合，检查他订购的假发套。访问亨廷顿时，他剃须的地方是皇冠旅舍；而在布里斯托藤街的马蹄旅舍，为他理发的则是“一个英俊的家伙”。此外，他还提到在伦敦周边许多不同的理发店，甚至曾经“当街”剃过一次胡须。[28] 100 年后，诺福克郡的牧师詹姆斯·伍德福德的日记中也出现了相似的故事：伍德福德会自己刮胡子，也会去理发店，顺便在那里购买剃须用品、修整假发。有些理发店在当地，有些在远一点儿的诺里奇市。他还会定期去牛津、巴斯和伦敦剃须理发，有时是去店里，有时直接就在下榻的旅馆。如果只是偶尔去一次，伍德福德会提前付款，否则就按行业惯例，每个季度或每半年结一次账。

和美发师一样，理发匠也会亲自拜访他们的顾客。塞缪尔·佩皮斯经常在家中剃须，有时是晚上、有时是白天——他似乎没有什么偏好，而且常常会选在周日。有一次理发匠待得太晚，被锁在家中，佩皮斯只得让仆人给他开门。[29] 由此可以看出，理发匠必须随时待命，任何时间都有可能要出远门，造访地位尊贵或出手大方的客人。比如，曼彻斯特有位名叫伊诺克·埃洛（Enoch Ellor）的理发匠，就在1664年的一天半夜12点多被客人约翰·利兹（John Leeds）叫到家里去给他刮胡子。[30] 显然，这种工作时间会带来长期的压力，行会、地方当局和中央政府也多次尝试禁止周日理发，并强制要求理发店在安息日歇业。[31] 但即使是1930年颁布的《周日停业法》（*Sunday Closing Act*），也对在家或在旅馆住宿的客人网开一面。[32]

禁令难以执行的一个原因在于，理发店同时还是广受人们欢迎的休闲胜地（图2-6）。索尔福德市的理发匠理查德·赖特·普罗克特（Richard

图2-6　19世纪一家氛围轻松欢快的理发店。客人一边等待，一边和理发匠愉快地交谈，正在刮胡子的客人也听得津津有味。其中一人正在看《约翰牛》（*John Bull*），这份创刊于1820年的保守派周报在当时大受欢迎，每周日出刊。

Wright Proctor，1816—1881）在回忆录中记录了1826年的情形：9岁的他那时在理发店当学徒，每逢周日，店里就成了人们辛劳6天后休闲享受的“温馨港湾”。在那里，人们会暂时“忘掉个人的烦恼”，投入“引人入胜”的讨论当中，激动地交换各种小道消息。

其中不少人住在一两英里开外，但是一到周日上午，总能按时出现在店里。夏天，他们一大早就来敲门，弄得大卫（David，普罗克特的师傅）总觉得没必要上床睡觉，摆摆剃刀、抽个烟斗再卷会儿报纸，就打发了周六关门后的这点儿时间。[33]

理发店不仅能让人的面貌焕然一新，还是个充满了八卦、新闻和娱乐的欢乐场。客人们会聊天、看书、抽烟或听音乐——听音乐这件事同样与理发行业渊源匪浅。[34] 佩皮斯的日记把这些笼统的概括变成了真实生动的个人经历：他会在店里和理发匠一起喝麦芽酒，浏览其他客人带来的诗集，或是一边理发，一边听理发匠的儿子拉小提琴。[35] 日记还提到了剃须或理发时的谈话内容——人们会八卦当红小生的脾气和婚姻，说起又有什么神秘的病症害得本地商人疯疯癫癫，命丧黄泉。[36]

理发店通常被看作纯粹的男性空间。如今，仍然有些理发店在突出这种定位，挂在门上的男士理发招牌（图2-7），堆在咖啡桌上的汽车和男士杂志，无一不在彰显这一点。这种明晃晃的男性化定位似乎已经毋庸置疑，但也有证据表明，它并不像人们以为的那样绝对。1786年，詹姆斯·伍德福德带着侄女南希前往伦敦。两人一同步行去见了“萨里街的铁匠斯特兰德（Strand），他也是个理发匠”。南希“好好做了个头发”，伍德福德则“刮了胡子，还让人修整了假发”。为此，他一共向理发匠支付了1先令6便士。[37] 伍德福德也算是位有头有脸的乡村牧师，很难相信他会带南希去任何有损她地位或名声的地方，更不可能为此做出有违自己身份的事。8年前，

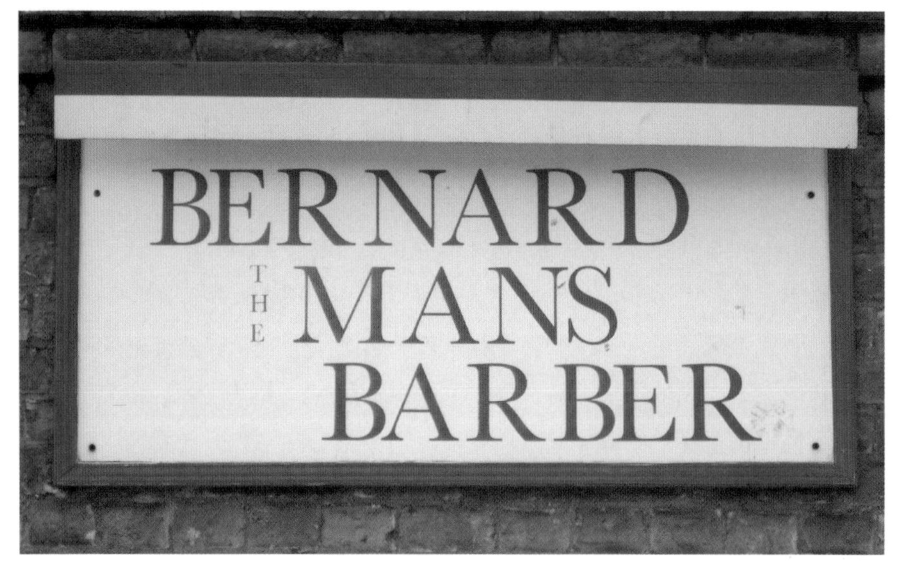

图 2-7　伯纳德男士理发店的招牌，位于牛津。

已经有一份出版物用图画的形式生动描绘了南希的这种造访，只不过手法有些夸张（图 2-8）。图中，主要为男士服务（墙上挂着的都是男士假发）的乡村理发匠正在为一位身型圆润的当地妇女做头发，客人头上别满了夸张累赘的发饰，理发匠的助手（另一个女人）正举着镜子让她看效果。

如果说，作为理发店客人的女性曾被历史遗忘，那么这幅画中的第三个人则在提醒我们，同样被遗忘的还有女理发师们。17 世纪，这一人群的数量很少，但始终存在，既有各个年龄段的女性学徒，也有接手丈夫留下来的生意的寡妇（图 2-9）。[38] 出身商人家庭的玛丽亚·科恩（Maria Cohen）在 1702 年成为理发学徒，许多和她一样的例子表明，理发在 18 世纪逐渐成为受人尊敬的女性职业（图 2-5 和 2-11）。[39] 艺术家、古董商人约翰·托马斯·史密斯（John Thomas Smith，1766—1833）记录了自己在 1815 年的一段经

图 2–8 《乡村理发师》，1778 年。理发匠顶着造型诡异的大假发套，为一位女士梳妆。他先把硕大的垫子别到客人头上，再用客人的头发和她手中的发饰盖住。女助手举着镜子站在一旁，方便把桌上的发夹和用来支撑造型的香肠形发卷递给他。他们身后的墙上挂着男士假发套。

图 2-9 《美丽的美容师》(*La Belle Estvuiste*),17 世纪下半叶。文案意为:"女理发师如此动人地 / 践行着她的艺术 / 虽然俗套,男人 / 却诉说着,对她永不厌倦。"不论是出于女性的温柔灵巧还是更不入流的原因,这样的想法常见于各种评论和图画——被女性剃须是件乐事。

历，说的是他被女理发师服务的感受。他写道，在理发师给自己刮胡子时，她的丈夫——一个魁梧的卫兵，坐在一旁抽着烟斗，说明这是个“双职工”家庭，妻子也在凭自己的本事挣钱。[40] 史密斯的语气中透露着好奇，但也接受了这个现象，说明女性理发师的数量虽然不多，但已经获得了大众的认可——换句话说，虽然不寻常，但也并非不堪设想。这一点在后来也有证据证实。克劳福德（Crawford）太太在诺森伯兰当了近 60 年的理发师。1876 年前后，还是少女的她就开始了这份工作，直到 1936 年仍然在给客人修面剃头。1901 年前后，豪依（Howe）太太开始协助丈夫，为林肯郡伯恩救济所（Bourne Workhouse，Lincolnshire）收容的人理发剃须，两人一起工作了至少 10 年（图 2-10）。达勒姆郡的诺斯（North）一家人同样以理发作为家族产业，家里的曾祖父、祖父和父亲吉姆·诺斯（Jim North）都是理发匠。

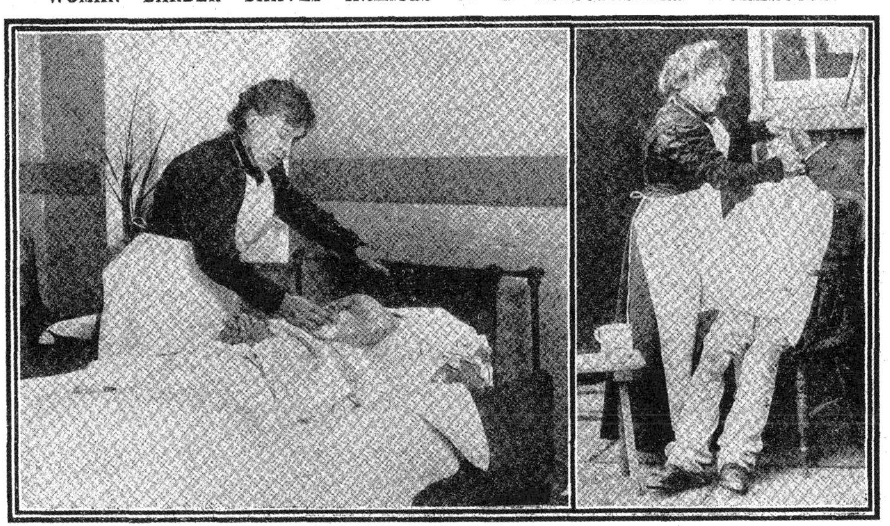
WOMAN BARBER SHAVES INMATES OF A LINCOLNSHIRE WORKHOUSE.

Owing to the illness of the hairdresser who holds the contract for shaving the inmates of the Bourne Workhouse, the work is now being done by Mrs. Howe, his wife. Mrs Howe is no novice. She has assisted her husband off and on for ten years, and is a most skilful shaver. Above, she is seen shaving two aged inmates. Note the business-like way in which she holds the razor.—(*Daily Mirror* photographs.)

图 2-10　女理发师豪依太太在林肯郡伯恩救济所为人剃须，1911 年。

吉姆的4双儿女全都跟着父亲学徒，最后也都各自做起了理发生意。家族的最后一位理发师西茜（Cissie）直到1951年才关掉自己的店铺。[41]

这些都进一步突显了理发行当的流动性和可塑性。它并不独属于某一种职业或专业贸易，而是仆人、梳头侍女、剪头匠、理发匠和美发师——一定程度上还包括假发制作商——所共有的技能。这些行业间的界线也不甚清晰，仆人可以师从于美发师，而美发师和理发匠可以做头发、制作和修整假发及配饰，还能售卖香水和护发产品。理发活动的地点也具有类似的流动性，从店铺、沙龙到行商的帐篷或路边摊，再到旅馆或私人住宅中的某个房间，哪里都可以。佩皮斯就提到，曾经让人在厨房给自己刮胡子。[42] 性别与护发活动的关系同样多变。有些男仆会为家中的女性打理头发，男性美发师的顾客有男有女。理发匠偶尔会为女士梳妆，女人有时也会拿起刮胡子的剃刀。但对所有人来说，有一件事从未改变，那就是亲密贴身的打理过程。后文将会告诉我们，这样的亲密关系有着怎样深远的影响。

关系

本杰明·富兰克林（Benjamin Franklin，1706—1790）曾经说过，自己刮胡子意味着永远不用忍受“邋遢的理发匠那肮脏的手指和难闻的口气”。[43] 他的话让人想起理发师和客户间亲近的距离和频繁的碰触——按富兰克林的说法，理发匠用脏手笼住他的口鼻和脸颊，剃刀沿着皮肤游走，而当对方的鼻息迎面扑来，你简直避无可避。这个简短的片段让我们不禁深入追究起理发时的身体接触，思考这种亲密关系是如何左右人们对从业者的态度，以及它在客人和专业人士之间留下的深远影响。

本杰明·富兰克林绝不是唯一对此感到厌恶的人，同一时期其他人的信件、日记和画作也传达过同样的看法（图2-11）。和18世纪一样，今天的

图 2-11　这幅 12 格连环画描绘的是理发店内的苦与乐。请注意，图中有两位女理发师。

美发行业也很重视从业人员的个人卫生，因为任何“本该放松享受清洁服务、却被汗臭的腋窝捂住头脸”的客人，都能发现问题。[44] 因此，英国目前关于美发理发培训的国家标准都对个人卫生做出了明确规定：通过每天淋浴、涂抹止汗剂、刷牙、洗手、修理指甲、抹润肤霜等方式，来止汗、抑菌、防口臭。[45] 不过，身体接触是双向的，理发师同样要忍受客人的口气、体味和皮肤问题。

这种亲近虽然令人不悦，却不像肢体亲密接触带来的别的影响那么严重。从业者身上的种种病痛侧面反映了这项职业的要求：他们大多有静脉曲张问题，被反复割开的同一处伤口，还有令人痛苦的皮炎[46]——英国职业健康数据显示，有70%的理发师在职业生涯中曾患皮炎。[47] 此外，在统计上，从业者与客人间亲近的距离也反映出美发理发职业和传染病致死率存在显著关联。[48]

理发活动的这种亲密特性、发型师对客人的审视和照料以及他们对彼此身体状况的了解，大概是过去的人向理发师寻求医疗建议和健康干预的原因。（更进一步表明，像第一章中说的那样，护发被当作一种治疗，而非单纯的美容手段。）近代早期的理发店比医生收费便宜，又兼有愉快的社交氛围，成为人们解决牙齿、指甲、耳朵和皮肤卫生问题的首选场所，据说，这里甚至能提供有关性生活的建议。[49] 很难说这一功能在历史上是否中断过。但可以肯定的是，分辨皮肤和头发的感染与病症，并将客人转荐给相关的医学专家，如今已经成为美发培训课程的一项标准内容。[50] 20世纪，在避孕套普及之前，理发匠还神奇地肩负起提供“周末用品”的职责。[51] 理发店相当于近代早期的准医疗中心，英美近年的一些公共医疗项目也沿用了这一功能。这些项目把理发店和发廊设为接触特定人群的可靠场所，在这里普及健康信息，实施癌症、心血管疾病和艾滋病等基本的干预措施（图2–12）。有时，理发匠还会接受培训，成为健康科普人员。[52]

这些项目赖以维系的基础是理发师和客人间的相互信任。一方面，每次我们都是出于这种信任，将自己的外表交到另一个人手中。而在更深的层面，这份信任也给了客人信心，任由剪刀在眼周游走、剃刀划过喉咙（图2–13）。只有出现问题时，躺椅上那个人脆弱的一面才会暴露出来。例如，时尚大师维达尔·沙宣和玛丽·奎恩特（Mary Quant）间的强强联手就始于沙宣手中的剪子走偏的那一刻（图2–14）：“当时，我如往常一般围着椅子打转，一手握着剪刀，一手梳头，无意中剪到她的耳朵，血流了出来。”[53] 另一位著名设计师最近谈及美发行业时是这样说的：

图 2-12　印度海得拉巴市（Hyderabad）一家理发店内的艾滋病预防宣传海报

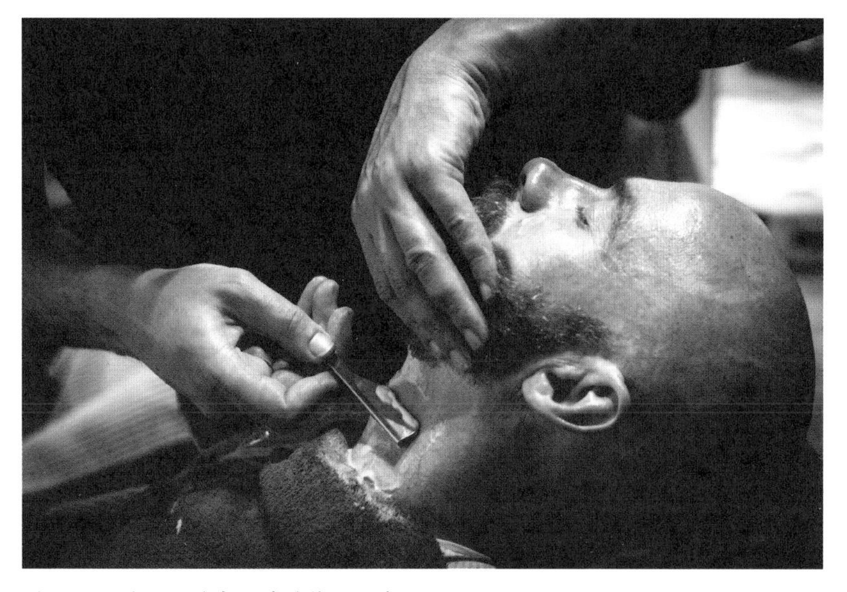

图 2-13　使用开放式刀片的传统湿剃

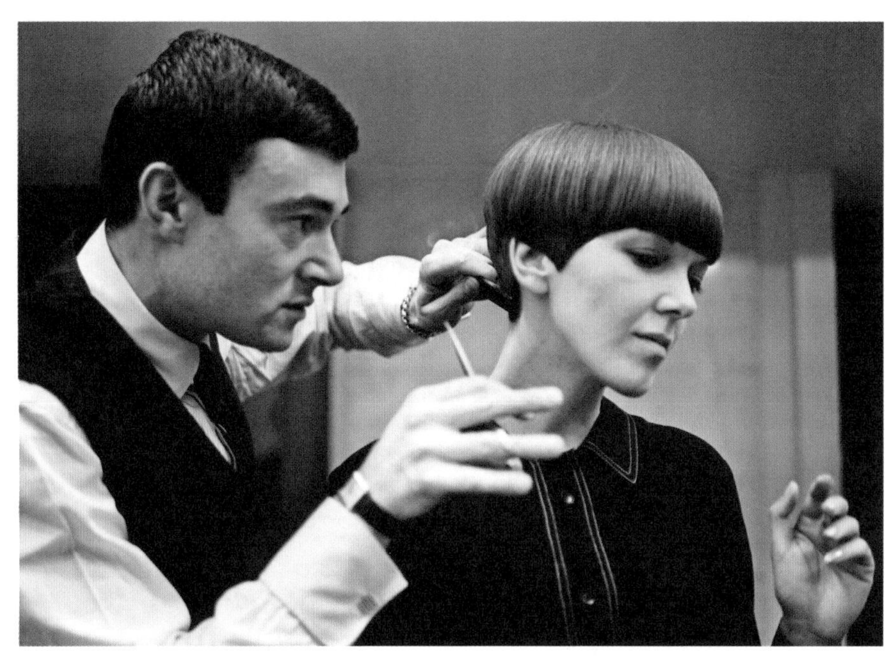

图 2-14 两位时尚大师同框：维达尔·沙宣为玛丽·奎恩特理发，20 世纪 60 年代。

> 你知道，出于某些奇怪的医学原因，一旦剪到别人的耳朵，就会血流不止——我不知道为什么，可能耳朵里全是组织没有肌肉，也可能全身的血都储存在耳朵里。

他说自己割伤过客人的耳朵，血浸透了胶布和棉片，溅得客人的衬衫上到处都是。他说，“简直就像麦克白夫人”。[54] 下面这个例子更为严肃，2003 年美国入侵伊拉克后，出任临时政府领导人的外交官保罗·布雷默（Paul Bremer）曾被美国安全部门评为全世界处境最为危险的美国官员。当时，一项潜在威胁受到安全部门的特别关注：有迹象表明，有人花钱请了一位伊拉克理发匠，在为布雷默理发时实施谋杀。[55] 在这段关系中，客人的确处于弱势地位，奇妙的是，挥舞剪刀的疯子并不在有关理发师的文化意象当中，用剃刀割喉行凶的也只有斯温尼·陶德（Sweeney Todd）一个（图2-15）。[56]

相反，理发时的信任和亲密总能让人卸下平时的防备。20世纪初的社交名媛辛西娅·阿斯奎斯（Cynthia Asquith，1887—1960，图2-16）夫人的日记很好地说明了这一点，她把与女性朋友的闺中密语称为"梳头"（hair-combing）。她们会聊秘密、聊感情、聊八卦，有时还会聊性事："最后的梳头简直上不了台面，我们谈到斯托普斯（Stopes）博士的《已婚之爱》（*Married Love*），戴安娜力荐这本书。我们一直聊到两点多才睡。"[57] 阿斯奎斯对这些密谈的称呼很容易让人想到梳头时饱含的情感。这是一项亲密又舒缓的活动，其间的节奏和触碰令人放松，一时间，客人和造型师之间没有别人，彼此信任，让人不由卸下心防。这种亲密使得许多客人对自己的理发师吐露真心，说出罕见于商业关系中的信息和话语。[58] 正如维达尔·沙宣所说："我为这世上最美的女人理过发，倾听过她们的秘密。"另一位造型师表达得更加直白："客人什么话都和理发师说。"[59] 有些顾客理发时不只把对方当作倾听者，还会向他们寻求建议。在一项针对服务关系亲密性的调查中，一位受访者这样解释："就像是问题反馈，关于你的问题，他们常说'你为什么不这样试试呢？'他们在给你做头发的时候就像是在给你提建议。"[60] 这时，理发师可能把自己当成了客人的治疗师、咨询师或是人生导师。因此，老客户对心仪的造型师表现出较高的忠诚度也不足为奇。[61]

很早以前，美发师或理发匠便被人们当作知己或是倾吐秘密的对象，但他们多嘴长舌的形象也早已深入人心。也许有人把他们当作承载秘密的树洞，但现实总能证明，这个树洞会漏风。有一个笑话是这么说的：

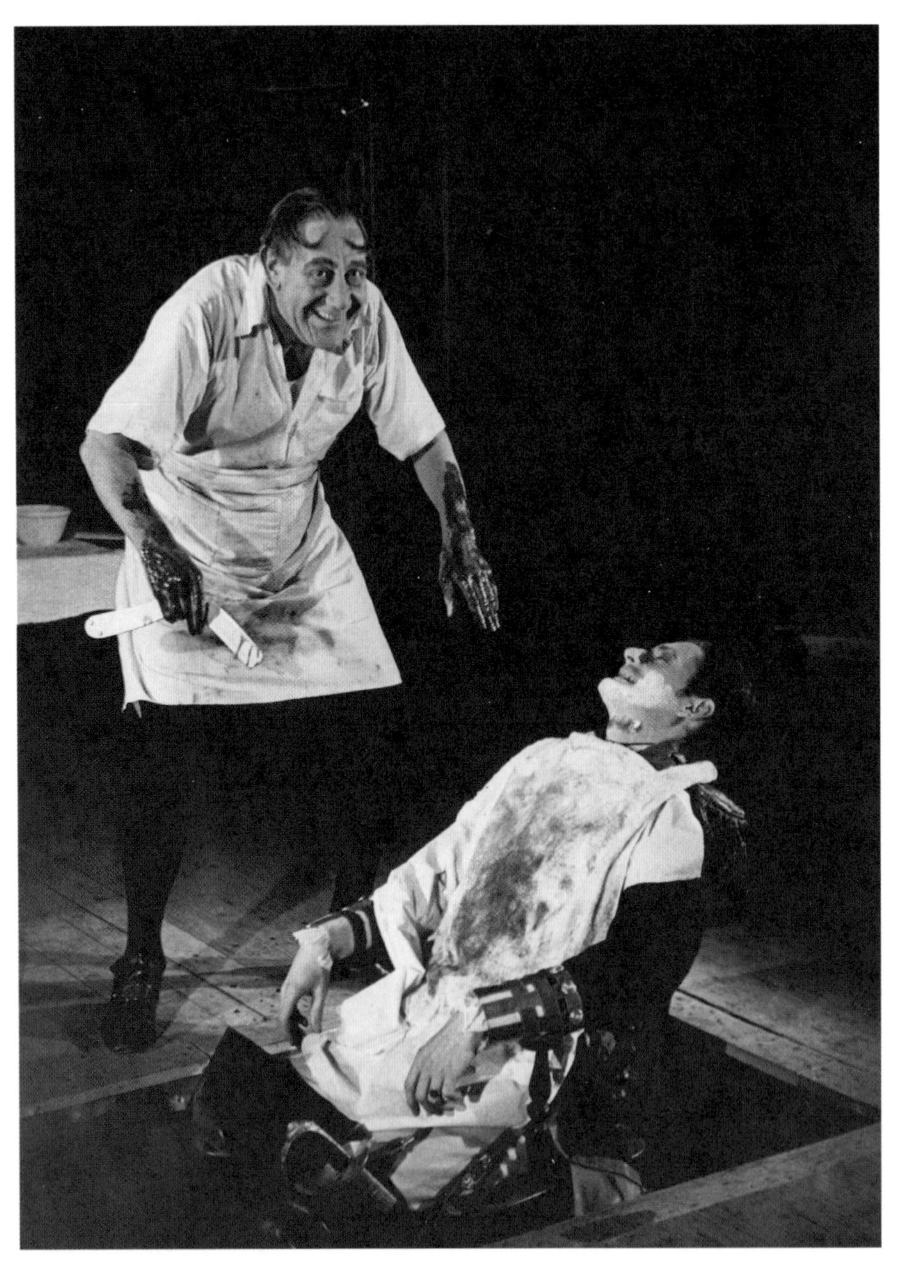

图 2-15 源自 19 世纪的虚构理发师形象——斯温尼·陶德。他会杀死自己的客人，把他们绑在特制的理发椅上推入地窖，再在那里将他们肢解，做成肉饼。

图 2-16　辛西娅·阿斯奎斯夫人，1912 年。

一个男人找一个健谈的理发匠剪头发。

“你想怎么剪？”理发师问道。

男子回答：“沉默地剪。”[62]

这个笑话源自罗马。将近1500年后，类似的笑话在1825年再次出现：

我提到的两个理发匠都问过，你想怎么剪头发？我建议各位回答——闭嘴剪，至少能让耳朵不遭罪。[63]

同样，美发师爱八卦的名声和这份职业一样由来已久。例如，1787年，作家伊丽莎白·斯蒂尔（Elizabeth Steele）就曾抱怨：

这种人（美发师）能与女士们接触，常常把在一家听到的事搬弄到另一家人耳中。女人太爱向这些人提问；而他们每提供一点儿情报，总能换来别的消息。就这样，许多女人一边享受着他们的手艺，一边开心地听他们信口开河。[64]

这种印象或许有些刻板，但就连美发师自己大概也会认同。21世纪一位造型师的文字与伊丽莎白·斯蒂尔的话出奇相似：“大多数美发师可不只是有点儿八卦而已，他们非常爱管闲事。”他还说：“你向他们袒露的每件逸闻趣事、每个不为人知的轻率言行、所有根植于内心的不安全感，都可能在你刚起身离开、躺椅还热着时，就被他们转身告诉员工间里的同事。”[65]（图2–17）。

有时，私人八卦会和公共事务并为一谈，这时的理发店便成了发表政治和宗教见解的场所。《有关部门变动的情报》（*Intelligence on the Change of*

图 2-17　在发廊聊八卦，纽约，1949 年。

the Ministry）刻画的便是这样的场景：图中，一位等待理发的客人正在念报纸上的新闻，人们迫不及待地聊了起来（图 2-18）。有时，这些见解会被看成是对权威和秩序的威胁。因此，我们意外地发现，官方在记录煽动性言论时也会关注理发店这一社交场所。我们也因此看到霍尔本的一位理发匠爱德华·格里芬（Edward Griffin）1710 年在法庭上的证词，他作证说，自己在店里给一位客人剃须时，当地的一个糕点师也来刮胡子。格里芬的客人和糕点师就萨赫韦雷尔（Sacheverell，1674—1724）博士的事"交流了几句"。这位颇受争议的教士曾对天主教徒和非国教徒展开激烈的宣讲，因而被国会

图 2-18 《有关部门变动的情报》，约 1782 年。图中的理发店是普通民众讨论新鲜出炉的政治新闻的场所。根据图画底部的文字解释，裁缝斯涅普（Snip）刚进门，手里的报纸刊登着一则政客辞职的新闻。比起刮胡子，理发匠对聊天更感兴趣，因而划伤了客人的脸，躺椅上的客人发誓再也不来了。

以煽动罪和煽动暴力罪审判。听完两人的对话，格里芬便向当局举报，称这位糕点师支持萨赫韦雷尔、反对英国皇室。[66]

不仅理发店成了公开发表意见的场所，理发匠和美发师去客人家上门服务时，也可能碰到些私密事（图 2-19）。前面提到，曼彻斯特的理发匠伊诺克·埃洛半夜被客人叫出门，回来后就提醒当局，说他在客人家看到 20 个人聚在一起，他尽可能说出了认识的人的名字，还复述了他印象中可疑的谈话。他提到，他们口袋里有匕首，桌上有疑似手榴弹的东西，桌上还搁着一个袋子，埃洛把手放上去时，有人警告他小心点儿。没人告诉理发匠袋子里是什么，但据他观察，里面是松软的白色粉末，他拿着蜡烛凑近细看时，又有人让他小心。[67]

可别以为理发活动只在近代早期与政治八卦和当局的紧张交织在一起，FBI 档案中还有更近期的例子。1951 年 6 月，联邦调查局雇员巴克斯特（Baxter）太太去了一间发廊。谈话间，理发师和美容师聊起了 FBI 局长 J. 埃德加·胡佛（J. Edgar Hoover）的八卦，称他为“那个狗娘养的”。他们说人人都知道他收受贿赂，还听说胡佛娘里娘气，喜欢男人，是个“基佬”。巴克斯特太太斥责了二人，说这些纯属捏造。随后，她离开发廊，检举了他们。两名 FBI 探员立刻被派到发廊问话，与这些“造谣生事者”对质并施以恫吓，确保他们明白这些话说出去“没人会赞同”。[68] 从这件小事就能看出麦卡锡时代在政策上的偏执，也明显反映出理发场所所讨论的话题的历史延续性。

理发时亲近的距离和愉快的交际把理发匠和美发师变成塞满秘密的小仓库，迟早会塞不下而溢出来。在人们眼中，他们的人际关系堪称混乱。理发时身体和情感上的亲密接触也使性的要素更加凸显。头发是感官的一部分，抚摸脸庞、头和脖子能让人兴奋。简单来说，理发可以传达性暗示。塞缪

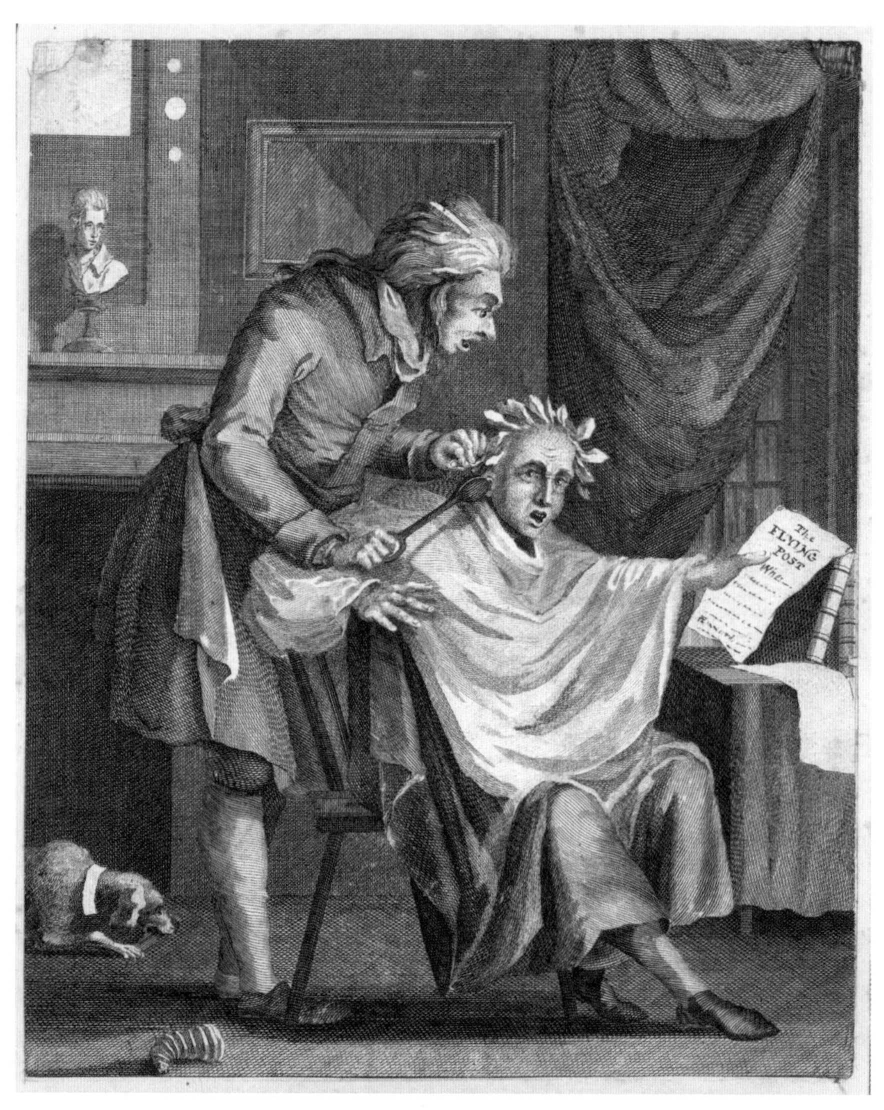

图 2-19 《理发政治家》(*The Barber Politician*)，约 1771 年。上门服务的理发匠盯着客人的报纸分了心，错把加热过的卷发棒夹到了男客人的耳朵上。这份《飞行邮报》(*The Flying Post*) 是具有高度偏向性的辉格党刊物。画作前景，美发师的脚边躺着一个用来扑发粉的小风箱。

尔·佩皮斯显然会同意这一点，他在日记中记录了女仆为他梳头时的愉悦感受。一开始只是偶然的触碰，佩皮斯享受的只是梳头带来的身体上的满足——有时长达一个小时。[69] 渐渐地，这种被动的享受变成积极的索取，他的文字也变得隐晦，甚至自己发明了一些密码来掩盖艳事："黛比（Deb）给我梳头时，我一直用我的式偶否木哦她，特别舒服（用手抚摸她，让我特别舒服）"。[70] 终于，他被伊丽莎白逮了个正着：

> 吃完晚饭，我去找黛比帮我梳头，却惹来这世上最让我难过的事；因为我的妻子突然上来，发现我抱着那个姑娘，我的手施恩进车恩裙（我的手伸进她的衬裙）。[71]

在前文提到的生活在 18 世纪的仆人约翰·麦克唐纳看来，理发就是发生边缘或实际性行为的场景，尤其因为理发给了他进入女士闺房的特权——恰好体现了唐·赫尔佐克（Don Herzog）口中的"匿名特性、身体空间和性事间的紧张博弈"。[72] 正因如此，那时有不少人认为"女性雇佣如此多的男美发师，对她们而言绝非明智之举。这种习俗太不文雅"。[73] 同一时期有许多出版物都表达了同样的观点。1777 年的版画《给丈夫们的提醒，又名衣冠楚楚的发型师》〔*A Hint to (the) Husbands, or, The Dresser, properly Dressed*，图 2-20〕中，上了年纪的丈夫在美发师给妻子精心打理发型时突然闯入。深感欺骗的丈夫扬起鞭子，抽向头戴通心粉假发（译注：图中理发师的假发式样，造型浮夸且与女士发型相似，由英国年轻人从欧洲大陆引入，18 世纪中期在英国流行开来。初到意大利的英国人非常喜欢当地的通心粉，用它来形容所有时髦的事物，该假发因此得名）的年轻男美发师。丈夫身后的女仆满脸幸灾乐祸，做出意指通奸的手势。而背后墙上的肖像画中，女子正把手伸进裙底。穿着便服的妻子手中拿着一只长长的发夹。整幅画的指

图 2–20 《给丈夫们的提醒，又名衣冠楚楚的发型师》，1777 年。

向性非常明确。至今，仍有一部分人认为，美发师通通风流成性："对于血气方刚的小伙子来说，还有什么能比一天和一打女人亲密接触更好的差事？这绝对是干理发这行最大的好处。"[74]

有意思的是，理发匠们却能安然置身事外。尽管兼职发放避孕套，给客人出谋划策，也会和客人密切接触，他们本人却与性扯不上关系。虽然天天围着男人打转（倒也不只是男人），却没人把理发匠认作同性恋。男性美发师形象的演变轨迹则与此截然不同。如我们所见，人们一方面认为他们风流浪荡——对女子的贞洁或丈夫头顶的颜色构成或潜在或实际的威胁；另一方面，又觉得他们举止矫揉，不够男人（图 2-21）。尽管美发师和理发匠的业务和许多技术彼此相通，但在文化层面，两者却始终被差别对待。毫无疑问，人们之所以在心中将美发师同时阉割化和污名化，一定程度上是因为他们的客户群体是女性，认为自己的社会地位高于理发匠人，并且在塑造自我形象、为客人打造时髦发型时展现出明显的时尚追求。

对于美发师，人们往往同时抱有两种截然相反的看法，一面觉得他们柔弱无能、喜欢同性，一面又认为他们沉迷女色、放荡不羁。18 世纪末，作家玛丽·海斯（Mary Hays，1759—1843）在讨论女权问题时认为，更通世故的上层阶级女性应该"毫无顾虑地接受男美发师"。而同时，她又给这些美发师贴上了"她他阶层"（she-he gentry）的标签。[75] 他们一面被刻画为同性恋，一面又被打上男女关系混乱的烙印，两种看法齐头并进，至今未见颓势。美发师雷蒙德·贝松（Raymond Bessone，1911—1992）在 20 世纪 50 年代以风流文雅的形象频繁出现在电视上，名噪一时。他为自己苦心经营了一种人设：这位人们口中的"缇西维西先生"（Teasy-Weasy，取自他创造的标志性"缇西维西"卷发造型）穿着量身定制的西服，戴着丝绸手帕，操着一口做作的法国口音，叼着长雪茄，看起来"优雅得令人难以置信"（图

图 2-21 《勒弗里瑟尔先生》(*Monsieur le Frizuer*)，1771 年。图中是一位来自法国或作法式打扮的理发师。他手里握着卷发钳，口袋垂出几缕假发，精心整理过的外表——面部的贴饰、腰间的长剑、花哨的马裤、条纹长袜和硕大的棒状假发，无一不传达着女性化特征。

2-22）。不过，他“在男女关系上声名狼藉”。他是“最早的‘意大利种马’，找他理发的女人大排长龙”。[76] 同样，维达尔·沙宣在自己的沙龙谈到这种矛盾的性刻画时，也用了类似的措辞。在一次员工会议上，为了解决旗下造型师“在性方面过于活跃”的问题，他提出，引诱已婚客户是不道德的。一位员工回应道：“没有人在乎。反正他们觉得我们都是同性恋。”[77] 后来，出现了“crimper”（英语原意为“卷发器”，其动词 crimp 有“掰弯、弄出褶皱”之意；被美发师大量用作自称，才引申出“理发师”的意思）一词，它源自 20 世纪男同性恋群体使用的俚语波拉利语（Polari），男女发型师都以此自称。[78] 如今，这个来自小众词库的词汇已经渗透进所有发廊，讽刺地将词汇原本的阴柔内涵融入理发师的职业形象当中。

图 2-22　雷蒙德·贝松，人称"缇西维西"先生，1954 年。

上文已经证明，从身体的亲近带来的多余气味和细菌，到梳发时的感官享受和交谈时的社交乐趣，伴随理发过程而来的各色体验自古有之。人们对美发师和理发匠的刻板印象也由来已久，理发匠被看作只提供基本服务、"够男人"的理发专业人士，男性美发师却成了阴柔娇媚的"娘娘腔"和流连风月的浪荡子。与此相呼应的是，人们从不曾改变对客人与造型师之间关系的看法，对理发的亲密性更是抱着长期一致的认同。

BEGIN EARLY

SHAVE YOURSELF

Gillette Safety Razor

NO STROPPING NO HONING

COPYRIGHT OWNED BY GILLETTE SAFETY RAZOR CO.

第三章

无毛的艺术

非自愿行为

根据维多利亚时代的刑罚体制，犯人入狱后的第一件事是接受身体检查，然后是剃头。被迫剃光的头颅成了盖在囚犯身上的印戳，将他们戏剧性地标识为“监狱财产”，从根本上破坏他们的自我意识，再残暴地赋予新的身份。制度权力只不过轻轻弹了弹手指，就能无端剃掉他人的头发，让犯人——尤其是女犯深恶痛绝。“没错，”米尔班克（Millbank）的一名狱警告诉19世纪的记者、社会改革家亨利·梅休（Henry Mayhew），“他们宁愿丢掉性命，也不想失去头发！”[1]

强制剃发具有极大的伤害性，是一种对自我的打击，会破坏个体的身份认知，也因此被普遍用来羞辱和控制他人。最大规模也最无人性的例子发生在纳粹集中营，在那里，他们不仅削去囚犯的头发，还会倒卖到纺织和家具行业，用来制作线绳、毡制品和各种填充物。奥斯维辛集中营内至今仍然存放着近两吨这样的头发，1945年俄军解放那里时发现了其中一部

图3-1 奥斯维辛集中营至今保留着好几吨头发，头发的主人已经惨死在毒气室里。

分（图 3-1）。[2]一位幸存者写下了这段经历：

> 剪头发对每个女人的外表造成了惊人的影响。无数个体变成了一大堆躯体。无论是高是矮，是胖是瘦，没有什么能把人们区分开来——没了头发，不同的女人变成了相似的躯壳。年龄之类的个人差异消失无踪，面部表情也不见了。取而代之的是空白和毫无意义的凝视，从一千张面孔中流露出来，却属于同一具赤裸难看的躯体。短短几分钟内，我们仿佛少了一层物理属性——我们个体维度的物质更少了，成了一个巨大的整体，个体无关紧要。[3]

在时间和空间上离我们更近的例子是 1922 到 1996 年爱尔兰天主教会经营的抹大拉洗衣房（Magdalene Laundries）。这里接收被法院、政府或家人送来的各年龄段女性，囚禁她们并强迫无偿劳动，有时长达数年。洗衣房把剪头发当作虐待受害者身心的一种手段，[4]这一点在幸存者的证词中被反复提及。这种对抹大拉囚犯身份的暴力同化不仅成了一种对新人的接收仪式，还在整个监禁期间被当作惩罚手段，制度权力的执行者们手中的剪刀完全沦为了施虐的工具。玛丽·梅里特（Mary Merritt）曾被关在都柏林的抹大拉洗衣房，无偿工作了 14 年。一次，她逃了出去，被警察押送回来后，修女们把她关在一个没有窗户的惩罚室里，"把我的头发剃了个精光"。[5]

他们无缘无故地剪掉玛丽——以及处于弱势地位的无数男女——的头发，唯一目的是惩罚、控制和羞辱对方，夺走他们的力量。这些目的的实现与头发的重要性有着直接关系。社会学家安东尼·辛诺特（Anthony Synnott）认为，头发是"自我的有力象征"[6]，但又远不止如此。它不仅是自我的体现，更是自我的一部分。即使被剪掉后还会再长，失去头发仍然令人痛苦。头发和面部特征一样，是人类个人外貌和自我认知的基本组成部分。在违背意志的情况下失去头发，自然会导致极大的痛苦和身份认知的严重错位。注意，一些机构经常在新成员加入时进行自愿剃发，以此建立牢固的纽带关系——例如，宗教剃度或美国海军的寸头（图 3–2）。在剪去青丝和对过往依恋的同时，新人们也剪掉了过去的身份，取而代之的是对主导价值的屈从、同化和顺服。

这种形式的征服被施加在女性身上时，常常伴有性暗示，甚至有人把它看作强奸的替代品。[7] 当然，头发具有高度的性别化特征，深刻地影响着人们对性别的理解，头发的长短和多少在女性形象的主导范式中体现得尤为明显。然而，男性也在遭受着非自愿掉发（包括头发渐渐自然消失的生理现象）的折磨。《英国医学杂志》的一篇述评发现，雄激素源性脱发（又称男

图 3–2　美国军舰“巴丹号”上，一名海军陆战队员正在部队理发厅为另一名队员理发，2009 年。

性型脱发）是大多数男性“不希望发生的事，会造成压力”，降低患者对自身形象的满意度，患者还会将它与衰老和性吸引力的衰退联系在一起。该文作者建议，任何医疗干预都应辅以提升自尊的措施。[8] 几百年前手写或印制的用于治疗脱发的配方（参见第一章）表明，长久以来，我们的社会一直在经历（意料之内的）脱发的痛苦。尽管很多男性出现男性型脱发的原因是基因遗传（白人男性的遗传概率是黑人的 4 倍，50 岁的高加索人中，脱发者的比例达 50%）[9]，但讽刺的是，这个原本自然的过程会造就不甚自然、不够真实的自我。无论是一次掉光还是稀稀拉拉不停掉落，面对这种不情愿的脱发，人们总要重新调整对自己的认知。

病痛中的人们面临的则是另一种挑战——与“真正”自我的告别，因为病痛的影响有时也会体现在稀少又脆弱的头发上。讽刺的是，对于癌症病人而言，这种伤害恰恰是由治疗造成的。在化疗过程中，人体被有毒的化学物质劫持，它们不仅能杀死癌细胞，还会伤害所有快速分裂的细胞，包括毛囊（图 3-3）。许多人表示，由此引起的脱发和做手术切除身体器官一样令人难受，头发会大把大把地脱落，或在早晨起床时散满枕头。面对这种必然发生的事，许多人选择先发制人，争取短暂的胜利。一位女士写道：“得知第一次化疗会让我大把地掉头发之后，我去发廊剃了个光头。”[10] 另一位女士发现一夜之间，自己掉了成把的头发，于是，“拿着一罐剃须泡沫下楼，坐在凳子上，让她的丈夫给自己剃头”。[11]

不过，大多数自愿脱毛行为并没有那么痛苦。在紧闭的浴室门后、理发店的躺椅上或美容院的理疗室里，人们通常会以定期理发的方式维护自我形象，而不是突然改头换面。这时，脱毛便成了个人喜好、社会规范和物质条件间复杂博弈的结果，但这结果似乎十分“自然”，很少被人认真检视。本章后续部分将介绍身体和面部的脱毛史，这次，男士优先。

图 3–3　一位正在接受化疗的年轻女子。

光滑的男人

1666 年 9 月 17 日，塞缪尔·佩皮斯（图 3–4）在日记里写道，刮干净胡茬让自己轻松自在："睡觉前，我刮掉留了一星期的胡子；主啊，昨天的我多么丑陋，今天就有多么英俊。"[12] 佩皮斯日记中随意的一笔提醒了我们剃须的重要性。作为独立事件，它只作用于个人，但日积月累下来，却深刻影响着人们对男性形象和行为规范的理解。16 世纪，胡须被公认为成熟男子气概的象征；相反，到佩皮斯写日记的 17 世纪 60 年代，保持下巴干净清爽变成了男性应遵守的规范。[13] 资料证明，人们后来一直把这当作理想的样貌，只在 19 世纪中叶的维多利亚时期中断过——那时，胡须被视为一种受人青睐的外貌特征。因此，在过去 300 年的大部分时间，用学者迪恩·

图 3–4　塞缪尔·佩皮斯，1666 年。

奥克特伯（Dene October）的话说，“日复一日的剃须行为使它成为产生男子气概文化的重要仪式”。[14]

尽管剃须一直是男性外貌管理的重要步骤，但从历史上看，剃须时的种种困难始终没能被完全解决，反而成了一道难题。先从佩皮斯说起，他在日记中提过刮胡茬时遇到的麻烦。一开始他会花钱找理发匠，但在 1662 年 5 月，他开始自己用浮石磨掉鬓须。他发现这种做法“非常轻松、迅速，而且干净”，说明他在对比之后，觉得理发匠刮起胡子来又难又慢，还刮不干净。他决定继续使用浮石。[15] 这种摩擦剃须的方法很是古老，曾被古希腊和古罗马人使用，而 1956 年版的《制药配方》（*Pharmaceutical Formulas*）还在推荐此法——这本书可是当时化学师和药剂师的标准职业手册。[16] 一位 19 世纪的外科医生兼皮肤专家在自己撰写的脱毛手册中详述了这一手法，建议使用者先抹些油软化皮肤，再用小块的浮石稍稍拉伸皮肤，然后逆着毛发生长的方向“轻轻地”来回滚动。但他警告说，胡须磨到足够短时就要注意收手，而且浮石对嘴周的娇嫩肌肤“容易造成擦伤”。[17]

佩皮斯没有手册可以学习，相反，他取经的对象是位年长些的熟人——军需品仓库的管理员马什（Marsh）先生，两人在工作中相识。当时，身为海军长官的佩皮斯正在朴次茅斯替海军部办差，马什向他展示了浮石的用法：佩皮斯似乎正要去找理发匠，也可能两人正聊起剃须的难处。显然，佩皮斯对浮石法印象深刻，下定决心亲自试一试。他震惊于用浮石剃须的方便快捷，以至于一时冲动，把上唇蓄好的胡子也剪掉了，“要是能像剃下巴这样用浮石剃全脸就好了，很省时间——我觉得这法子又方便又温和”[18]。不过虽然开局良好，浮石却不是他最终的答案。可能是他下手太重，或者确如 19 世纪手册中提醒的那样，这种方法加剧了嘴周皮肤的敏感。无论出于什么原因，4 个月后，佩皮斯又开始花钱请人给自己剃须，不过他还是很乐意

“在不便找理发匠时”拿起浮石自己搞定。[19]

不过，16个月后的1664年1月，佩皮斯又进行了新的尝试。这次他不再找理发匠，而是开始自己动手。“今天早上，我开始用剃刀给自己剃须，我发现这很容易，省钱又省时，让我非常高兴，我应该会继续这样做。”[20]在描述新的剃须方法的优点时，佩皮斯又一次提到了难易度、便利性和时间性，还考虑了成本因素。但是，它的缺点也很快显现出来。仅仅几天后，他便写道，割伤了自己两次，并将此归咎于剃刀太钝。[21]这也提醒我们，剃须者需要额外掌握一套技能和准备更好的工具。首先，剃刀要保持锋利，可以用革砥（用来磨剃刀刃的皮带）定期打磨，也可以时不时地用石磨重磨。[22]此外，还需要肥皂、修面刷、亚麻布（需要定期清洗）、镜子和热水。热水意味着无论冬夏，人们不仅要取水，还得生火加热，途中要看着火不让它熄灭。因此，为了刮胡子，人们得花大力气维护这些器械，还要更换各种配套材料。没过两年，佩皮斯便恢复了定期找理发匠的习惯。

乡村牧师詹姆斯·伍德福德的日记写于18世纪下半叶，但他和佩皮斯一样，既试过自己刮胡子，也享受过专业人士的服务。他在日记中提到，曾经购买过新的剃须刀，还有肥皂、修面刷、剃须粉和磨刀石。即使不时会找磨工或刀匠帮他打磨或重铸剃刀，这中间，他还是会自己使用革砥磨刀。1769年3月，他在日记的一条备忘中写道：“今天早上，我正打算像往常一样在星期天刮胡子，剃刀就断在了手里。当时我正要把它放到带子上，完全没有用力。”他补充道——这也是这条备忘的重点：“我要永远记得这个提醒，再也不要在主日剃须或做任何劳作，以免亵渎这个日子。”[23]伍德福德所指的是禁止周日剃须的禁令。长久以来，这条禁令在各种市政、行会和教区规章中反复出现，但违反禁令的人大概比遵守的人要多。身为牧师，伍德福德认为自己该在这方面尽职守责，这点并不奇怪。对我们而言，禁令之所以重要以及他良心不安的原因，是剃须的确被看作一种耗费时间和精力的劳作——为男性修毛理发是件苦差。

从作家、牧师乔纳森·斯威夫特（Jonathan Swift，1667—1745，图3-5）18世纪初发表的评论可以看出，佩皮斯和伍德福德在这件事上遇到的

图3-5　乔纳森·斯威夫特，1709—1710年。

麻烦必定令他感同身受。斯威夫特在他所谓的“剃须日”反复提到这项活动有多么耗时，他必须特意把它安排到上午的日程中，否则就可能错过后面的约会。[24] 和佩皮斯一样，他也饱受剃刀损钝的困扰。他在向友人查尔斯·福特（Charles Ford）致谢的信中写道：“这些剃刀将成为我珍贵的宝物。”他还说，“由于没有趁手的剃刀，我每隔 48 小时就有 1 小时要在痛苦中度过。”[25] 简单的一句话说明了许多东西。首先，他每隔一天刮一次胡子；其次，说明了刮胡子所费的时长；最后，话中强调，交流有关仪容整理的物品、建议和趣事也是男人间友谊的一部分。同样，詹姆斯·伍德福德在牛津大学求学时，也与同窗进行过这种交流。一次，他用帽子的系带换了“一把非常锋利的剃刀”。[26]

在这一点上，把剃刀作为研究对象会更好理解。阿伦·威瑟（Alun Withey）提出，伍德福德时代生产出的优质刀片带动了人们自己动手剃须的潮流。18 世纪中后期发展出的新型家具也体现了这一趋势，这时出现了装有可调节镜子和嵌入式水盆的剃须桌和梳妆台。[27] 威瑟还提出，18 世纪下半叶，技术的进步把剃须刀和男性气概明确联系在一起，新的刀片制作工艺也符合当时男性的审美追求。图 3-6 中的例子很好地说明了这一点：一套剃须刀共有 7 把，用钢质刀片和象牙手柄制成，放在特制的盒子里，刀片上刻着制作者的姓名和制作地点〔塞缪尔·拉斯特（Samuel Last），伦敦〕，还分别刻着一周七天的日子。正如维多利亚时期的一位评论家在《英国人杂志》（*The Englishman's Magazine*）中写道，“剃刀绝对是男人味儿的象征。”[28] 这种情结一直被流传下来，哪怕在安全电动剃刀问世后，也只产生了细微变化。多萝西·赛耶斯（Dorothy Sayers）曾以彼得·温西（Peter Wimsey）勋爵为主角撰写一系列的侦探小说，在其中一部作品《失衡的时间》（*Have His Carcase*，1932）里，作为杀人凶器的割喉剃刀同时也是精

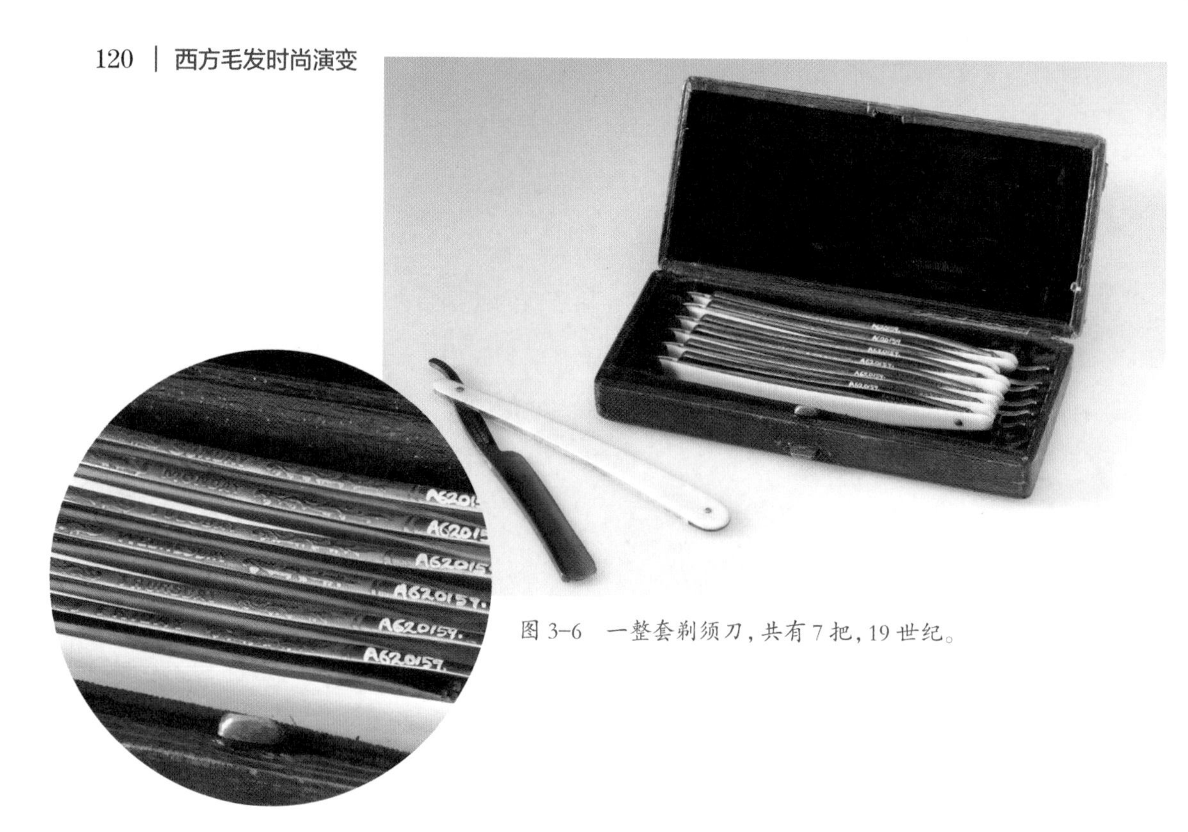

图 3-6　一整套剃须刀，共有 7 把，19 世纪。

英阶层和传统男性气概的象征。此外，对待刀片的方式也体现一个人的个性。有人认为，只有真正的绅士才能参透剃须的奥义：见剃刀就如同见到本人。到更近代，传统剃须的复兴也对年轻时尚的都市型男产生了不一样的吸引力（图 3-7）。

再回到 18 世纪，剃须不仅能够凸显男性气概，还是一种“礼貌”的行为：“在社会、文化和时尚层面都很必要”。[29] 显然，我们的 3 位日记作者都把修整须发当作自我形象的重要部分，以及做好社交准备的前提。先来看看伍德福德，尽管他很少在日记中直接提到剃须这件事，但每逢主教来访或者在牛津大学当着副校长的面传道之前，他总会刮个胡子。这些记述让人觉得，他在着意打造一个良好的神职人员形象。同样，他还提到在拜见皇室的前一天刮了胡子。[30] 相反，如果家里有客人自己却没刮胡子，伍德福德会感到仪容不整，很不自在。如果访客中有乡绅的妻子，伍德福德会干脆拒绝与她照面：“今天上午，卡思特斯（Custance）太太带着她的 3 个孩子和科利尔

图 3-7　对传统剃法的新渴望：放在湿石板上的直剃刀、剃须碗和獾毛刷。

(Collier)太太一同来访，呆了一阵子——船长(伍德福德的侄子)和我都没刮胡子，打扮得也不得体，于是故意躲开了。”[31]

如果情况紧急、来不及刮胡子，佩皮斯和斯威夫特都会感到不舒服，仿佛少了点儿什么。“圣约翰(St. John)部长今天一大早召我去，我只能没刮胡子就走”，斯威夫特曾经抱怨，“弄得我手足无措。我只好去找福特先生，和他借了剃刀，再调了个班，把自己重新打理好。”[32]对于佩皮斯来说，上午居家办公可以让他省去剃须的麻烦，直接开始工作。可是，他发现不把胡子刮干净他就无法专心，总觉得没做好准备，找不到工作状态。用他的话说：

> 我起得很早，胡子没刮衣服也没换就下楼来到工作间，一心想着今天就在房间里办公；但我进去后，发现没刮胡子弄得我没法完全清醒，也没做好工作的准备。我只能重新上楼打理一番，再下来工作间，全身心投入工作中。[33]

即使剃须在社交中如此重要，坚持每天剃须的人还是很少。如我们所见，这项身体管理需要耗费不少时间和资源，而且总会留下伤口、造成不便。佩皮斯、斯威夫特和伍德福德每周剃须的次数都是两到三次，而且，尽管许多18世纪肖像画中的人物都戴着完美的假发、下巴溜光水滑，但现实中胡子拉碴的人一定比比皆是。

除了亲自动手刮胡子，人们也可以请职业理发匠来服务，这是当时最常见的做法。不过在家和外出剃须并不互斥，人们可以像佩皮斯那样不时换着来。对詹姆斯·伍德福德而言，是自己剃还是找理发匠，似乎取决于他当时人在哪里。住在牛津或位于萨默塞特郡安斯福德村(Ansford)的家中时，伍德福德会花钱找理发匠。搬到诺福克的韦斯顿－隆维尔教区后，他便亲自拿起了剃刀。不过离家时他还是会请理发匠帮忙，尤其是定期去附近的诺里奇夜宿时。韦斯顿似乎是因为地方太小，没法吸引理发匠常驻。如果负担得起，绅士们也可以花钱享受上门服务（参见第二章）。这时，客人很可能要提供包括剃刀在内的剃须设备，还要负责磨刀。根据伍德福德的日记，请理发匠上门服务的那些年，他购买过各种各样的剃须用具。

找理发匠刮胡子的人和亲自剃须的一样，不会每天都去。伍德福德和理发匠签的合同是每周上门 2 次，后来改为每周 3 次。工人或劳工更有可能每周只去一次理发店。因此，我们应当发现，无处不在的阶级差异同样体现在男人的胡茬上。当然，也有人是偶尔花钱剃一次，就像上一章提到的，理发匠常和旅馆有联系。虽然有用来装修面用具的便携式手提箱，但是不难想象，比起自备亚麻布、热水、镜子、剃刀、肥皂和剃须刷，旅人们为了方便，自然更愿意找当地的理发匠帮忙。实际上，这些剃须用具至少在 17 到 19 世纪基本没有变化，反映了长久以来人们剃须习惯的延续性。[34]

令人惊讶的是，不少近现代的文字记录同样传达了佩皮斯、斯威夫特和伍德福德曾经的感受。常常有人形容，剃须是一件费时又困难的琐事，为了让下巴变得光洁无瑕，人们得忍受不少麻烦。尽管大部分表达得较为含蓄（例如在广告中承诺剃须产品的简便、快捷和舒适性——比起 20、21 世纪，这种广告策略在 19 世纪的运用同样普遍），还是有不少文献大胆刻画了这种体验。两本维多利亚时期（明显支持蓄须）的手册曾就这一点展开详述。《为什么要刮胡子？》（*Why Shave?*）描写了男性“日常刮脸”的琐事，其中提到，人们自己刮胡子的频率自 18 世纪以来有所增加。但是，匿名作者又说到，如果剃刀变钝、肥皂难用或者水不够热，刮胡子就成了一种“痛苦”。[35]《剃须：安息日的违逆》（*Shaving: A Breach of the Sabbath*, 1860）则强调，这也是一项花费大力气的苦工：“剃须难道不是劳作？用肥皂和水软化胡须，用革砥打磨剃刀，还有用剃刀真切地刮过皮肤，这些加起来难道不是一项劳作？……而且，对于我们当中的一些人来说，这种劳作十分痛苦、令人厌烦。”[36]

虽然有着明显的倾向性，这些支持男性留胡子的辞令却不算太过夸张，上述说法也被《大众观察档案》（*Mass Observation Archives*）在第二次世界大战前夕发布的一份报告所证实。尽管对于许多受访男性来说，剃须是一项相对简单迅速的日常习惯（只要大概 15 分钟），但即使是在现代安全剃刀、肥皂和热水管道出现之后，仍然有人觉得这是件令人烦恼和不悦的事。一位 29 岁的秘书表示：“所有花在刮胡子上的时间都是对宝贵生命的浪费。这是我讨厌的一种日常习惯。”一位 25 岁的旅行推销员则坦承：“我讨厌剃须，我的皮肤很脆弱，无论刮得多么小心翼翼，我的脸还是会灼痛。”报告指出，在 30 岁以下的受访男性中，半数人每天刮一次胡子，27% 的人每隔一天刮一次；而在 30 岁以上的男性中，每天刮胡子的人的比例上升到 75%，还有 12% 的人每隔一天刮一次。样本中的其他受访者没有固定的剃须规律。因此，假设该样本具有代表性，1939 年，相当多的男性像斯威夫特一样，对待刮胡子是能拖一天算一天。即使条件和设备都已得到改善，花费的时间也只是过去的四分之一，剃须仍被看作一项“无聊而艰巨的任务”。[37]

它仍然是一项需要学习的技能，也是男士们与家人朋友交往的内容之一：根据大众观察项目的调查，有人接过父亲的剃刀继续使用，有人的剃刀则是女友的父亲赠予的礼物。而且，和其他技能一样，人们刮胡子的熟练程度参差不齐——“我讨厌剃须是因为我不擅长”，一位经常剃伤自己的受访者这样解释。[38] 不过，最值得注意的是，大家都把剃须当作人际交往的必要前提，是男性在打扮妥当、投入社交之前必须要做的事。生活在 17、18 世纪的佩皮斯、斯威夫特和伍德福德都明确表达了这一点；1939 年的男人也一样。他们几乎逐字复述了这几位生活在近代早期的先辈的话，说如果没刮胡子，自己会感到不舒服，仿佛没准备好应付当天的事，甚至会有些“自卑感”。人们普遍认为，女性尤其不喜欢男人胡子拉碴的样子——“她们总说不刮胡子的男人‘很恐怖’或‘很野蛮’”。就像满脸胡茬的牧师伍德福德有意避开乡绅夫人那样，人们会觉得，只有刮完胡子的男人才有资格和文雅的女士待在一起。[39]

现代和近代早期的差别之一，是人们对干净的看法。根据迪恩·奥克特伯的观点，在微生物理论发展的推动下，19 世纪末、20 世纪初的卫生运动将胡须归为危险的细菌滋生地。大众观察的大量受访者也支持这一观点，认为没刮胡子看起来或令人感觉很脏。另一项显著的变化则涉及脱毛的位置，或者说要脱掉哪里的什么毛。我们得记住，佩皮斯、斯威夫特和伍德福德在刮胡子的时候也会剃掉头发。和那时的大多数男人一样，他们会戴假发，剃光头发会更舒服。再举一个例子，21 世纪初的几年，全身脱毛非常流行。[40] 也许是受男同性恋群体一直追捧的潮流影响，一般男性也开始流行除毛，而且脱毛的区域有所扩大，一些人甚至会剃掉腹股沟、胸部、腹部和背部的毛发（图 3-8）。考虑到当时快速而多元的时尚发展，这一潮流迅速地涨落兴跌也便不足为奇。由“男性修剪体毛”演变出的另一个常见做法是将头发和胡须都剃得平平的。这些潮流和 18 世纪的光头一起提醒着我们，除毛和剪发的位置与边界在不断变化，没毛也可以很有男人味儿。

再刮干净些？

几百年来，剃须的体验并没有发生多大变化。当然，随着技术的进步和剃须工具与配件的改善，人们还是感受到了些许不同。但即使器具基本没变，它们的性能还是得到了优化：刀刃更为锋利，肥皂起泡更丰盈，须刷得到润滑，水龙头里流出了热水，废弃物直接从下水道冲走，而且有了更好的照明条件和更清晰的镜子，男人们能更清楚地看到自己在做什么。这些进步

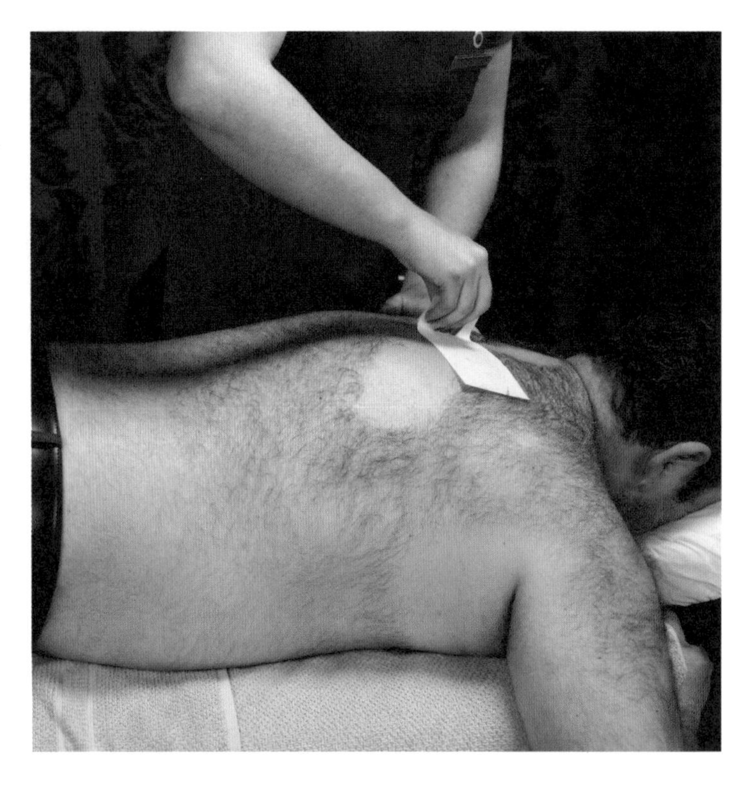

图 3-8 男性脱毛的区域在扩大：一位男性在给自己毛茸茸的后背做热蜡脱毛。

无疑让整个过程变得更快、更舒适，但仍然有许多人还在遭受刮胡子带来的痛苦。安全剃须刀的贡献虽然不如预期，却还是带来了其他更为深远的影响。

我们所知道的安全剃须刀最早出现在 20 世纪最初的几年，最著名的是美国吉列公司（Gillette）制造、1903 年开始销售的产品（图 3-9）。虽然此前就有人试过给传统剃刀的刀刃装上护套，把它变成“安全的”剃刀，但新型安全剃刀的特殊之处在于手柄和刀头的垂直设计，刀片还可以拆下来磨锐或更换。美国人很快便接纳了这项新技术——截至 1904 年，吉列已售出 9 万把剃须刀和 12.3 万枚刀片。[41] 而在英国，由于世代的变更和人们面对新事物的迟疑态度，新的剃须习惯形成得更加缓慢。1926 年，英国陆军决定向所有新兵派发安全剃刀，极大地影响了人们的剃须习惯。美军早有类似的

图 3-9　用安全剃须刀剃须：如此简单安全，连婴儿都能做到。吉列公司广告，约 1910 年。

做法，早在一战时，他们就为士兵提供吉列剃刀和刀片（吉列公司从中获益匪浅，共计售出350万把剃刀和3600万枚刀片）。[42] 截至1939年，英国大众观察项目开展调查时，绝大多数男性都在使用安全剃须刀，当时市场的主导品牌如今仍然耳熟能详，并且已经覆盖全球。例如，截至1950年，全球有超过四分之一的剃须用品来自吉列公司。[43]

有人说，安全剃刀带来了剃须的革命。当然，它比传统剃刀更容易使用——不需要太多技巧，用起来更轻松，保养也简单。因此，它也大大普及了在家中剃须的做法，减少了人们找理发匠的次数。后来，人们去理发店只是为了理发，而不再为了“barber”这个词最原本的意义——剃须。不过，仔细想想，安全剃须刀倒不一定就更安全。厂家利用语焉不详的营销活动，成功地将它塑造为完全不会带来伤害的产品：一条广告宣称用户“不可能割伤自己”；另一条则在整版报道中用硕大的字体昭告“黑暗中也能刮胡子”（图3-10）。[44] 相比之下，传统剃刀甚至被妖魔化为“割喉刀”（cut-throat），事后想来，此举颇有踩一捧一的意味。在此之前，刀片外露的老式直剃刀只被简单中性地叫作“剃刀”。《牛津英语词典》中第一个有关“割喉刀”的例子在1932年才出现；事实上，它是在引用前文提到的塞耶斯的作品《失衡的时间》，剃须刀在这本书中也的确对得起它的新名号，被用来割开受害者的喉咙。这倒怪不了塞耶斯，在故事里的凶手哈里特·范恩（Harriet Vane）一边用革砥打磨凶器一边赋予它这个昵称之前，显然已经有人用过这个词。1929年《泰晤士报》的一篇社论列出了剃刀的好几种叫法，割喉刀就是其中之一，这个称呼在当时似乎相当新颖，而且还在传播当中。[45] 关键在于，在逐渐被安全剃刀替代以前，人们并没有把所谓的割喉刀当作致命的凶器。当然，我并不是说使用直剃刀毫无风险，或它从未被用于暴力行为。浏览19世纪报纸上的报道就会发现，剃刀在许多案件里被用作重

June 11, 1908. THE DAILY MIRROR. Page 15.

SEVEN DAYS' FREE TRIAL!

AN OFFER THAT HAS MADE THOUSANDS GRATEFUL.

SHAVE IN THE DARK

BRILLIANT TESTIMONY.

"The Mulcuto Razor I had from you for a seven-days' trial has given me every satisfaction. I have been looking for a good safety razor for a long time, and can say I have found it in the article you sent me."—A. BICKERTON, Hornsey Rise, N.

"I am very pleased with the Safety Razor. It goes beautifully, and it is quite up to what you represented it in the advertisement."—T. ADAMS, Woolston, Hants.

"I must say that, after a good test of a fortnight's use, the Mulcuto Razor has given the greatest possible satisfaction."—E. A. SEARLE, Fratton, Portsmouth.

"I would not shave in the old way after using your Safety Razor Blades. They make shaving a pleasure."—H. E. EDMEADS, Burchell-road, Peckham, S.E.

"I received the Mulcuto Safety Razor on Tuesday. I was very pleased with it. I will show it to my friends."—W. J. ROLLS, Cardiff-road, Mountain Ash.

"Kindly forward another one of your Mulcuto Safety Razors. The one I had from you a short time ago is giving every satisfaction. I have recommended it to all my friends."—THOMAS FERNS, Horwich, near Bolton.

"The Mulcuto blade which I purchased some time ago was the best I ever shaved with."—A. E. POPE, College-road, Cork.

"I am so well pleased with the Safety Razor recently sent me that I wish another for a friend."—A. P. PARSONS, Mount Pleasant, Redditch.

"I am more than pleased with my first trial of a Safety Mulcuto."—N. C. HARBUTT, Bathampton, Bath.

"I received the Safety Razor all right, and am delighted with it."—W. J. BARROW, Ambleside, Westmoreland.

"I myself would not be without my Mulcuto Razor, and if I could not get another I really would not take £5 for it."—HERBERT FROST, Rotherham, Yorks.

"Thanks very much for the Razor. I was very pleased with it. I have lent it up and down in the squadron, and the men say it is a little wonder."—Corporal ECKROYD, 1st King's Dragoon Guards, Aldershot.

"Since last February I have used your Razor daily, having discarded my other entirely. It is a splendid razor for the money."—C. J. H., Bank House, Mayfield, Sussex.

"I say that if people knew that by getting one of your splendid Razors they could shave themselves with the greatest ease and without the slightest chance of cutting themselves, very few would trouble the barber."—A. H. MOORE, Park-street, Stoke Newington, N.

"I must say that never in my life have I enjoyed shaving so much. It is a real pleasure to use the Mulcuto Safety Razor."—F. J. ROBINSON, Wells-road, Bath.

"I could not do without my little gem of a razor—Mulcuto."—J. CARELESS, Salop-street, Wolverhampton.

"Every man ought to possess one of your Safety Razors. I would not be without it for anything."—E. J. COUSDALE, St. Botolph's, Lincoln.

"When ordering the Mulcuto Safety Razor I thought it was too cheap to be good; but, on the contrary, it is the most perfect razor, and gives the most easy and comfortable shave I ever had."—H. BOAM, M.R.C.S., etc.

"I received your Razor all right. Am very pleased with it. I have lent it to nine other persons, who all say they never had a better shave. Three of them never shaved themselves before."—P. HARBISSON, Kinlochleven, N.B.

THE MATCHLESS "MULCUTO."

The most perfect razor ever invented, the Matchless "Mulcuto" Safety, owes its unrivalled popularity to the supreme perfection of the patent "Mulcuto" blade. Made of the finest tempered Diamond Steel by a process known only to the manufacturers and proprietors, the "Mulcuto" blade, full hollow-ground, keeps its amazingly keen edge as no other razor blade will do, and all the stropping necessary is done in a few seconds. It is practically everlasting. You could shave in the dark with a "Mulcuto" Safety Razor without the least risk of a cut or a scratch. Pressed firmly down to the surface of the skin, it gives a luxurious, clean, close shave, leaving the skin as smooth as velvet; and this in less than half the time taken by the most skilful barbers. The morning shave with the Matchless "Mulcuto" is a luxury and a delight.

TRY IT YOURSELF—FREE.

FULL CATALOGUE POST FREE. A POST CARD WILL DO.

MULCUTO

EVERY STROKE LIKE A CARESS.

Complete 2/6 in Case
Post Free.

OUR FREE OFFER AND STERLING GUARANTEE.

Please forward to me, carriage paid, by return, the "Mulcuto" Safety Razor, for which I enclose Postal Order value Two Shillings and Sixpence, upon the condition that you return the cash in full to me should I send the article back within seven days.

NAME ....

Please Write Plainly. (Dept. F3.)

ADDRESS ....

BRILLIANT TESTIMONY.

"I have given the Mulcuto Safety Razor a fair trial, and am delighted with it."—T. BOARER, The Nest, Worthing.

"Please send at once one of your Mulcuto Razors to my brother, for which I enclose P.O. The one you sent me I am delighted with, and will use no other but the Mulcuto."—W. J. GARRETT, The George Hotel, Oakham, Rutland.

"I have been more than satisfied with it. It has answered its purpose admirable."—Pte. B. BLACKHAM, 1st Worcester, Templemore, Ireland.

"Your Safety Razor makes shaving a pleasure."—I. DA ROCHA, University Old Buildings, Edinburgh.

"Having a very strong beard, I have not dared to shave myself for the past six years; but with your Razor I find it a pleasure."—CHARLES WRIGHT, Ladbroke Grove, Notting Hill.

"The Mulcuto razor is a marvel."—GEO. VICKERS, Jun., Albrighton, near Wolverhampton.

"I am very pleased with it. It works splendidly."—F. WHITE, Frome.

"Kindly send me a catalogue of your Mulcuto Safety Razors. The one I had from you some months back is still working splendidly."—C. W. THOMAS, Rainham, Kent.

"I have tried the Mulcuto Safety Razor, and think it excellent. I will tell my friends, and show them how easy it is to shave."—W. G. KAIN, 4, Cardigan-road, Kingston, Portsmouth.

"I have tried other safety razors, but yours is certainly the best. I am more than pleased with it."—J. BAXWORTH, Dennis Cottage, East Molesey.

"I am very pleased with the Razor."—A. E. AVIS, Sherrard-road, Forest Gate, E.

"I am highly pleased with it, and am sending for this for a friend of mine."—N. NEWBOLD, Arundel-street, Burnley.

"I think it is excellent value for the money."—C. G. TOWNSEND, Fern Cottage, The Vine, Sevenoaks.

"The Razor has given every satisfaction."—A. M. WILSON, Mile-street, E. Greenwich.

"I received your Safety Razor, and am very well pleased with it. It is a pleasure to shave."—A. LILBURN, 41, Pembroke-road, Dublin.

"I have found your Safety Razor very satisfactory."—G. SANDERS, Bisterne Close, Burnley.

"Please send me another of your Safety Razors."—G. SMITH, Church-street, Rochester.

"I have received the Razor alright, and am very well pleased with it."—C. HOLDEN, 23, Kenworthy-street, Stalybridge.

"I made a purchase of your Mulcuto Safety Razor, and am very pleased to state that it has given me entire satisfaction. I think it is excellent value for the money."—J. WORRALL, Reddish Crossing, Lynn.

"I have pleasure in letting you know I am greatly pleased, and could not wish for a better safety razor than your Mulcuto."—S. COLLINS, Pier Hotel, Skegness.

We Guarantee the "Mulcuto."

IF NOT FULLY SATISFIED RETURN TO US. (See Order Form.)

MULCUTO SAFETY RAZOR

(Dept. F 3), 31-33, HIGH HOLBORN, LONDON, W.C.

(NEXT DOOR CHANCERY LANE TUBE STATION.)

AGENTS WANTED.

图 3-10 1908 年的一则报纸广告，大肆宣扬穆库托（Mulcuto）牌剃须刀安全温和、便于使用。

创他人或自己的武器。而我要说的是，安全剃刀的到来，并没有让这种危险和暴力消失。

原因倒是不难发现。传统直剃刀的危险性显而易见，人们取用时会很小心，用完磨好后，会将刀片折入手柄中。许多人还保持着找理发匠剃须的习惯，或者只拥有一把剃刀，所以剃刀的数量有限——虽然普及，却称不上无所不在。相比之下，安全剃须刀顶着安全的名号，拜其使用的便利性和广告吹捧的无害性所赐，给人一种虚假的安全感。同时，小巧的可拆卸刀片更是一枚小小的双刃剑，不仅没法像直剃刀那样折起来，用完还会被随手丢弃。一旦这些购买起来方便便宜、用完可以随意丢弃的安全剃须刀被广泛使用，那些难缠的小刀片将被丢得遍地都是。在那个物资短缺的时代，某项战时计划建议人们把刀片打磨后重新利用。根据该计划的初步研究，每位英国成年男性每周都要扔掉一到两把刀片，而这些刀片“在全国各地不断堆积”[46]。作为武器，它们不仅容易获得，小巧便携，而且使用起来毫不费力。多篇报纸报道都曾提及，有不同年龄不同性别的袭击者把刀片藏在手提包、口袋甚至是手帕里。轻巧的体积也让它们成了意外伤害的源头。1910 年，布莱恩·库珀（Bryan Cooper）上尉踩到一枚掉在地上的安全剃刀刀片，被割开了一根动脉；1933 年，另一位男子吞下一只刀片，被判定为意外死亡。[47] 1966 年，一本杂志随刊附赠了几枚免费的刀片，这份包装精美的礼物被投递到 50 万户家庭的门口，却为杂志惹来了批评。正如一位母亲所说：“我不敢想象，万一刀片被孩子们拿到，后果会怎样。”出版商却不思悔改，总编的话是：“说实话，我不明白为什么会有人抱怨。”[48]

安全剃须刀的刀片除了存在不可预见的危险，怎么处理也是人们未曾设想的问题。这种剃刀成功的基础正是用完即弃的消费形式，这意味着很快会有数百万只刀片被淘汰。人们开始思考，该拿它们怎么办。到 1929 年，这

图 3-11 有关剃须刀刀片处理的搞笑建议，出自《每日镜报》(*Daily Mirror*)上的卡通画，1929 年。

已经成了个讽刺笑话（图 3–11），而实际应对的荒诞程度也只比笑话轻了那么一点点，比如用线把刀片穿起来，拿来割除河道里的杂草。[49] 在美国，一些房屋新建时会在墙上凿一个凹坑，当作丢弃刀片的设施。据霍华德·曼斯菲尔德（Howard Mansfield）说，这种设施最初是铂尔曼公司为火车上的洗手间开发的，后来却成了住宅浴室的特色。[50] 凹槽被安在药柜后部，用完的刀片扔进去后会掉到墙壁的空腔或房屋地基中。英国的例子则来自一份高档公寓楼的宣传册，公寓的目标客户是“家族姓氏能为《德布雷特英国贵族年鉴》增光添彩”的上流群体。手册吹嘘：“墙体安装了废弃刀片接收设备，刀片丢进去就能永远消失。”[51] 这种眼不见为净的想法有多让人舒心，就有多么荒谬；美国不少干建筑的人都知道，老房子的地下和室内常常出现生锈的旧刀片。当然，对废旧刀片的处理至今仍然是剃须这件事的一部分，不过又多了抛弃式塑料手柄和刀头的问题。把它们归类为填埋垃圾埋到地底，与把希望天真地寄托在墙上的凹槽里，二者并无太大区别。

剃须习惯的真正质变还要归功于电动剃须刀的发明。不需要肥皂、剃须膏、须刷、热水或毛巾，也不需要任何技巧，安全又快速的剃须唯一需要的只是墙壁上的一个插座（图 3–12）。电动剃须刀发明于 20 世纪 30 年代，同样由美国人大力普及，舒适（Schick）、雷明顿（Remington）和夏缤（Sunbeam）等品牌迅速抢占了市场先机。二战前夕，飞利浦（Philips）开始在荷兰出售自己的飞利浦电动剃须刀（Philishave）。经过 1000 多年相对稳定的技术发展，20 世纪的人们同时用上了 3 种不同类型的剃须刀：传统剃须刀、安全剃须刀和电动剃须刀。来自我丈夫的一段回忆可以作为那个大时代的缩影，他记得，20 世纪 60 年代初他的家中有三代人：作为年轻人的他用的是“新式”的电动剃须刀，他的父亲用安全剃须刀，祖父用的则是传统“割喉剃须刀”。不过，这当中最创新的技术却发展得最为缓慢。1966 年，

图 3-12　为现代男性设计的电动剃须刀，20 世纪 50 年代。

据吉列公司估算，在英国的 2000 万剃须者中，只有 600 万人使用电动剃须刀，比重略高于 30%。[52] 今天，这个数字甚至还下降了，只比 25% 多一点儿。[53]

显然，这些数据在一定程度上反映了电动剃须刀的性能——人们普遍认为它剃得不够干净，而且可能不适合较硬的胡须。不过，事情远不止这么简单，我们在考虑剃刀性能的同时，还得想想人们对它的看法。就如我们在前文看到的，剃须刀自古便与男性气概密不可分："剃须刀绝对是男人味儿的象征。"[54] 而安全剃须刀的出现扰乱了这一联系。与传统的开放式刀片相比，安全剃刀在一些人眼中显得矫揉造作，不能作为成熟男性的选择。1926 年，在一篇支持英军为新兵配备安全剃须刀的社论中，《泰晤士报》的主笔人称，那些反对者：

大概又会把它看作无处不在的极度女性化的象征，并把它作为年轻人自甘堕落、逃避一切危险的又一力证。他们会说，“大英帝国的建立靠的是不畏惧白刃的男人”。[55]

这种辩护本身并没有错，正如直剃刀被称为“割喉刀”，安全剃刀也被不少人称作“儿童剃刀”（boy's razor）：“要选直剃刀、割喉刀、黑人剃刀、男性剃刀，还是安全剃刀或儿童剃刀。”[56] 把带着桀骜不驯的男子气魄的词汇（还有些许危险野性的种族主义色彩）和相对弱化的表达放在一起，其意味显而易见。剃刀和男性气概间的关联仍旧存在，但随着一整代人的成长，直剃刀的使用数量逐渐减少，这种关联也日渐式微。因此，在二战前夕开展的大众调查中，几乎所有受访者都已使用安全剃刀。一篇考察剃须历史的文章宣称：“已有上百万的男性剃刀或直剃刀被精致小巧、双面刀刃、手柄易握且包装精美的安全剃刀所取代。”[57]（顺便说一句，值得一提的还有作者对废弃的安全剃刀刀片的看法：“的确，处理废弃刀片的难度和危险性几乎不亚于杀人抛尸。”）这时，就连女性都开始使用安全剃刀（下文将会对此展开讨论），但这显然对扭转产品形象毫无作用。而如我们所知，随着时间推移，后来的安全剃须刀又被重新赋予了男人味儿，锋利的直剃刀反而变得老派：成了摆在剃须杯中的老物件，只有穿着法兰绒家居服、胡子花白的老头才会用。据1966年的一项数据估计，在2000万的英国用户中，只有20万人还在使用传统剃须刀（仅占1%），而且主要年龄段在55岁以上。[58]

在我看来，再过几代人，传统湿剃和电动剃须之间的关系可能又会发生类似的演变。尽管电动剃刀一上市就明确塑造出现代时尚的男性形象，由各种具有文化影响力的明星——比如汉弗莱·鲍嘉（Humphrey Bogart）和《复仇者》（*The Avengers*）中的约翰·斯蒂德〔John Steed，饰演者为帕特里克·麦克尼（Patrick Macnee）〕——在电影电视上轮番带货，它却没能把这种形象照进现实。[59]相反，“割喉剃刀”却迎来了自己的“文艺复兴”，它的锋利刀刃、古老血统和复古风范吸引了新一代的年轻人。同时，安全剃须刀所体现的男性气概却显得微不可察:“可以说,没有什么比湿剃更有男人味儿。”[60]如今，它也像过去的传统剃刀那样，常常被直接称为“剃须刀”。两者都需要配合大量器具使用，才能凸显阳刚之气。肥皂、乳霜、泡沫、须刷和须后水再一次被深深嵌入日复一日的剃须习惯当中。也许，相比之下，无须另行配备刀片和用品的电动剃须刀在现代人眼中显得太过方便，也太平淡，男性反而不会像人们设想的那样，因为便利而养成购买的习惯。尽管剃须在很长时间内被当作困难又费时的琐事，但也许正是这种迫使人自律的特性让人们对它生出了忠诚度，也赋予它更多的意义。沉醉在香皂的芬芳和泡沫的丰盈里，享受热水带来的愉悦和钢刀轻轻划过皮肤的触感，湿剃永远是反复展现男子气概的强大领地。

没毛的女人

我们的社会上牢牢根植着这样一种观念：女人就该光洁无瑕。在遍览维多利亚时代英国的各种假说之后，达尔文认为，这一观念已经固化为事实，甚至成为进化的必然。达尔文确信，是男性对柔滑冰肌的性偏好淘汰了体毛旺盛的女性。从进化的角度看，这些女性必然萎落；自然选择也偏爱无毛者。[61]不过，女性确实也有体毛和胡须，只是这样的女人常被当作异类。女人生来无毛的想法和女性脱毛的文化习俗同时存在，这清楚地表明，人们有意地忽略了一些事实。因此，随着人们想象中冰肌玉骨的女性形象不断发生微妙变化，女性也经历了一段漫长的脱毛史，而这正是我们接下来要探讨的内容。

直剃刀象征着男性气概，镊子却是男女通用的美容工具，且绝大多数使用者是女性。这种古老工具的外形几乎从未发生变化，因而成了贯穿几千年的外貌管理习俗的线索。近代早期女性会单独使用镊子，或者搭配调好的混合剂，用来除去多余的毛发，或防止毛发重新生长。如第一章所述，把这些脱毛剂的处方抄录在手账中的人（通常是女性）显然认为它们的适用对象是（但不一定只有）女性。大部分方子并没有指定脱毛的类型或位置，但有一份手写处方建议“手臂上毛发较长”的人在月亏时用蜡烛炙焦毛发。[62] 印刷出版的处方集有时会更加实用，除了泛泛提及来自“面部”或“身体”的毛发之外，还会指明眉毛、嘴唇、额头等具体部位——过去剃额发的做法仿佛在提醒我们，审美在不断变化：

> 一些发际线太低、眉毛太浓的人，或是嘴唇上方长出毛发（看起来颇为不雅）的女士会不惜一切代价换取这个秘方。[63]

用现今的标准来看，这种处方文本中推荐的成分常常显得十分荒谬。托马斯·吉姆森（Thomas Jeamson）1665 年的美容手册先用夸张的措辞开启有关脱毛的篇章——“当你面庞仙境中的百合与玫瑰被冗余的赘物掩盖”；然后，详细讲解了能够“根除扰人的旺盛杂草”的产品和使用方法；最后，介绍了各种原料，包括砷化合物雌黄、生石灰、鸦片、刺猬的胆汁、蝙蝠和青蛙的血液、天仙子提取物〔一种剧毒的茄属植物，克里彭博士（Dr. Crippen）就是用它毒杀了自己的妻子〕和被烧过的水蛭。[64]〔译注：霍利·哈维·克里彭（Hawley Harvey Crippen，1862—1910），美国医生，1910 年杀妻后乘船由英国逃亡美国，在航行途中被捕，后被处以绞刑。他是跨大西洋电报电缆铺设后，在无线电报技术帮助下被逮捕的首位犯人。〕毫无疑问，这些物质中，至少有一部分能够高效溶解毛发中的蛋白质，通过化学反应灼去体毛，尤其是生石灰和雌黄的混合物，名为“鲁斯玛”（rhusma）。

注意，生石灰的衍生物氢氧化钙在今天仍然是现代脱毛产品中的一种活性成分。有趣的是，这种传统处方还能证明，过去已经有了某种“打蜡”脱毛的形式，用在面积相对较大的额头部位。做法是取一些乳香脂（可能是阿拉伯胶），加热软化后涂抹，再用缎带或布包住涂抹的地方，过一夜。第二天早上，像撕蜡纸一样，“把它撕下来”后，“毛发会连根脱落”，“额头会变得非常清秀”。[65]

当然，我们无从得知这些处方的实际使用频率——换句话说，我们并不知道人们为了实现理想中的外貌到底付出了多少实质上的努力。这类处方在数量上也远不及促进毛发生长的制剂。而且，即使抄写处方或购买印刷版手册的女性已经迅速从过去的精英阶层扩张到中产阶级，但相较于总人口数，她们始终还是少数。不过，到 18 世纪后期，报纸上就已经出现成品状态的脱毛产品广告（图 3-13）。可以推断，进入 19 世纪，脱毛剂的市场在不断扩张，因为1898 年的《制药配方》（*Pharmaceutical Formulas*）告诉读者，

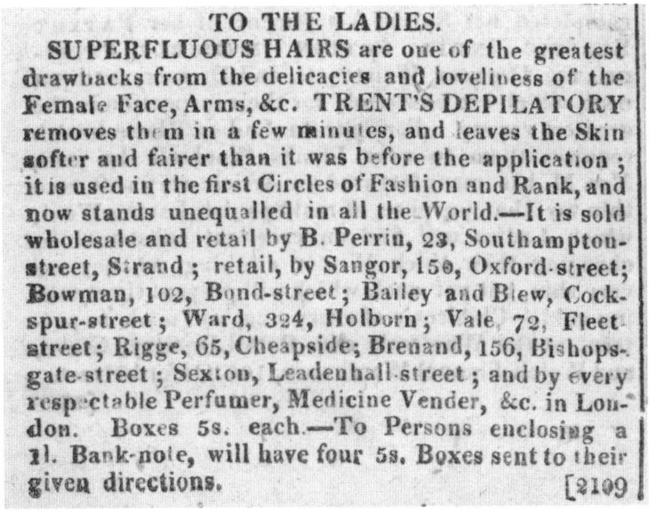

TO THE LADIES.

SUPERFLUOUS HAIRS are one of the greatest drawbacks from the delicacies and loveliness of the Female Face, Arms, &c. TRENT'S DEPILATORY removes them in a few minutes, and leaves the Skin softer and fairer than it was before the application; it is used in the first Circles of Fashion and Rank, and now stands unequalled in all the World.—It is sold wholesale and retail by B. Perrin, 23, Southampton-street, Strand; retail, by Sangor, 150, Oxford-street; Bowman, 102, Bond-street; Bailey and Blew, Cock-spur-street; Ward, 324, Holborn; Vale, 72, Fleet-street; Rigge, 65, Cheapside; Brenand, 156, Bishops-gate-street; Sexton, Leadenhall-street; and by every respectable Perfumer, Medicine Vender, &c. in London. Boxes 5s. each.—To Persons enclosing a 1l. Bank-note, will have four 5s. Boxes sent to their given directions. [2109

图 3-13　报纸上的特伦茨脱毛剂（Trent's Depilatory）广告，称它能有效去除女士“多余的毛发”，18 世纪末/19 世纪初。

“人们对它们的需求高涨”。十年后的1908年版的表述则更加直白：“女性脸上多余的毛发成了丰厚利润的来源。”[66]

正因如此，维多利亚时代对女性丰盈秀发的在意（也有人称之为执念），在对面部、身体上的脱毛追求中得到了平衡。中产阶级迅速兴起，针对他们的行为和礼仪指南数量激增，开始吸引大西洋两岸的读者。这些指南除了像医学文献一样，还特别详细地介绍了该脱哪里的毛以及如何操作，不仅涵盖各种各样不同的手段：从镊子到脱毛剂，再到新发明的电疗法——电解除毛；还首次被纳入针对年长女性的内容。为此，它们把年轻人（尤其是深发色者）还能长出的柔软绒毛和“成熟”（其实是指更年期后的）女性特有的坚韧稀疏的头发区分开来，分别给予不同的建议。广阔的市场引来了众多竞争者。在博姿（Boots）这样的卖场出售的品牌产品纷纷打起了广告，还有人在摆脱毛发困扰后迫不及待地写下自述（通常是社会背景优渥的贵妇），（有偿）分享自己神奇的治疗经验，为他人排忧解难。康斯坦斯·霍尔夫人（Madame Constance Hall）就是其中一位，有人用这个名字出版了一份独立的小册子，还刊登了许多篇覆盖报纸整版的广告。册子名为《我如何解决掉旺盛的毛发》（*How I Cured My Superfluous Hair*），所采用的策略尤其有效：文章首先描述她从前是如何遭受毛发旺盛（这4个字永远大写）的困扰，然后从客观的叙述转为对读者面对面的呼吁，邀请人们尝试这个治疗秘方。

> 只有曾屈辱地顶着满脸须毛在公共场合抛头露面的女人才能体会，除去毛发仿佛掀开了笼罩她人生的阴霾。我诚邀你一同享受这份喜悦。[67]

脱毛产品市场稳步增长的另一个原因（也是它成为女性过去习惯的关键原因），与当时的时尚潮流有关。女性脱毛的身体部位与服装样式紧密相关，越发暴露的着装让更多长毛的肌肤展露在公众视野当中。因此，我们发

图 3–14　约翰·辛格·萨金特（John Singer Sargent）为皮埃尔·戈特罗夫人（Madama Pierre Gautreau，也称“X 夫人”）绘制的著名肖像，画中的她穿着暴露的晚礼服，1883—1884 年。

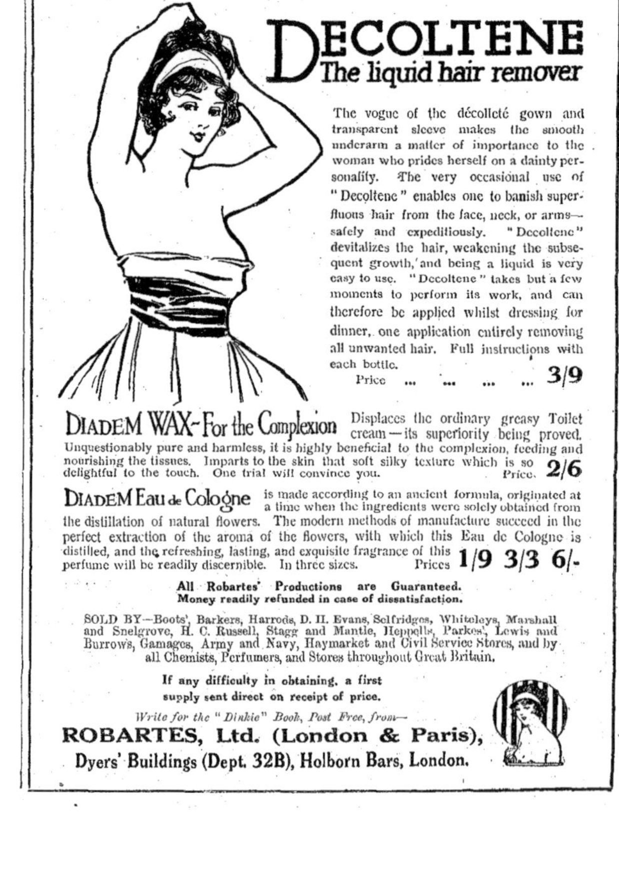

图 3-15　报纸上刊登的蒂科婷脱毛液的广告，1919 年。

现，早期处方中提到的长毛的不雅部位通常是眉毛、额头、唇周和手臂（小臂）——那时，大众能够看到的女性身体部位只有这些。然而，19 世纪末出现的无袖晚礼服，第一次暴露出了女性的肩膀、上臂和——最重要的——毛茸茸的腋下（图 3-14）。1919 年蒂科婷（Decoltene）脱毛液的广告插图直观地体现了服装款式与脱毛部位间的联系（图 3-15）。图中的女子举起双臂摆出诱人的姿势，胸部和上身在超低胸无肩带连衣裙的衬托下呼之欲出。旁边的文案是这样解释的：“低胸礼服和透明袖子的流行，使得光洁的

图 3-16 海滩上的 4 个年轻女子，萨福克郡奥尔德堡，约 1927 年。

腋下对端庄优雅女性而言十分重要。” 在 20 世纪 20、30 年代，腿也成了需要形象管理的部位。越来越短的裙摆，日渐下褪的长袜，海滩文化的兴起，加上人们越发笃信日光浴和户外运动的好处，这些都让女性的双腿受到前所未有的注目（图 3-16）。很快就有人公开宣扬，腿部毛发也需要护理。

正是在这种不断发展的社会背景之下，安全剃刀被证实是真正具有革命意义的产品。它打破了男性数百年来对锋利的金属刀片的垄断，开始设计女性专用产品，并宣称专门调节了产品功能。例如，曲线式外缘更贴合腋下肌肤，淡彩外壳装饰更有女人味儿。这些产品还标榜时髦现代和年轻活力，自称是绝对的上流之选。产品的名称——德布坦蒂（Debutante，意为“初涉交际场的大家闺秀”）、德彻丝（Duchess，意为“女爵”）和米莱迪（Milady，旧时对上流社会女性的称呼）——透露着用户的显贵身份和品牌的销售策略：一面稳固现有客群，一面打动那些渴望挤进上流社会的女性。不过，最初买账的还是出身优渥的年轻女子，她们的着装习惯和生活方式意味着，这些姑娘不得不为了外露的身体部位和出席社交场合频繁去除体毛。这点从1924年出版的阿加莎·克里斯蒂（Agatha Christie）早期作品《褐衣男子》（*The Man in the Brown Suit*）中的一段话可以看出。书中的一段对话表明，剃除体毛是在特定社会阶层的女性之间流行的新潮做法，而且除了那些顽固不化的老古板之外，此事人尽皆知——包括小说的读者。对话中，尤斯塔斯·佩吉特（Eustace Pagett）爵士确信，佩蒂格鲁小姐（Miss Pettigrew）是男扮女装。与他对话的人——也是本作的叙述者，则不敢肯定。佩吉特说：

> “我直接上楼去搜她的房间。你猜我找到了什么？”
>
> 我摇摇头。
>
> “这个！”
>
> 佩吉特拿出一把安全剃刀和一块剃须皂。
>
> “女人要这些干什么？”
>
> 看来佩吉特没读过高级淑女报刊上的广告。我看过。
>
> 我不打算与他争辩这个问题，但拒绝把剃刀作为判断佩蒂格鲁小姐性别的证据。佩吉特已经完全跟不上时代了。[68]

最后暴露在大众视野、有了脱毛需求的身体部位是阴部，包括大腿根部。促使人们为这些部位除毛的动力是20世纪八九十年代出现的高叉泳衣和运动装（图3-17）：的确，“比基尼线”不仅指代着这些服装暴露的位置，也划出了脱毛活动的边界。短短二十几年间，修剪和去除私处毛发的做法已

图 3-17　正在展示银色比基尼的超级名模玛丽·海尔文（Marie Helvin），约 1980 年。

经普及到了出人意表的程度。根据2003年在美国和加拿大开展的一项调查，对于私处毛发，大约30%的女性完全除去了，有60%的女性会修剪，只有10%选择保持自然状态。[69] 从那以后，并没有迹象能够证明剃除阴毛的女性数量在减少。“巴西式全身脱毛法”（和稍微脱得不那么彻底的类似疗法）已经像牢牢粘住毛发的热蜡一样，把这一文化习俗牢牢攥在了手心。

人们早就习惯把女性脱毛的做法与遥远的异国文化联系起来，“巴西式”这个名称不过是这种联系在近年来的一种体现。同样体现这种联系的还有1650年出版的自称“摩尔人”秘方的脱毛处方，以及17世纪末、18世纪初埃克塞特市外科医生卡莱布·洛瑟姆（Caleb Lowdham）手写处方中土耳其妇女使用的物质。[70] 有条播放了很久的脱毛产品广告也利用了这一联系，该产品至少从1916年卖到了1940年。广告主角名叫弗雷德里卡·哈德森（Frederica Hudson），这位军官遗孀出身上流社会，长年饱受毛发过盛之苦，直到她的丈夫“救了一个可怜的印度士兵的命”，作为报答，对方透露了“让印度女人远离多毛困扰的珍贵秘方”。[71] 这样的东方主题在一定程度上反映了文化差异的现状，以及在某些印度种姓群体当中，女性去除体毛的习俗有着较长的历史。同时，它也给西方人带来一种离经叛道的潜在诱惑——那是由异国风情带来的性的战栗。

无论过去还是现在，脱毛一直是性别外表规范的一个重要部分。在任何历史时期，即使再困难、再不适，人们都认为必须通过脱毛来达到最符合自身性别的外貌。男人主要要做的是塑造一个温文尔雅、洁净卫生的成熟男性形象。而对于女人，重点一直是美丽和性感——第二点在现代广告中有着明确的体现。无论男女，脱毛都意味着公与私的界线——既划出了需要除毛的身体部位，又提出了社会性的要求，毕竟外出交际和宅在家中的打扮标准截然不同。无论是1785年因为没刮胡子而躲开乡绅太太的詹姆斯·伍德福德，还是今天没有脱毛便不去游泳的女性，都在告诉我们，私下可以接受并不代表在外也可以。对于女性来说，接受度一直随着时装廓形的高低而变化，总有新的体毛暴露出来，变成新的羞耻。

不过，对胡须和体毛的管理并不仅限于剃须和脱毛。在历史上的某些时刻，促进毛发的生长也很重要。我们将在下一章中看到，在这些时刻，个人和社会是如何积极投身于毛发的保养活动的。

第四章

毛发修饰的传统

男子气概的表征

1533年，一位不知名的英国人翻译了一位意大利牧师为捍卫神职人员蓄须权利而写的作品。这位译者还写了一篇热情洋溢的《致读者序》，并解释他翻译此书的动机在于为自己蓄须的权利进行辩护。他有蓄须的习惯，却总是因此承受异样的眼光。“我喜欢留着胡须，但人们总是因此质疑甚至指责我。”于是，他就想通过翻译这部作品向人们证明，既然牧师可以蓄须，那就没有道理不允许普罗大众蓄须。[1] 这位匿名译者所处的时代，正好位于中世纪剃须传统的尾声。那时他并没有预见到，他所捍卫的蓄须权利不久之后将成为席卷全国的全新时尚。自此之后，在16世纪和17世纪的大部分时期，面部蓄须都是再常见不过的事情。蓄须开始成为男性身份的象征，也不再受到嘲弄。而恰恰相反，面部没有胡须反而会成为人们的笑谈。

透过都铎和斯图亚特王朝时期的画作（图4-1）可以看出，在当时蓄须现象已然十分普遍，胡须的风格也呈现出多样化的特点。两位画家的画作似乎表明，在那个年代蓄须行为（不限于下巴上的胡须）不仅仅是一种传统，胡须的造型和呈现方式更需要刻意设计。换句话说，胡须也被时尚囊括了。到了16世纪末，过分追求胡须时尚甚至成为作家口诛笔伐的对象，极端的胡须风格和造型遭到无情批判，被认为是对时间、金钱和资源的滥用。与同时期其他的时尚行为一样，蓄须开始被人们视为一种傲慢的行为。提到“傲慢”这个词，需要说明一下，它可不只是一个无伤大雅的人性小缺点，在当时可是被视为一种人类的原罪。傲慢让人类成为上帝的罪人，它让人类觉得自己可以凌驾于造物主之上。傲慢让人类不再满足于造物主所塑造的人类本来形象，反而开始追求个人时尚的自我重塑，最终把人类引向自我崇拜的深渊。在当时，讽刺极端胡须风格的文字如雨后春笋般涌现，而且一发不可收拾。这些文字描述了很多不同的胡须风格，虽然言语之间极尽嘲讽，但透

图 4–1　这幅名为《萨默塞特宫会议》的画，描绘了 1604 年英格兰和西班牙之间达成和平条约的场景。西班牙代表团坐在桌子的左边，英国人坐在右边。画中的所有男士都或多或少留有胡须，他们的胡须风格差异显而易见。

过这些文字，我们倒是得以窥见那时胡须风格的创造性和多样性：

> 有些人的胡须被修剪得僵硬又呆板，
> 看起来就像发怒的猪身上的鬃毛。
> 有些人（为了吸引恋人的注意）
> 把胡须修剪成树篱般的形状。
> 有些胡须被剪成黑桃状、餐叉状、方块状，
> 还有圆球状、麦茬状，有些则干脆一点儿不做修饰。
> 有些被剪成细高跟形状，就像一把匕首一样，
> 说不好与人交头接耳，都可能会把别人的眼睛戳穿。
> 有些胡须被剪成罗马 T 形十字架形状，也有点儿像一把锤子，
> 这些人改造起胡须风格来，放肆夸张，无所顾忌。
> 有些人把胡须剪成正方形、三角形、
> 圆形、椭圆形、
> 垂线形。
> 还有些人把胡须剪成乱糟糟的灌木丛形状（又厚又密）。
> 凡此种种，各有所好——长度、厚度、宽度，方形、椭圆、圆形，
> 所有这些几何规则似乎都能在胡须风格里找到。[2]

这些讽刺评论还批评理发师，说他们是胡须“时尚造型”的罪魁祸首，就像裁缝一样痴迷于舞刀弄针，不停地变换时尚风格。曾有一幅画作描绘了当时理发师的形象，这幅画预测了 18 世纪以后男理发师气质女性化的转变（请参阅第二章）。男理发师对时尚的过分追求，削弱了他的男性气质，只留下注重时尚、嬉皮笑脸的形象，成了对时尚充满挑剔又努力去迎合的人。这些追逐潮流的理发师挥舞着卷发棒，半蹲在顾客身旁，在他们耳旁喋喋不

休，诱导着人们尝试最前沿的时尚造型。[3]

尽管（过度）关注胡须的服务行业塑造的时尚有女性化趋势，但胡须本身总体上仍然是男性气质的典型特征。有一本早期人类学著作研究了不同文化环境下（包括当代英国）人类身体形态的变化，该书作者将胡须定义为“男子气概的自然表征”[4]。作者指出，胡须被普遍认为是男性性别的象征，代表着刚猛强壮、具有繁衍冲动的男性形象。[5] 甚至在一些历史学家眼中，胡须也具有非常重要的文化含义，他们认为胡须的存在与否建构了性别身份[6]——胡须造就了男人。但是，这种性别身份的认同也与年龄关系密切：胡须只能说是意味着——或者说辅助建构了成熟男性的形象；而脸颊光洁、没有胡须的，也可能是青少年男性。关于这一点，我们可以从两幅肖像画（图 4-2 和图 4-3）中可见一斑。这两幅画描绘了同一个人，即查理一世的侄子查理·路易王子，选帝侯帕拉廷（Prince Charles Louis, Elector Palatine）。在两幅画中，路易王子的穿着几乎完全相同——彰显男子气概的盔甲、剑和指挥棒。然而，其中一幅画描绘的是 19 岁时的路易王子，那时他的胡须剃得异常干净。另一幅画描绘了 4 年后的路易王子，这时他已经完全成熟，于是他面部开始蓄须。

把这一时期的胡须文化需求与当代配方传统放在一起比较是很有意义的，因为后者的头发护理配方里还包含了许多用于面部毛发的产品和材料（请参阅第二章）。这些产品包括染色剂——让胡须颜色变得更深或者把胡须染成自己想要的颜色，以及生发剂——刺激胡须的生长。例如，1588 年有一种胡须生发配方是这样描述的：先将多种植物和其他材料浸泡在葡萄酒中，再加入黄油、蜂蜜和松香，加热。然后，将这些混合物涂抹在脸颊和下巴上，将会“起到疗效”[7]。考虑到当时人们对胡须文化的狂热，也就不难理解这种声称能够促进胡须生长的产品是多么受市场欢迎，因为当时的年轻

图 4-2 和图 4-3

查理一世侄子（查理·路易王子，选帝侯帕拉廷）的肖像。画作呈现了路易王子的两个几乎相同的军人服装装扮形象，区别仅仅在于其中一幅晚些的画中，路易王子嘴唇上出现了胡须，以此表明他已经具备成熟男性的气概。

男子都急切想要长出胡须，而年纪稍长的男子则对自己日渐稀疏的胡须不甚满意。

这一时期胡须对男性彰显自我成熟的重要性不言而喻，胡须生长状况欠佳也容易引起男性的焦虑，如果从偏向生理学的视角来看，这种重要性和焦虑将会更为凸显。[8] 有证据表明，在现代早期，男性开始长胡须的年龄比我们当代足足晚了6到7年，那时青年男子在20多岁仍然拥有年轻而光滑的脸颊。例如，据说伦勃朗（Rembrandt）在二十三四岁时，才开始长胡子。我们如果能够意识到人类生理特征的变化，就更能够充分理解当时人们为何会把有无胡须——而非是否达到一定年龄——作为完全成熟的标志。在当时，一个20多岁的男子已经"老"到足以活跃于成人世界，但他脸上还没有胡须，显然没有完全发育成熟。（这一现象与我们的经验正好相反。我们的经验是，一般而言，生理上的成熟更早，而心理和行为上的成熟却更晚。）瑞士医生费利克斯·普拉特（Felix Platter，1536—1614）对这一点感受尤为深刻。虽然已经顺利完成学业，但21岁的他担心自己还没有胡须会妨碍他获得行医执照。配方传统中最有意思的是普拉特的日记，上面记录了他为蓄须所做的努力。在他19岁零9个月的时候，绝望中的普拉特和他的一个同学弄到了一种制剂，这种制剂的配方就跟厨房料理食谱和医药产品说明一样常见。他们满怀希望地将制剂涂抹于脸上，但这样只会弄脏床单，除此之外毫无作用。用普拉特自己的话说就是：

> 我们嘴唇四周仍然空无一物，因此就寄希望于通过这种制剂改善我们的形象。晚上我们一遍又一遍地将它涂在脸上，把枕头弄得脏兮兮的。有时我们还尝试用剃刀剃剐嘴唇四周，但这无济于事。[9]

普拉特的日记除了展示出历史上青春期男子的胡须焦虑，还说明了当时促使胡须生长的配方传统已经广为运用，也见证了根植于当时的文化环境和生理状态的男子气概。

我们可以通过另外两幅查理一世的肖像进一步了解这一点，它们均出自丹尼尔·迈腾斯（Daniel Mytens）之手。第一幅肖像（图4-4）画于1629年，此时查理年近30岁，他已经成家，马上会成为一个父亲，并且很快会

图 4-4　查理一世国王（King Charles Ⅰ），1629 年。

图 4-5 查理一世，1623 年，时为威尔士王子（Prince of Wales）：嘴唇上方有一小撮胡须。

成为国王。另一幅肖像（图 4-5）描绘了查理 23 岁时的相貌。我们现在可以认为这就是他那个年龄该有的样子。在第二幅肖像中，我们看到年轻的查理嘴唇上方只有一小撮胡须，在他的整幅肖像画中显得十分不起眼。我们可以把第二幅肖像看作一个尚未完全成熟的男人的真实写照。结合这一年早些时候的一起历史事件来看，可以加深我们对此的理解。当时，作为王位继承人的查理在侍从的陪同下，计划秘密前往信奉天主教的西班牙，与英芬塔家族（the Infanta）商讨联姻。鉴于旅途存在未知的风险，为了不引起异国民众的注意，也为了避免被人认出后拘为人质，他们计划伪装出行。最后，他们决定戴上假胡须，来掩饰自己的年轻形象。1623 年 2 月 18 日上午，查理王子和他的同伴乔治·维利尔斯（George Villiers，未来的白金汉公爵）戴上假胡须，并给自己取了两个毫无新意可言的假名——约翰和汤姆·史密斯，启程前往多佛（Dover）。不幸的是，他们才到达蒂尔伯里（Tilbury），就出事了。他们乘船前往格雷夫森德（Gravesend）途中，其中一个人的假胡须掉了下来，这让摆渡人开始对这两个穿着精美但名字可疑的乘客起了疑心。[10]

查理的统治是以一种令人毛骨悚然的方式结束的——他被送上了断头台。据说，在1649年1月某个寒冷刺骨的日子里，查理被带着穿过国宴厅前往断头台，等着他的是一个刽子手和一个行刑助手。他们不仅戴着面具（在一些行刑场合倒是常见），还戴着假发和假胡须。根据目击者的说法，挥动斧头的那个人有着“一头斑驳的灰色假发，垂得很低”，还有“一嘴灰色胡须”。那个助手负责拽着查理的头，有人说助手当时戴着黑色假发，也有人说助手头上戴的其实是亚麻色的胡须。[11] 这种看起来很怪诞的装扮，目的是隐藏两个行刑者的身份，不让人们认出来究竟是谁将查理国王枭首示众。伪装的目的达到了，直到今天，他们的身份仍然是个谜。[12] 这一背景解释了为什么托马斯·费尔法克斯（Thomas Fairfax）爵士和奥利弗·克伦威尔（Oliver Cromwell）这两位反对国王的议会主要领导人会出现在这幅荷兰画作中（图4-6）。这幅画特别注明：手持查理头颅的费尔法克斯是刽子手（Beul）。画作中虽然把克伦威尔标注为牧师（Preek-heer），但他也同样有罪。画作中，克伦威尔手上拿着刽子手的假胡须，作者也以此表明他才是那个应该为国王的死真正负责的人。

虽然这种关于假胡须的故事可能会让我们感到奇怪，但它们绝非孤立的个案。这些故事表明胡须的重要价值和其引发联想的能力，它能够发挥类似假肢的作用，在各种需要伪装或假扮的场景中应用相当普遍。最主要的应用场景就是剧院。据记载，人们常常购买或租借胡须用于演出。例如，为了给查理的父亲詹姆斯一世表演一部戏剧，牛津的学生剧团就专门租借了22副胡须。其中包括：一副用于饰演海神尼普顿的蓝色胡须，一副用于

图 4–6 《谋杀惨案》（'t Moordadigh Trevrtoneel），1649 年。托马斯·费尔法克斯手里提着查理一世的头颅，奥利弗·克伦威尔则手持匿名刽子手的假胡须。

饰演魔术师的黑色胡须，两副用于饰演隐修者的胡须——分别是灰色和白色，还有一副红色、一副黑色、一副亚麻色胡须，以及森林之神萨堤尔那样的胡须。[13] 正如《仲夏夜之梦》中，博特姆（Bottom）被指派饰演皮拉摩斯（Pyramus）时诙谐地询问："我在表演的时候佩戴什么样的假胡须好呢？我可以用稻草一般颜色的胡须，橘色的胡须，或是紫麦色的胡须，也可以是法国国王王冠那种颜色——金黄色的胡须。"[14] 同样，假胡须也常被用在假面舞会（masque），也就是那些娱乐宫廷贵族的戏剧表演中。胡须在其中起到的作用主要是快速唤起观众对剧中人物特征的认知——特别是人物的男性化特征。胡须的这种应用在 1626 年的忏悔节假面剧中体现得淋漓尽致，当时亨丽埃塔·玛丽亚王后（Queen Henrietta Maria）和她的女伴们在萨默塞特宫（Somerset House）戴上假胡须盛装演出。据当时一位现场观众所说："忏悔节当天，王后和女伴们上演了一出假面剧……王后在剧中饰演了一个角色，她的女伴们则戴上胡须，装扮成男性。"[15] 演出账目显示，当时有一笔 4 英镑 3 先令 6 便士的费用被支出给了一位名叫约翰·沃克（John Walker）的人士，用于购买"劳雷尔花环、假发和假胡须"。[16] 卡洛琳宫廷假面剧上这些女士戴上假胡须装扮成男性，历史上的这一幕是如此不可思议，一下子拉近了历史人物与我们的时空距离，让这些看似遥不可及的画中人物鲜活起来，看起来"与我们如此相像"。

前面我们提到查理在蒂尔伯里乘船时，戴上假胡须掩人耳目。还有一件趣事与这个历史事件相关，值得一提。2006 年，多伦多发起了一个研究项目，名为"莎士比亚和女王的男人们"（The Shakespeare and the Queen's Men Project），项目的发现很有意思。这个项目的命名灵感来自伊丽莎白女王的皇家剧团"女王的男人们"。这个项目试图尽可能地还原当时剧团剧场表演和巡回表演的 3 部戏剧，其研究目的在于通过实践，阐明近代早期戏剧演出和舞台表演的多样艺术技巧。[17] 该项目还探索了戏剧中运用假发和假胡须的意义。正如上文我们所探讨的那样，这些假发和假胡须是迅速树立人物形象的重要道具，还能够帮助演员在不同角色间快速切换——尤其是当一位演员扮演两个或多个角色，需要快速而高效地更换装扮时。然而，该项目的发现与查理王子和白金汉公爵的遭遇如出一辙：假胡须很难被贴牢。尤其是演员说话时，嘴唇上方的胡须总是四散飘逸，挡住了演员的嘴部表情和动作。[18]

其实，利用假胡须来实现伪装，也不限于戏剧舞台。年轻的绅士大盗约翰·克拉维尔（John Clavell，1601—1643）在监狱里等待处刑时，写了一首诗来忏悔自己充满罪行的生活。虽然这些忏悔诗本意在于劝阻蠢蠢欲动的不良少年们，不要重蹈绅士大盗的覆辙，远离拦路抢劫的罪行，但它也向好奇的读者揭露了这一犯罪阶层的惯用伎俩和犯罪习惯，其中就包括使用面具、头巾、假发和假胡须进行伪装。[19] 再比如，查理一世有一个表亲——阿尔贝拉·斯图亚特（Arbella Stuart）夫人，她的丈夫威廉·西摩（William Seymour）从伦敦塔逃亡时，穿上了马车车夫的衣服，戴上了假发和假胡须。[20]

这些想要利用假胡须伪装的人，究竟是通过何种途径得到假胡须的，目前还不清楚。文学史学家威尔·费舍尔（Will Fisher）认为，是当时的裁缝店——或者说一部分裁缝店——参与了假胡须的制作、贩卖和租借。[21] 威廉·西摩出逃时，他的理发师帮了他，所以他的假胡须很可能就是这个理发师提供的。关于假胡须的来源，1641 年一张有趣的德国讽刺画（图 4-7），或许能给我们提供一些线索。这幅画名为《新式裁缝店》（*Newer Kram Laden*），它描绘了一家专门销售胡须的商店。[22] 商店前台排着一队顾客，他们把面颊刮得干干净净，都在等着店家帮他们戴好选中的胡须。在店内——与时尚消费女性化的这种规范性别特征相反——两位女士正在帮助一位男顾客佩戴胡须，其中一位女士在用梳子细细梳理刚刚粘上去的胡须，另一位女士则端着一面镜子，好让这位男顾客端详戴上胡须后的效果。在这家店，顾客可以找到各式各样的胡须，颜色和形状可以任意挑选。这些假胡须都被悬挂在商店柜台上方，甚至还用编号做了标记，仿佛在告诉顾客，总有一款胡须适合你的个人气质，总有一款胡须能帮你掩盖身体缺陷。这幅画清晰展现了胡须生长状态与男性成熟程度之间的关联，似乎在告诉观赏者“胡须和智慧只会在该来的时候来”（Daß Witz und Haar / Nicht kompt vor Jahr）。尽管这张海报从艺术口吻和呈现方式来看显然是一幅讽刺漫画，但为了既幽默滑稽又蕴含深意，这种讽刺所针对的必须是众所周知的对象。这幅画的意义在于：首先它向我们证实了当时胡须时尚的多样性；其次它表明当时至少有一部分男士已经开始佩戴假胡须以展现自己的时尚品位、改善自己的面部容

Newer Kram Laden/

Darinn Allerhand Form schöne wolgeordnete/ wohlgeschorne vnd wohlgesalbte Heroische Bärt zufinden/ ꝛc. Als nämlichen:

1 Erfrorner Bart/	10 Halbbatzen Bart/	19 Laußnitzer Bart/	28 Thüringer-Härings Bart/
2 Negus Bart/	11 Bocks Bart/	20 Schnecken Bart/	29 Pantalions Bart/
3 Genetzt vñ geschorner Bart/	12 Judas Bart/	21 Stroh Bart/	30 Pantoffels Bart/
4 Dändel Bart/	13 Jaur Bart/	22 Kürbis Bart/	31 Marcolphus Bart/
5 Flöh Bart/	14 Löffels Bart/	23 Zwibel Bart/	32 Welsch Hüner Bart/
6 Zänklapper Bart/	15 Gauchs Bart/	24 Nicken Nocken Bart/	33 Scabellen Bart/
7 Fläschen Bart/	16 Katzen Bart/	25 Mummels Bart/	34 Blaßbalg Bart/
8 Milchschawer Bart/	17 Knöbels Bart/	26 Ediopischer Bart/	35 Mößners Bart/
9 Schwaben Bart/	18 Haselnuß Bart/	27 Iltis Bart/	63 Schindel Bart.

Nur alle Barts mangelhaffte Personen/ ꝛc. Wo etwan ein wolgebutzter Mund/auff einem kahlen Muster-platz stünde/ oder den Bart in die Farb geben/vnd das Zeichen verlohren hette. Auch sonst vor andere Mißgewächs vnd vngeahrte Bärt/ die außsehen wie ein Sattler Laden/da ein Riemen hie der ander da außhangt/ oder als etwan einer von einem alten Beltz gessen/ vnd jhm der vberrest vmb den Mundt kleben geblieben/ ꝛc. Auch sonst andere gebresten/die kan man allhie künstlich verändern/ vermehren/ vermindern/ oder gar abschaffen. Damit kein grosse Fraw schrecken darab entpfahe/ ꝛc. Welche auch durch viel Scheren rauhe stumpffen pflantzen/wie ein berupffte Ganß/vnd der Monsieur die Jungfräwlein (im Hoffreyen)in die Backen stechen/vnd damit etwan ein heimlich O wehe/ Ocha/ erwecken möchte/ ꝛc. Hiemit allen Bart Melancholischen/ die jhrer Hoffnung eines schönen Barts halb betrogen/ vnd auffzihen wie ein gefiderte Ganß auß dem Nest/ die erst allein den Gauch sehen läßt/ zum Trost an tag gegeben/ sie dabey zuerinnern/ ꝛc.

Daß Witz vnd Haar/ Nicht kompt vor Jahr.

图 4–7 《新式裁缝店》（*Newer Kram Laden*），1641 年。适合各种场合的假胡须。

貌或者伪装自己的身份；最后，它还指出当时已经可以通过商店或者制作商的渠道购买这些产品。

然而，在这幅讽刺漫画出版后的几十年里，胡须时尚就衰落了。正如我们在前一章提及的，在漫长的18世纪中，像佩皮斯、斯威夫特和伍德福德这样的人，把他们的精力从蓄须转向了剔除胡须。直到19世纪中叶，胡须才重新流行起来。然而，正如下文所述，它们新兴的规模和文化内容足以弥补这一长时间的缺席。

“胡须运动”

胡须有可能激起强烈的反感。原因可能在于胡须从根本上改变了面部形象，就像以纱巾覆面一样，这种做法会破坏人们相互坦诚相见的社会契约，违反了人们关于如何恰当展现个性的普遍认知。我们在上文中提到过一个案例，即1533年翻译《圣书》的那名匿名译者抱怨说，他因为自己的蓄须行为而无数次受到别人的批判和指责。在这个案例发生约300年后，约瑟夫·帕尔默（Joseph Palmer）的案例向我们展示了一种几乎令人难以置信的对胡须的对抗态度，这种对抗背后是社会规范的强大约束力和追求基本的个人自由之间的激烈斗争。

1830年，约瑟夫·帕尔默搬到马萨诸塞州的一个小镇菲奇堡（Fitchburg）。[23] 与都铎王朝的那位匿名译者前辈一样，帕尔默与时尚审美完全不一致，当周围的大多数人都把脸刮得干干净净时，他却留着满脸的大胡子。很快，保守的新英格兰地区居民表达了他们的不满：孩子们朝帕尔默扔石头，女人们愤愤不平地从他家门前的马路走过，他家的窗户一遍又一遍地被打碎。最后，帕尔默甚至不被允许参加当地教堂的圣餐会。帕尔默坚决不妥协，坚决不剃胡须。最终，他遭到4名男子的袭击，这些男子将他摔倒在地，并试图强行剃光他的胡须。帕尔默用一把小折刀成功地将他们赶走，但随后以“无端攻击”的罪名被捕并被罚款。由于拒绝支付罚款，他被囚禁在伍斯特郡（Worcester）的监狱里。帕尔默虔诚、勇敢、有原则，但他仍然不愿让步。在监狱里待了一年多，他仍然留着胡须（在狱中他不得不与狱警和囚犯顽强斗争，以免被强行剃光胡须）。在家人的帮助下，他偷偷送出了一些信件，这些信件在报纸上发表后，他的困境引起了公众的广泛关注。如此一来，帕尔默殉道者般的抗争让这起案件变成烫手山芋。当地的治安官准备释放他。但是帕尔默拒绝了，他继续强调着他关于个人自由的观点。帕尔默成了当权者的眼中钉、肉中刺，但他为越来越多的公众所知，他的案件影响也越来越大。最后，治安官和狱警实在受不了帕尔默这个狂热的胡须爱好者，只好把帕尔默连同椅子一起从监狱搬了出去。出狱后，帕尔默与艾默生（Emerson）和梭罗（Thoreau）成为朋友，积极推动新英格兰地区的社会思想进步，并发起运动抵制奴隶制。帕尔默死后，他的墓碑上刻着他的头像和一句简短的墓志铭：“因留胡须而受到迫害。”（图 4–8）

具有讽刺意味的是，当约瑟夫·帕尔默于 1875 年去世时，在美国和英国有大量男性都留起了胡须，这在 45 年前保守的菲奇堡还曾是引发躁动和暴动的事情，而现如今已经成为公认的社会常态。在这些年间，社会见证了一场后人称之为“胡须运动”的兴起。这场运动的历史可追溯到 19 世纪中叶。人们通过多种形式参与这场运动：既有社会评论，也有表达批判或支持的小册子、幽默漫画，还有医学上的探讨。这点在进入词典的一批新词中也得到证实。例如：pogonotrophy（蓄留胡须或促进胡须生长的行为，最早文献引用见于 1854 年），pogonotomy（剪短或刮掉胡须的行为，最早文献引用见于 1854 年），以及 pogonic（胡须上的或与胡须有关的，最早文献引用见于 1858 年）。[24] 最重要的是，胡须还体现在无数维多利亚时期男性的脸上，

图 4-8　约瑟夫·帕尔默的墓碑，常绿公墓，马萨诸塞州莱明斯特。

那些看起来父权范儿十足的男性，他们浓密飘逸的胡须俨然成为这个时代的象征。

18世纪初期，人们还是把脸刮得干干净净，再戴上假胡须。而这之后，胡须时尚开始朝着 “维多利亚式”满脸大胡子的方向发展，这一转变最初还算温和。尽管19世纪初期，人们就开始留起了侧面胡须，但直到19世纪40年代，更夸张的络腮胡子才真正流行起来。1841年有一篇关于法国胡须时尚流行的早期评论文章眼光敏锐，预言不久之后这种风尚将会席卷英格兰和周边国家，甚至还更大胆地预言新的习俗将会改变反对者的态度，把他们对胡须的厌恶变成认可：“我们总是对任何不流行的习惯或习俗感到不满，但时尚会把我们的厌恶转变为喜欢，这反映了我们与生俱来的本性就是带有偏见。”[25] 这篇文章的作者不仅详细阐释了人类品位的抱团属性和可建构性，文章中的预言最终也都一一成真。在这之后不到10年，留胡须的人就越来越多了。这些人当中有一个人可以说是蓄须时尚坚定的捍卫者，他就是查尔斯·狄更斯。狄更斯一开始是尝试着留嘴部周围的小胡子，并对蓄须所带来的形象改变激动不已（图4–9）。1844年他在给一位朋友的信中热情洋溢地写道：“留胡须太美好了，真的太美好了！我把它们剪短了一些，并仔细修理了它们的边缘，让它们看起来更加出色。它们太迷人了，简直太迷人了！如果没有它们，我的生活将毫无意义。”[26]

这种留络腮胡子的新兴时尚也在克里米亚战争（Crimean War，1853—1856）的助力下得到进一步的发展。这场战争发生在极端寒冷的天气，由于糟糕严酷的条件和设备供应的困难，军队的剃须规定变得形同虚设（图4–10）。当满脸胡子拉碴、身上气味独特的战士们回到英国时，一下子便给当时的时尚潮流注入了英雄气概和勇武的男子气概。50年后，一位作家在《利兹水星报》（*The Leeds Mercury*）上向读者点评这段历史，写道：“士兵们

图 4-9　查尔斯·狄更斯于 1855 年享受着留须的乐趣

图 4-10 1855 年克里米亚战争期间在营地上的皇家炮兵达姆斯上尉（Captain Dames）

把脸刮得干干净净，去了克里米亚战场……然后他们满脸胡子地回来了，这种形象无疑要比他们带着干净的脸颊回来显得更有男子气概和活力。”[27] 这种观点在当时也普遍存在。当时大众媒体大张旗鼓地宣传这些充满活力的英雄人物，还通常与身材瘦小的平民放在一起描绘，对比之下，平民模仿的士兵胡须造型看起来苍白无力，崇拜和模仿的姿态甚至让他们显得不够纯正（图 4–11）。

在 19 世纪 50 年代和 60 年代，关于阶层和地位的焦虑经常出现在和胡须有关的问题上，而其范畴不仅仅只在军事背景下。随着胡须时尚在各个阶层中广泛传播，讽刺作品反复将上流人士——绅士、军官和纨绔子弟，描绘成蓄须的成功典范，而地位较低的男性则被描绘成幽默或怪诞的形象。在胡须时尚盛行之初的 1854 年，有一期《笨拙》（*Punch*）杂志的漫画描绘了很有意思的一幕：一位满面胡须的铁路警卫试图帮助一名妇女背行李，这位妇女顿时惊慌失措，错以为自己遇到了强盗（图 4–12）。同样，社会评论也开始关注胡须究竟是否适合邮递员、警察、神职人员、办公室文员和法律从业人员。然而，各行各业的男性都抵挡不住胡须潮流的诱惑，为了提升男子气概一个接一个地加入其中，直到出现这样的现象：“就胡须的形状而言，临时工和爵位继承人之间、马车夫与军队将领之间已经没有什么区别。”[28] 就蓄须而言，只有一个阶层被排除在外：仆人。这一时期，不同阶层的等级歧视发展到了顶峰：不仅出现了王族专属服饰和仆人专用服饰的区分，仆人还被强行要求保持面部干净无须——因为在当时，胡须象征着男子气概，仆人会因为光滑的皮肤失去男子气概，从而更为明显地处于主人的权威之下。这很容易理解，仆人们没有胡须，而他们所服务的“绅士”们满脸胡须，这样身份就区分开来了。有一位职业仆人，名为埃里克·霍恩（Eric Horne），他从 19 世纪 60 年代开始到第一次世界大战结束一直从事这门职业，

图 4-11 《"胡须运动"》(*The Moustache Movement*),摘自《笨拙》漫画杂志,1854 年。

图 4–12 《胡须和“胡须运动”》(*The Beard and Moustache Movement*)，摘自《笨拙》漫画杂志，1853 年。

他曾表示："在为那些绅士们服务的那些年里，我多么渴望能够蓄须，但这显然是不被允许的。"[29]

尽管在19世纪中叶，"胡须运动"似乎席卷了所有人，但这场运动的胜利也并非来得顺理成章，也不是毫无争议。伴随"胡须运动"的兴起，各种评论文章不断地给开始蓄须的人们洗脑，这也引起了强烈的社会反响。"胡须运动"的支持者们和反对者们进行了激烈的辩论，各自阵营的观点往往说来说去就那么几句，这表明他们的辩论只不过是对个人喜好和是否选择倾向时尚规范的事后辩解。这种情况下，支持蓄须的人很快在人数上占据了绝对优势，随着蓄须的评论员为蓄须的民众撰写蓄须的好处，同样的论点在不断的重复中很快被赞许的口吻所萦绕。

那么，这些支持者们究竟说了些啥？早在1847年，一本支持"胡须运动"的小册子横空出世，它的标题写法极具煽动性，这个标题后来有很多拥趸。它高调而富有感情地描绘了"胡须运动"的胜利结果：剃须行为和刮胡刀的广泛使用——一种对基督徒而言，不自然、不理性、不阳刚、不神圣、灾难性的风尚。对这些观点进行梳理，我们可以得出以下论断和"事实"。[30]首先，认为胡须充当了"面罩"的功能，通过防止灰尘和烟尘等微粒进入，为口鼻提供保护。因此，据说它们对磨坊主和石匠等在粉尘环境中工作的人特别有利。其次，胡须还可以保护面部敏感部位免受强风和寒冷空气的侵害，从而保护蓄须者免受感冒和肺痨等疾病的侵袭。据说胡须还可以起到口腔保温作用，能够预防牙痛，甚至有助于防止蛀牙。最后，有人断言，胡须比剃干净的皮肤更卫生，因为它可以遮挡污垢。一位蓄须者甚至宣称，胡须让他呼吸的空气都变得更加新鲜，并且"颇有让人忍不住亲吻的欲望"。[31]

支持者们的另一个论点在于，胡须是自然形成的，也是上帝赋予的。如此一来，蓄须行为既有了科学依据，也有了宗教背书。它既是大自然的馈赠

（甚而是自然选择的结果——大胡子达尔文的进化论流行之后，这句名言也被用上了），也是上帝赋予雄性物种的装扮权利。甚至鬃狮和满面胡须的宗教首领也被引证为这一时尚的高贵性证据。一些人公然将胡须与政治自由关联起来，让这种高贵论调进一步升温："大体上看，在整个欧洲大陆为争取自由而进行的每一次社会斗争中，都有胡须的身影。"[32] 基于这一论断，人们迅速断言：理性的人应该留着胡须，只有愚蠢至极的人才会放弃蓄须的种种好处，而忍受时间上的浪费和剃须的麻烦。为了支持这一论点，有人甚至计算了一个男性在一生中蓄须可以节省的时间，以及他可以避免的剃须痛苦。（还有人断言，一个活到60岁的男性，他每天剃须所带来的痛苦，要远远大于一个辛苦照顾一大家人的女性所承受的分娩痛苦。提出这种论调的人显然对女性分娩一无所知。）[33] 因此，蓄须便成了"所有有理智的男性都应该支持的事情"。[34]

最后，还有美学和身体感官方面的理由。胡须无数次被描述为"阳刚之美"。称赞之词与赞赏女性美发的话语如出一辙：胡须是男性"应当引以为荣"的性别装饰。胡须对男性来说，是一种为社会所认可的行为，能够满足男性的自恋冲动和自我美化的需求。它允许男性光明正大地花费时间进行自我修饰，而不会因为打扮而被指矫揉造作或不大气，一下子解决了男性参与时尚所受到的困扰。此外，胡须不仅看起来不错，而且支持者们还提出胡须摸起来也不错，看着胡须一天天生长感觉也非常好："抚摸天然的胡须一定会令人愉快。"[35]

胡须的好处被说得天花乱坠，甚至被说成是英雄象征。那么显而易见，如果没有胡须这一切都将不复存在。用当代种族主义的视角来看，蓄须男性在生理和道德上都要更有优越感，那些天生毛发稀少或不能生长胡须的男性都属于"劣等族群"，他们"缺乏男性尊严"，而且"身体、道德和智力水平低下”。[36] 如果一个人本来可以长出胡须却没有蓄须，那么当他走在伦敦街头，他光溜溜的面庞就会让人觉得他低人一等，品行不端，形迹可疑：“无可否认”的是，“剃掉胡须的人总会显得阳刚不足，优柔寡断，紧张兮兮”。[37] 简而言之，对于“胡须运动”的支持者来说，胡须是男子气概的灵丹妙药，能帮助抵御任何可能的伤害。因此，针对“胡须运动”的铁杆拥护者的号召很直白：“留胡子吧！这是最自然、最契合《圣经》、最有男人味儿、最有益的习惯！”[38]

但是，对于人类的另一半数群体——女性来说，她们怎么看待男性的这种战斗口号？有趣的是，“胡须运动”的支持者们经常利用女性的视角来描述女性对男性蓄须的积极态度。这似乎也不难理解。在支持者们看来，女士们最初会有所疑虑，但很快她们就会被胡须散发的男子气概所吸引，甚至被留须男士的亲吻所征服：

> 有着良好教养的女士……最初并不太能接受，但她们印象中所有古代的大人物都……留有胡须，她们也确实觉得有胡子的男士从外表上看更加有男性魅力；但是她们会笑着问道：“那你们怎么亲吻你们的爱人呢？”如果这个问题由聪明的插画师们来回答，他们无一例外都会说，胡须并没有那么令人讨厌。[39]

正如这段话所暗示的，很多关于胡须的评论文章往往都带有很明显的性别立场。1879 年，一则流行期刊上的故事引人注目，因为它描绘了一位女士与恋人胡须亲密接触的场景，她因被留着大胡子的追求者亲吻而兴奋不已。故事中的两位年轻女士羞涩地交换着意见：

> “查尔斯·温思罗普（Charles Winthrop）看起来太棒了，不是

吗？……这么好看的胡子！他还总是给他的胡子喷上香水！”

“啊！是啊！但是，除非查尔斯·温思罗普的胡须紧贴着你的脸颊，不然你怎么知道它闻起来这么香呢？”[40]

这个虚构的故事（顺便说一句，故事作者是位女士），一定意义上也是现实生活的折射，表明女性确实能够通过胡须感受到男性的魅力。在查尔斯·达尔文的孙女格温·拉维拉特（Gwen Raverat，1885—1957）的回忆录中，她通过母亲和姨妈的经历与信件描述了在19世纪下半叶“那些满脸鬃毛和大胡子的狮子，总是喜欢咆哮，还总是撕咬扯坏她们编织的地垫”。拉维拉特说，她的姨妈在信中为理查德（Richard）叔叔“异常长而浓密的棕色胡须”感到“骄傲”，并且还说“我母亲到现在还觉得T先生（曾经的一位追求者）的头发浓密而‘带有柔和的棕色光泽’，实在太有魅力了”。[41]据此我们似乎可以推断：在当时，无论是女性还是男性，都受到了这种时尚的常态化力量的影响；与此同时，与大多数男性一样，女性也大多认同胡须是男人的一种装饰品，并且具有独特的吸引力。

我们是否有可能据此推测“胡须运动”的起因？历史学家克里斯托弗·奥尔德斯通－摩尔（Christopher Oldstone-Moore）认为，与“胡须运动”兴起相关的要素包括：由工作方式变化带来的男性身份认同的转变，家庭空间布置的女性化趋势，以及“女性运动”的兴起。[42]从这个角度来看，胡须可以看作是男子气概的彰显，是在权力和权威地位面临不确定和重新建构时，为了明确男性地位而提出的一种要求。但是，这些结论并非那么不言而喻。至少在英国，大规模社会发展变革的时机和性质与胡须文化的兴衰并不一致。在19世纪初期发生的快速工业化确实导致男性劳动力从农村转移到城市工厂，但首先流行蓄须的人群是社会的中上层人士，即手工业者、商人和地主，而他们的就业情况没有发生变化。同样，家庭空间的精细打理——通常被解释为把家里打造成舒适休闲的场所，其管理主要由女性负责——在18世纪兴起，这一时期正是脸部剃须和戴假胡须盛行的年代。女权运动的兴起，更准确地说是始于19世纪后期，这一时期胡须文化已经几乎退出时尚视野。“新女性”是19世纪90年代的一种现象。《已婚妇女财产法》规定，已婚妇女有权支配自己挣来的钱，该法案在1870年才得以通过。在1882年才进一步拓展到妇女能够支配她拥有、赚取或继承的所有财产。同样，只有在1873年通过的《婴儿监护法》中，才允许妇女在离婚或分居的情况下请求监护16岁以下的儿童。妇女解放的其他里程碑事件同样也发生较晚。例如，随着全国妇女选举权协会的建立，争取妇女投票权的运动从1872年开始兴起，但一直没有什么成效，也一直被社会忽视。直到二三十年后米利森特·福塞特（Millicent Fawcett）和潘克赫尔斯特（Pankhurst）运动发生，情况才有所改善。到1928年，女性才获得真正意义上的选举权。因此，所有这些重大事件以及伴随它们的讨论和争辩，在时间上显然都滞后于胡须文化的兴起及胡须时尚的辉煌时刻。值得注意的是，“胡须运动”的高光时刻与妇女解放运动发生的时间并不吻合，这一时期倒是见证了女性裙摆发展的巅峰时刻，胡须时尚反而与克里诺林裙撑的流行相吻合（图4-13）。如果非要分析其中的因果关系，这似乎与设计时尚的改变以及维多利亚时代中期人们的自信不断发展膨胀有关，而不是与改变男性身份的政治因素或社会规范有关。

说到设计，正如狄更斯给他朋友的热情信件所示，这位伟大的作家发现，只是“不剃胡须”就能享受到这么多，还可以通过修整胡须来改变和改善其外观。当成千上万的其他人有了相同的发现时，社会上开始出现成套的产品和设备，用来帮助蓄须者改善自我形象。那些发明和销售这些产品与设备的

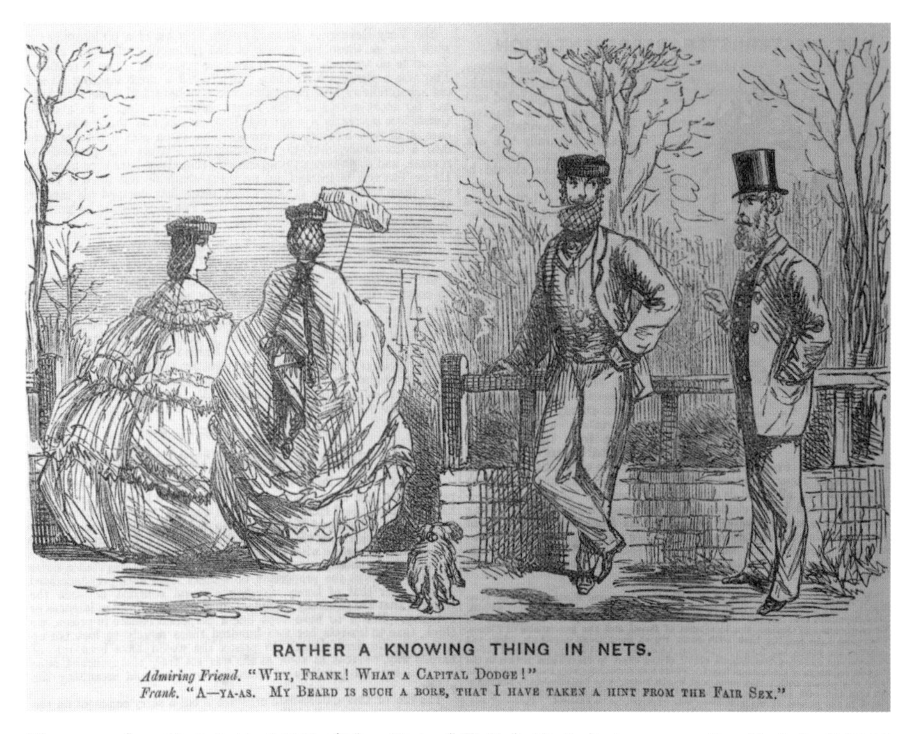

RATHER A KNOWING THING IN NETS.
Admiring Friend. "WHY, FRANK! WHAT A CAPITAL DODGE!"
Frank. "A—YA-AS. MY BEARD IS SUCH A BORE, THAT I HAVE TAKEN A HINT FROM THE FAIR SEX."

图 4-13 《心照不宣的"网"事》，摘自《笨拙》漫画杂志，1860 年。绅士们的胡须与女士裙子的造型以及浓密的头发彼此映衬。

人就开始获利了。还有一些经过专门设计的配件和材料，可帮助蓄须者将嘴唇上方的胡须塑造成可以抵抗重力影响的更精致的造型，这是自然生长的胡须无法达到的效果。还可以用梳子、润发液（图 4-14）和发蜡来梳理、定型，将毛发塑造成所需的形状。特别是在晚上，可以戴上胡须保护套、定型器和绑带这些装备，用以保护胡须，或者固定胡须的位置（图 4-15）。还有可以加热的胡须卷发器，能够提供多种打理方式。然而，在经历了这样的付出之后，日常喝茶这种看起来平淡无奇的活动却变得惊人的危险：茶水的温度有可能会让胡须固定剂变软，更糟糕的是茶水还有可能浸入毛发。为了

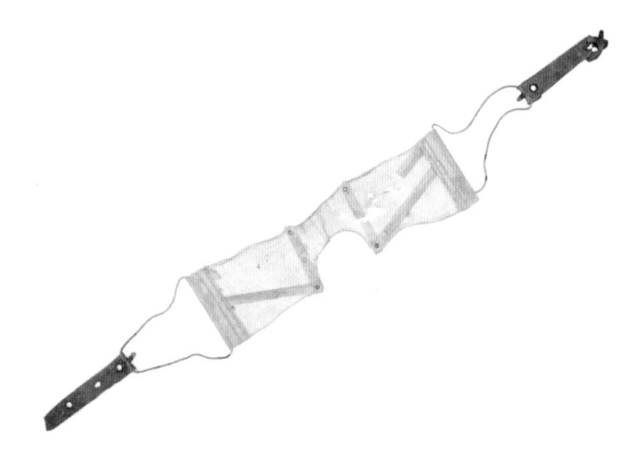

图 4-15　1918 年前的德国产胡须定型器，是第一次世界大战期间澳大利亚军队留下的。它由赛璐珞胶片、棉和皮革制成，切出的半圆形用于嵌在佩戴者的鼻子下方。

图 4-14　匈牙利润发液(Pomade Hongroise) 的产品标签

图 4-16　胡须杯

解决这个问题，斯塔福德郡的陶工哈维·亚当斯和公司（Harvey Adams and Company）于 1855 年左右开发了胡须杯（图 4-16）。产品本身很普通，只是在杯口附近加了一个支架或盖子，以保护饮茶者的胡须。这种产品一直流行到 19 世纪末，经常作为纪念品出售，还有适用于左撇子和右撇子的不同款式。[43]

但是，蓄须时尚不可能永远持续下去。它从 19 世纪初期开始出现，19 世纪 40 年代后期走向顶峰，到 19 世纪末逐渐消失。这期间，胡须经历了从流行到过时的历程。尽管满面胡须仍然受到许多成熟年长男人的青睐，但年轻人们更喜欢时髦的唇上胡须和干净下巴的搭配。满面胡须时尚日渐衰落，这从礼节指南类的册子中也可见一斑，这类册子主要是指导渴望成功的人士如何从外表和举止上表现得体。1887 年有一篇指导文章是这样写的：

> 在留唇上胡须时，要尽量使其保持整洁。但胡须已经有些过时了，因此几乎没有必要费工夫去倒腾；现在任何人都不该留胡须，除非他需要用胡须遮住丑陋的嘴型和下巴。如果要留腮须，就要尽可能留短一些，任何过于繁茂的胡须都会给人一种奇怪而过时的感觉。[44]

正如这段简短的文字所表明的那样，上一代人被施加的咒语已经开始解除。以前用来支持蓄须的言论，现在却反过来被用来抨击这种做法。蓄须不再带来实用的便利，反而成了一种麻烦。胡须不再是一种装饰，反而会让人看起来很怪异。它也不再代表男子气概，而是一种过气的时尚。它现在唯一能受到的好评是，可以掩盖极端丑陋中最糟糕的部分。如今，理性要求人们刮掉胡须，因为这是与动物共有的特征，刮掉它才能象征文明战胜了自然。

不过，胡须反对论关注的重点在于卫生。整整一代人的公共卫生运动、细菌学说的兴起以及对传染病的更多了解，使人们意识到“蓄须更卫生”

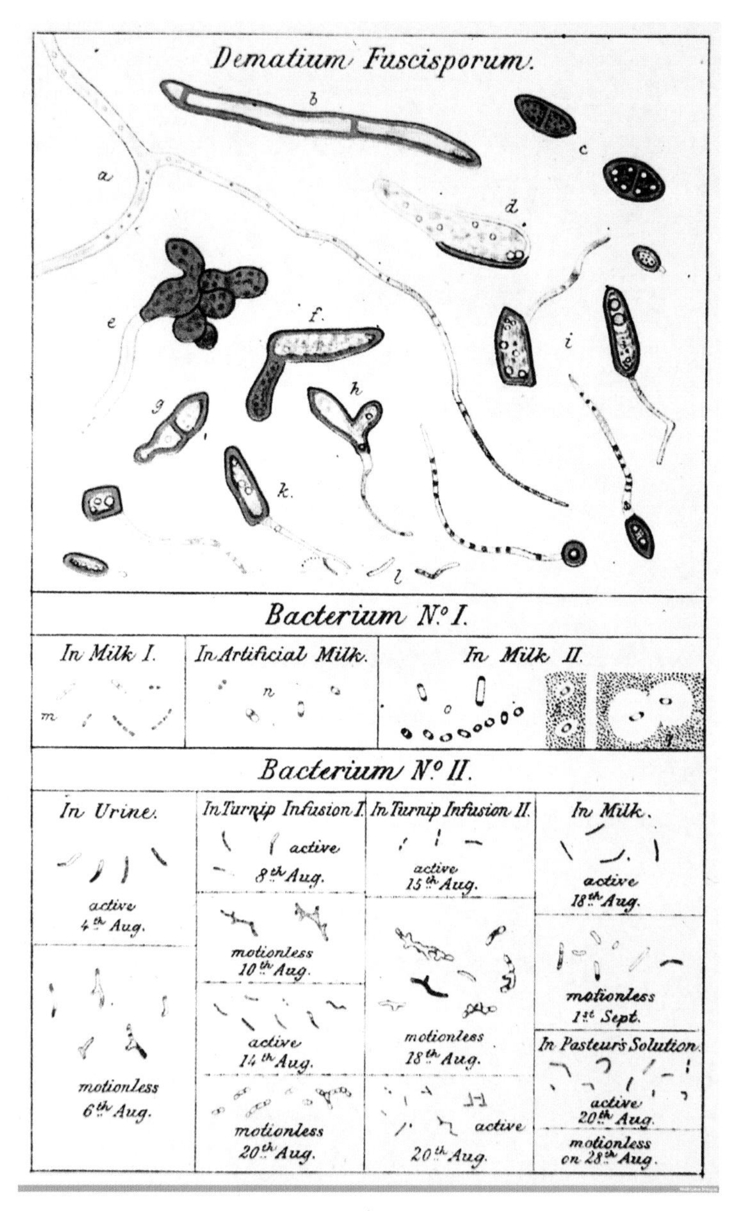

图 4–17　细菌理论：约瑟夫·李斯特（Joseph Lister，1827—1912）的论文集插图，阐明了细菌和物体腐烂的关系。李斯特开创了防腐手术的先河。

这一观点错得离谱。相反，胡须现在被认为是微生物和细菌的温床（图4–17）。医学期刊开始围绕这一点展开辩论，但是医学界的观念还是明显落后于流行时尚的做法——因为那时的医生大多留着大胡子。例如，18世纪90年代，《英国医学杂志》（*British Medical Journal*）上的一些文章开始讨论胡须的卫生问题，文章认为，大多数作者逐渐接受了面部毛发可能滋生微生物的观点，但为此坚持要求医生和外科手术专家剃光胡子显然没有必要，因为按照这个逻辑，医生也要剃掉睫毛和头发。[45] 虽然许多医生在拖延时间（英国比美国更加严重），但是对微生物隐患的认识却慢慢为越来越多的公众所接受。1901年，纽约当局建议所有牛奶工把胡须剃光，以防止结核菌污染牛奶。纽约卫生局的朴博士是这样解释的：

> 如果牛奶工留胡须，牛奶的确会受到威胁。首先，挤奶工可能自己会生病。他可能患有肺结核，干痰可能积聚在胡须上，并从胡须上掉入牛奶中……挤奶工常常要把头靠近伸到奶桶斜上方，以方便挤奶。毫无疑问，你也注意到了，留着长胡须的男人有向下捋它们的习惯。这就有可能会把胡须里的细菌捋下来。当然，挤奶工本人也可能完全是健康的，但却从牛圈的灰尘中积聚细菌。胡须，尤其是当它潮湿的时候，可能会成为理想的细菌载体，而如果蓄须者不爱干净，那么他的胡须很容易传播疾病。[46]

这一决定受到了广泛的关注，不仅为《英国医学杂志》的读者所熟知，而且普通大众也通过日常报纸知晓了此事。例如，《亚特兰大宪法报》《费城询问报》发表了几乎相同的报道。3个月后，位于世界另一端的新西兰基督城的《星报》，也发表了同样的报道。[47] 尽管医学界仍然存在分歧，但一部分因为出现了这样的报道，普通百姓越来越倾向于将剃光胡须和个人卫生等同起来。在20世纪的大部分时间里，人们认为面部毛发（至少在胡茬阶段）看起来和摸起来都很脏。需要说明的是，这种认知和信念肯定是在胡须文化消退之后才产生的，而不是造成这种文化消退的原因。就像胡须时尚的流行一样，支持胡须的言论只是论证了胡须存在的必要性，而不是导致胡须时尚出现的原因。早在科学用细菌学说将胡须妖魔化之前，胡须时尚就已经开始消亡了。

文化与反文化

大胡子的波希米亚人

1925年6月，D. H. 劳伦斯（D. H. Lawrence，1885—1930；图4-18）出现在了《纽约先驱论坛报》上，图片标题为“劳伦斯留胡子”。评论家斯图尔特·P. 谢尔曼（Stuart P. Sherman）不仅向读者分析了劳伦斯的书，还解读了劳伦斯面部毛发变化的含义。

> 当他初次面对公众时，他脸颊光洁，胡须剃得很干净……但现在呢，他看起来就像一个俄罗斯农民（moujik）……额头上有一缕头发，眼神机警，透着不屈的目光，眼睛像松鼠一样闪闪发光，鼻子翘得老高，还留着一嘴大胡子。胡须是神圣的。我们留着胡须，是出于对我们“低层次”本能冲动的尊重，是出于对我们内心黑暗森林深处黑暗之神的崇敬。劳伦斯先生留胡子也是为了暗示和象征他的遗世独立和不容侵犯的“他者性”、“独立性”和“男性”特质。[48]

劳伦斯本人对这篇评论颇为满意，还不厌其烦地亲自写信给谢尔曼，尽管劳伦斯似乎不承认任胡子自由生长的重要性。“亲爱的谢尔曼先生，”他

图 4–18　D. H. 劳伦斯，1929 年：眼睛“像松鼠一样闪闪发光”，“留着一嘴大胡子”。

写道，“我觉得您关于我和我的胡须的评论文章写得很有趣。但胡须是不需要‘留’的。保持下巴干净才是男人必须要培养的习惯。”[49] 这与 11 年前的一封信中表达的观点是一致的，那时 25 岁的劳伦斯向一位朋友解释了自我呈现的变化：

> 哦，对了，我太邋遢了，还留胡子了。我觉得我看起来很难看，但是胡须就像一件温暖而有包容力的外衣，帮我遮挡住了裸露的脸颊。我很喜欢它，并且会保留它。所以当你看到我时，不要笑。[50]

由此看来，劳伦斯只是喜欢胡须的实用和它情感上的功能——保暖、方便、隐蔽。不过谢尔曼的观点也没错。在那个时代，时尚已经摒弃了胡子，现代感的特点是干净利落，只有维多利亚时代的守墓人还坚守蓄须。在这个时代，留胡子是一种超出纯粹个人喜好范畴的宣言。劳伦斯的胡须可能确实帮助他实现了情感上的遮蔽需求，但与此同时，略显荒谬的是，正是他的胡须使得他的作品体现出文化上的特立独行，与他的胡须相得益彰。毫无疑问，劳伦斯的胡须确实赋予了他特殊的意义，这种意义让我们把他与蓄须的年轻人关联起来。这副模样显得蓄须者故意置身于时尚之外，置身于上流社会之外，狂野而不甘驯服，超脱世俗。总而言之，劳伦斯的胡须是一种波西米亚式的放荡不羁的风格。

劳伦斯与流行的文化规范背道而驰的程度，可以从不久前一款名为“海狸”的游戏的流行中看出。海狸游戏据称起源于牛津，于 1922 年初出现，是本科学生幽默感的产物，它融入了当时社会的敏感元素。《每日镜报》八卦版上的一篇文章解释了它的规则，很简单：玩家要注意留着胡须的男人，发现后第一个喊出“海狸”的玩家赢得一分。得分规则与网球相同，不同之处在于，任何成功发现红胡子男人（称为“海狸王”）的玩家会立即赢得比赛。在其他版本中，黑胡子占 1 分，白色长胡子占 4 分，山羊胡子占 6 分，红胡子占 10 分。[51] 虽然很难想象这种消遣游戏会流行起来，但它在媒体上的广泛报道（甚至还被印在儿童书册上宣传），似乎足以证明它当时有多么受欢迎。有人回忆称，在 20 世纪 50 年代末，海狸游戏在“全国都很流行”。[52] 并非所有人都认可这种消遣方式——一些愤怒的蓄须者还写信给这些报纸表达抗议，但这种抱怨基本上没有引起任何同情。这其实反映出人们对评点他人体型和外貌的可接受程度已经发生了变化，同时也表明，对当时的许多人来说，一个大胡子男人只不过是滑稽游戏嘲弄的对象罢了。

D.H. 劳伦斯当时留胡须的行为——红色的胡须野蛮生长，浓密狂放——可以视为一种大胆的宣言，与彼时的文化规范背道而驰。不过，劳伦斯并非孤例。1895 年，画家奥古斯都 · 约翰（Augustus John，1878—1961）刚在一个艺术学校就读了一年，当时他还是一个安静、整洁、勤奋的学生，还把胡须剃得干干净净。第二年，18 岁的他以一副传奇式的、无政府主义的模样回到斯莱德，穿着标志性的艳丽衣服，戴着吉普赛帽、耳环，留着红色大胡子，昂首阔步地进军艺术界（图 4-19）。[53]（事实上，作为著名的红胡子“海狸王”，他曾经在切尔西工作室收到一张明信片，上面写着“是你！海狸王！”）[54] 他和劳伦斯以及其他许多作家、艺术家和音乐家一样，共同形成了波西米亚风格和反文化风格，其关键特征之一就是胡须。[55]

在公众意识中，胡须与前卫的波西米亚主义之间的联系很明显。辛西娅 · 阿斯奎斯夫人，社会女权主义者，政客首相亨利 · 阿斯奎斯的儿媳，与这支艺术队伍交往颇多。阿斯奎斯与劳伦斯成为朋友，约翰为她画了一幅画，她还与许多这个圈子的其他人熟识，这些在她的日记中都有描述。她提到了劳伦斯的“黄褐色胡须”。她称爱尔兰诗人 A.E.〔乔治 · 威廉 · 罗素（George William Russell）〕为“一个奇怪、蓬头垢面、留着大胡子的

图 4-19 艺术家奥古斯都·约翰，留着传奇式的大胡子，1900年：海狸王。

天才”。第一次见到奥古斯都·约翰时，她形容他“看上去令人印象深刻，身材高大，留着胡子”。关于音乐家和作曲家约瑟夫·霍尔布鲁克（Joseph Holbrook），阿斯奎斯在日记中记录：他“拥有了太多天才的特权——满身污垢，不穿（正式的）衣服，耳聋，留有胡须，举止粗鲁”。[56]这些联想与假设也可以在1913年的《每日镜报》上的一幅漫画中看到，它明确地将波西米亚主义与反抗传统、不良举止、利己主义、着装不得体和不剃须以及头发蓬乱联系在一起（图 4-20）。波西米亚主义的支持者也曾为蓄须进行辩护，比如才华横溢而又颇受争议的埃里克·吉尔（Eric Gill，1882—1940，图 4-21），他为人们所熟知的是他创造的字体，这种字体至

图 4-20 《我们再也不会过问的客人（2）》，1913 年。这幅漫画充分描绘了波西米亚主义者在大众心目中肆无忌惮的形象，还描绘了他们穿着不得体，头发蓬乱，留着大胡子。

图 4-21　1925 年左右，留着胡须、不循常规的埃里克·吉尔，站在伦敦朗豪坊 BBC 广播大楼的正门。他穿着长袍而不是裤子，这是他喜欢的穿着方式。

今仍在使用，它在伦敦地铁里的使用广为人知。[57] 吉尔于 1931 年发表了一篇古怪而有趣的论文，其中包括对胡须的简短赞美，认为胡须是“男性下巴的适当穿着”。对吉尔而言，剃须是“忏悔和自我禁欲的标志”，并且“自然会得到女性的认可”，就像德利拉（Delilah）一样，她们“只不过是想着掌控丈夫”。[58] 正如 1930 年一位报纸记者总结的那样，“波西米亚主义者多半倾向于蓄须”，这反映了那个时代普遍的观点。[59]

从性感到粗鄙：胡须文化的衰落

当放荡不羁的波西米亚主义者坚持他们的生活方式——与众不同、滥交淫乱、留有胡须，他们所处的社会环境正变得越来越反感胡须。尽管胡须早已不合时宜，但现在唇上胡须开始受到多样化的解读。在 20 世纪初，报纸上兴起了一场关于胡须必要性的辩论：胡须能揭示性格吗？有了胡须，形象会得到改善还是变得更糟？哪些职业适合蓄须？胡须会招致社会风气败坏吗？尤其是女性，通常被描述为不喜欢胡须（尽管嘴上胡须看上去没有络腮胡子那么糟糕），理由是胡须不卫生，遮住嘴巴也显得不值得信赖，被没刮胡须的男人亲吻滋味不好受，以及刮了胡须的男性看起来更年轻，更有文化，也更聪明。[60] 从这一点来看，人们对男子气概的定义越发朝着没有胡须的方向转变。正如一个上流社会女性在 1912 年敏锐指出的那样：“‘今天’的‘女士们的男人’”应该是年轻、新潮和时尚的，“既没有唇上胡须，也没有络腮胡。他必须是时髦的美式模样，也就是说，具有古典的外貌特征”。[61]

然而，上面所提到的这些男男女女所不知道的是——一场灾难性的事件正等着他们，并且对英国社会习俗以及男性自我形象构建产生了根本性的影响，这就是第一次世界大战——在战争中，喜欢把胡须刮得干干净净的整整那一代年轻人都不复存在了。在比利时战役开始之前，人们就早已将军人与蓄须行为关联在一起了。从一个世纪前的半岛战争开始，军人式的胡须迅速与英国军队的勇武关联起来。尽管军队的规定不时变化，不同胡须匹配什么军衔和军人等级的规矩也时常改变，但一般来说，嘴唇上方留胡须的行为是被允许的，有时甚至是强制性的。尽管在胡须刮得干干净净的平民时尚的影响下，军人蓄须变得越来越不受欢迎——照片也显示并非所有士兵都留有胡须，但在第一次世界大战前夕，军官们被要求务必留有胡须，还要把胡须修饰得整整齐齐。正如 1913 年战争办公室的发言人所说："军官如果刮掉胡须，将被视为违反纪律，将由指挥官进行处理。"少将阿尔弗雷德·特纳爵士（Major General Sir Alfred Turner）进一步解释说："毫无疑问，军官们越来越反感他们被迫留的胡须。我注意到，越来越多的陆军士兵不顾规定，故意剃掉唇上胡须。当然，这种过错并不严重，却是明显的违纪行为。"[62]辛西娅·阿斯奎斯的日记中有一段特别辛酸的文字，描述她第一次看到她的男性朋友和家人都留着"军人式的胡须"。[63]统一的制服带来统一的约束，士兵面部形象的这种变化明确了他们身份地位的改变，即他们要绝对服从部队的命令，他们的个体意识被消磨在强大的战争机器之中（图 4-22）。阿斯奎斯所挚爱的那些人儿再也回不来了。

1916 年 10 月，蓄须命令被废除。在军中蓄须成为可选项，但这仍是军方仪容的一种习惯和典型特征。[64]至于这种制度化的剃须习惯在战后产生了什么影响，尚无法得知。或许，在经历了这段恐怖战争之后，那些退伍军人对蓄须行为更为抵触；也有可能会反过来，在战后狂野的岁月中，胡须所代表的责任、纪律、爱国主义和自我牺牲精神会得到坚持。最终的结果也可能是两者兼而有之，因为在 20 世纪 20 年代和 30 年代，尽管社会习俗更倾向于剃光胡须，但用铅笔勾画胡须的行为并不罕见。

在一个大众化的领域——银幕上，确实出现了军队蓄须文化在战后带来的影响。在电影中，"黄金时代"的偶像们留着让人神魂颠倒的唇上小胡子，

图 4-22 《士兵召唤》，第一次世界大战招募海报，1915 年。

忧郁的目光投向观众——对于像克拉克·盖布尔（Clark Gable），罗纳德·科尔曼（Ronald Colman），约翰·巴里摩尔（John Barrymore）和道格拉斯·费尔班克斯（Douglas Fairbanks）这样的演员来说，这都是一种标志性的形象（图 4–23）。克里斯托弗·奥德斯通－摩尔（Christopher Oldstone-Moore）提出，这些形象中的唇上小胡子要表现前卫的个性。对于学者琼·梅林（Joan Melling）而言，同样重要的是，20 世纪 20 年代的浪漫潮流是自由奔放、热情洋溢且极具个人主义色彩的，留着“黑色的唇上小胡子象征着男子气概”。[65] 这些银幕偶像扮演的角色或许可以用一句名言来描述，

图 4–23 被用铅笔勾勒出胡须痕迹的银幕偶像罗纳德·科尔曼和维尔玛·班基（Vilma Banky），《魔幻火焰》，1927 年。

那就是“疯子、坏蛋和危险分子”。用卡罗琳·拉姆（Caroline Lamb）这句臭名昭著的描述来形容这些后来的文化偶像，确实十分有趣。拜伦在他最像海盗的一幅肖像中（图 4–24），与后一个世纪的这些电影明星们有着几乎不可思议的相似之处。对于演员的个人形象，电影制片厂和演员本人都非常谨慎，实时关注，慎重把控。例如，20 世纪福克斯电影公司，将托尼·马丁（Tony Martin）的粉丝邮件增多归因于他在《阿里·巴巴进城》（*Ali Baba Goes to Town*，1937）中唇上毛发浓密的新造型，并要求他再蓄一次唇

图 4–24 迷人的拜伦勋爵（Lord Byron）穿着阿尔巴尼亚式礼服，1813 年。

上胡须。到 1932 年，沃伦·威廉（Warren William）已经按照导演要求共剃了 5 次胡须，重新蓄了 5 次胡须。[66] 当罗纳德·科尔曼参演《印度的克里夫》（*Clive of India*）时，遵从粉丝的喜好与还原真实的历史之间产生了冲突。最终还原历史占了上风，当科尔曼决定剃除他标志性的胡须之后，他瞬间登上了头条新闻。《每日镜报》报道了“科尔曼剃掉胡须”的决定。与该电影相关的几乎所有其他报道——包括影院的一周电影预告——都进行了转载。这样一来，这部电影的目标观众在 1935 年 5 月就被提前告知，“电影《印度的克里夫》中，罗纳德·科尔曼扮演的是一位重要的历史人物，这位人物没有胡须”。[67]

或许这样浅浅的一道唇上胡须——尽管它毕竟并没有从本质上破坏蓄须者刮得干干净净的脸庞的整体形象——在银幕上比在真人面前更有吸引力。这毕竟是一种电影幻想，而非现实生活中的大众选择。但是批评者把这道胡须比作“一条烧焦的绳子”，一道“多余的眉毛”，或是“一段磁带碎片”。[68] 随着时间的推移，即使是屏幕上的人物，其蓄须而潇洒放荡的形象也开始失去吸引力，曾经危险但迷人的魅力也开始显得粗鄙不堪。在英国，这种转变的典型代表是那些奸商，这是一群不入流且油滑的犯罪分子，他们在第二次世界大战前后的黑市时期开始发家（图 4-25）。到了 20 世纪 50 年代，毫无疑问，正是因为受到留着唇上小胡子的著名独裁者希特勒的影响，喜剧天才 P.G. 沃德豪斯（P. G. Wodehouse）才会写道：“我的孩子，永远不要在纸上留下任何把柄，永远不要相信一个留着黑色唇上小胡子的男人。”[69] 毫无争议的是，主流的男子气概面孔现在已经完全变成干净无须了。

图 4–25　演员乔治·科尔（George Cole）在《圣特里尼安的美人们》电影中扮演经典的奸商角色，1954 年。

从嬉皮士到摩登人士

正是在社会要求面部光滑整洁的这种大背景下，19 世纪 60 年代后期爆发了反文化运动（也即嬉皮士运动），青年们向着权威和传统发起可能是有史以来最猛烈的冲击和挑战。嬉皮士运动的核心信念实际上只有少数人在积极坚守，但嬉皮士风格的衣服和颜色、发型和配饰席卷了西方世界的年轻一代。1967 年被称为“爱情之夏”的事件让嬉皮士现象变得更广为人知，几个月后，文化理论家斯图亚特·霍尔（Stuart Hall）在一篇学术论文中对此进行了深刻的分析。他的观点之一是，嬉皮士不仅定义了一种风格，而且“把风格本身变成了一个政治问题”。[70] 在下一章中，我们再继续深入探讨嬉皮士风格及其带来的挑战，因为这种风格对面部毛发的强烈偏好需要从更广泛的角度——对包含头发、体毛和胡须在内的所有毛发进行分析。在本章中，我只想指出的是，各种各样的年轻人拥护胡须文化的速度之快，以及他们留胡须的独特方式，被许多人视为对传统价值观的否定。

以肯·布罗姆菲尔德（Ken Bromfield）为例，1969 年，他还是一名 27 岁的大学实验室技术员，那时他正前往希腊度假，但当他抵达保加利亚边境时，被边警要求剃掉胡须，否则将拒绝他入境。无奈之下他被送往附近的公共厕所剃须，并在公厕的地板上发现了其他像他一样的旅行者剃掉的胡须。（但是，与他们不同的是，肯巧妙地把被剃掉的胡须留在了一个袋子里，以便能够应对将来可能因带有胡须的护照照片和剃光的脸颊之间存在差异而引起的任何问题。）肯回到英国后，向保加利亚驻伦敦大使馆表达了对这件事情的谴责，而使馆则做出了如下声明：

> 确实有一项新的法律规定，诸如嬉皮士之类的人士，必须剃掉胡须并剪短头发。但这项规定不适用于举止得体的公民。我们并不要求

非嬉皮士人士前往保加利亚之前刮掉胡须。[71]

使馆声明里说得非常明确，但重点在于字里行间的含义。他们其实并不在意胡须本身，而是胡须的风格和在面部呈现的方式让他们无法接受。至于说举止得体的公民——比如保加利亚东正教的牧师，他们当然也可能会留胡须，但一旦他们的胡须与他们的衣服、年龄和举止不相称，他们的胡须就成了反文化的标志。

肯在大学里工作可能并非偶然。在20世纪六七十年代，蓄须在大学和学院中尤为普遍，部分原因在于学生群体都很年轻，还有部分原因在于，早期的波西米亚范式正是由蓄须的知识分子和艺术家所建立，而这些人正是从大学和学院走出去的。正如1959年的一位评论员所总结的那样：

> 对教授和其他博学之士而言，他们留胡须再正常不过。与健忘这个特征一样，胡须也被视为神秘的学术界的另一个典型标志……英国人能够容忍雕刻家、艺术家和作家留有胡须……世俗的传统观点认为这些职业的从业人员……几乎从来不洗漱；而且由于他们所从事的职业已经够古怪的了，人们总感觉他们有一定的特权——实际上，几乎说是有义务——通过个人形象强调职业的怪异这一事实。[72]

有一种观点认为，蓄须意味着精神专注、缺乏卫生意识、无法容忍传统规范——换句话说，蓄须意味着与“主流”文化相背离。这种观念贯穿整个20世纪。正如切·格瓦拉（Che Guevara）和菲德尔·卡斯特罗（Fidel Castro）的教诲所言，革命者总是须发丛生的（图4-26）。然而，这种观念近来开始受到时髦胡须文化的挑战。虽然只有时间才能给出确切答案，但在当代背景下，胡须文化与其说是反文化，倒不如说是一种亚文化。胡须开始

图 4-26　1959 年，留有胡须的革命者在古巴哈瓦那游行。最左边的是菲德尔·卡斯特罗，他旁边是留着胡须（但会刮脸）的总统奥斯瓦尔多·多尔蒂科斯·托拉多（Osvaldo Dorticos Torrado）。总统旁边是切·格瓦拉。

失去它的政治内涵，不再是反抗的宣言。蓄须成了一种个人选择，并迅速获得主流时尚的青睐。紧跟着前一个时尚潮流——都市潮男剃须时尚——的发展，潮人的胡须不过是时代脉搏最新一次跳动的产物，持续不断地驱动着现代时尚潮流的多元化发展（图 4-27）。[73]

有趣的是，随着胡须时尚的复兴，长期以来人们对胡须清洁问题的忧虑也重新受到重视，专家们也开始研究留着时髦胡须的男性及与其密切接触的人是否更容易因此而患病。有一些医学专业人士的回答是肯定的。由于胡须本身的结构特点，它很容易集聚细菌和碎屑——来自唾液、鼻涕、食物残渣和“频繁修剪”留下的碎毛。如果蓄须，这些东西则很难清理。它们很容易导致蓄须者的皮肤不适，并增加与之密切接触者感染传染性疾病的风险。

图 4-27　时髦胡须

不过，另外一些专家虽然承认细菌确实会依附在胡须上，但驳斥了健康风险会因此增加的观点。[74] 确实，最近的一项研究表明，胡须上的一些细菌甚至可能是有益的。2014 年有一项研究对比了剃光胡须和留有胡须的医院工作人员，发现前者携带抗药性细菌的可能性是后者的 3 倍。这种细菌在前者身上的含量更高，可能是由于剃刮引起的皮肤轻微擦伤所致，也可能是胡须中蕴含着具有抗菌特性的未知微生物。[75] 所以说，谁知道究竟怎样才更好呢，也许解决未来抗生素危机的答案就在时髦的胡须里。

圣人、奇观、怪物和榜样：蓄须的女人

在中世纪的某个时候，欧洲流传起一个故事。它传播得又快又远，遍及葡萄牙、西班牙、法国、意大利、德国、荷兰和英国。尽管这个故事的

不同版本在细节上有所不同，但基本框架是一样的。故事中有一位虔诚的年轻女子，其父亲强迫她嫁给异教徒统治者。女子没有屈服，而是认真地祈祷，希望她的容貌能够发生改变从而失去吸引力，以帮她摆脱困境并保持贞洁。她的祈祷有了“回应”，她长出了唇上小胡子和络腮胡。不过，她的父亲非常恼火，对她施以酷刑，并模仿她所爱的耶稣基督的受刑方式，将她钉在了十字架上。与这个故事一起流传的是一个被钉在十字架上的大胡子女人形象——这种形象不断以雕像、手稿、壁画、绘画和木刻的形式传播，所有这些都凸显了一种献身精神（图 4–28）。对圣威尔格福蒂斯（St. Wilgefortis，在欧洲的不同地区，她有着不同的名字：Liberata、Uncumber、Ontkommer、Kummernis）的狂热崇拜，无论在女性还是男性、权贵还是穷人中都很流行，其追随者的虔诚甚至可以与对圣母玛利亚的忠诚相媲美。她的纪念日是 7 月 20 日，但 1969 年被天主教会从礼仪日历中剔除了。[76] 也许有人会说，圣威尔格福蒂斯纪念日就像女性脸上的毛发一样被剔除了。

不论现在还是过去，性别规范都将多毛的男性与光滑的女性对立起来，这种对立是如此的根深蒂固，以至于它的建构属性一直被人们忽略。我们似乎理所当然地认为：男人有胡须，毛发刚硬；女人没有胡须，毛发柔软。但是，我们却忽略了一点：实际上所有人类都是有毛发的。只有极少数男女会受到一种叫全身性多毛症的疾病所困扰。得了这种病的患者，其身体和面部毛发越长越浓密，也越长越长，以至于看起来更像动物的皮毛。历史上著名的案例包括：冈萨雷斯（Gonzales）家族，这个家族在 16 世纪和 17 世纪的欧洲进入宫廷社交圈子；墨西哥出生的朱莉亚·帕斯特拉娜（Julia Pastrana）（图 4–29），曾在维多利亚时代的英格兰被公开展出，她死后还被用防腐剂保存起来展出；还有来自泰国的克劳（Krao），她从 1883 年被认为是达尔文进

图 4–28　留着胡须的女圣徒圣威尔格福蒂斯雕像，圣尼古拉斯大教堂，维桑，加来海峡。

化论中的人类进化史“缺失的一环”，直到1926年死于流感。但是，这种疾病实际上极为罕见。自16世纪以来，留有记录的不到50名。[77] 本章更多想借此表达的是普遍的生理事实，即所有男人和女人都有一定程度的面部毛发，其数量、质量和外观由个人的年龄、种族、激素水平和遗传基因决定。

但是，女性的面部毛发却被贴上“不自然”的标签，它在物理层面从女性身体上被移除，也在隐喻层面从我们的心理视野中被移除。一篇报纸报道谈到了女性面部毛发的物理性存在和文化性缺失现象，正如它的副标题所说：“数以百万计的女性遭受着面部有毛发的痛苦——但没人喜欢谈论它。那么解决这个尴尬问题的最有效方法是什么？”[78] 如果任凭大自然的安排，女性会长出不同浓密程度和不同颜色的毛发，既有浅得几乎看不见的毛发，也有浓密的胡须和布满下巴的络腮胡。但是，正如我们在第三章中所看到的那样，消除这些毛发是一项需要耗费巨大精力的工程——从传统的镊子、漂白剂和脱毛剂的应用，到打蜡、剃毛、电蚀以及现代的激光。最终导致的结果便是，女性睫毛以下的任何毛发都会成为问题。

不管怎样，今天我们可以通过图画看到圣威尔格福蒂斯留着胡须的样子，而她的呐喊——或者关于她的讨论，也可以在每个历史时期的文化交锋的边缘听到。她从未完全消失。总而言之，她是一位圣洁的留须者。正如同圣威尔格福蒂斯的故事，中世纪和近代早期蓄须女圣徒们的胡须是一种象征，象征着她们对宗教生活和灵魂信仰的忠诚。在这种情况下，女性的胡须就如同内心的苦衣，它代表着女性在肉体上叛逆的胜利，代表着肉体上的愉悦屈从于与耶稣基督达成精神共鸣。阿维拉圣保拉（St Paula of Avila）的故事与圣威尔格福蒂斯非常相似：为了避免不必要的性欲关注，她祈祷自己毁容从而获得拯救，之后她被“赐予”了胡须。[79] 而圣加拉（St Galla）成为女圣徒的故事在事情发生的顺序上则有所不同，她在历史上的地位也独具一

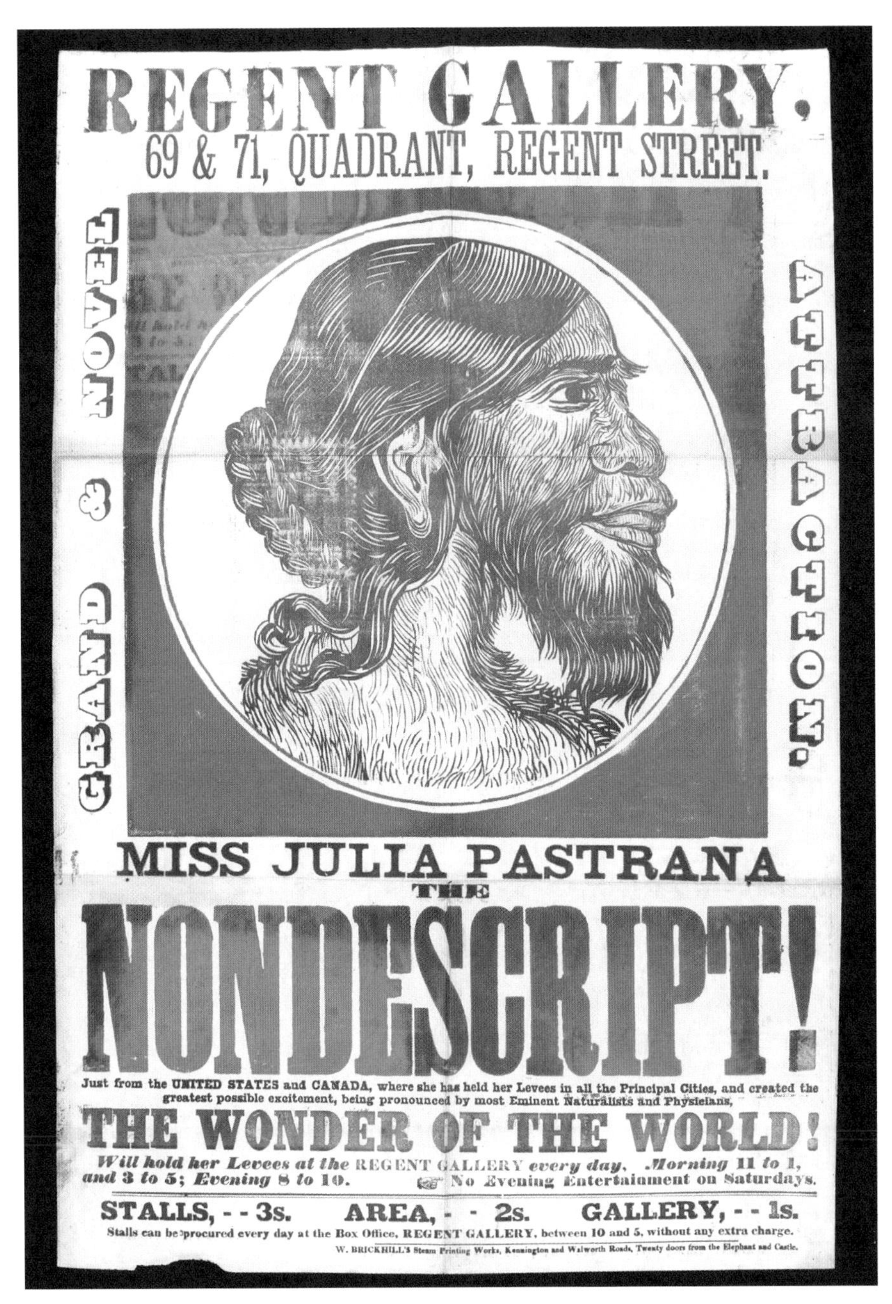

图 4–29　19 世纪的海报为朱莉亚·帕斯特拉娜的展览做广告。在生物学术语中，她被形容为一种无法描述的物种，该物种在历史上未曾有过记录或发现。朱莉亚患有全身性多毛症。

格。加拉是古罗马后期一位拥有贵族背景的女性，毫无疑问她是一位令人肃然起敬的年轻妻子。据格雷戈里大帝（Gregory the Great）称，当加拉的丈夫去世时，她拒绝再婚，表示打算将自己献给上帝。后来加拉出现多毛症，但这不是因为上帝的干预，而是她体液失衡的结果。医生警告说，除非她结婚（通过房事消散大量的身体热毒），否则她会像男人一样长出络腮胡子。然而，加拉不为所动，因为她知道上帝不会在意她的外表。自此之后，她更加坚决地坚守忠贞，更加虔诚地祈祷。这就是加拉的故事。加拉后来长出了络腮胡，退休后去做了修女，过着她认为正确的生活。[80]

在这种通向神圣的模式中，女性的胡须代表着对自己身体和性别桎梏的突破。这样一来，她就可以摆脱一切物质和世俗的约束，将精力集中在无性的灵魂上。蓄须的女性被载入史册还存在第二种原因，不是因为超越了女性性别的束缚，而是她们丰富了胡须的形状和呈现形式。把有胡须的女性视为奇观，这种现象在 16 至 18 世纪尤为明显。这是一个探索和殖民的时代，新兴物种和新的种族开始进入欧洲人的视野，让他们感受到大自然有着远超他们想象的丰饶和神奇。第一次文艺复兴和随后的启蒙运动期间，人们开始着手编录这些新的神奇发现，同时也开始重新思考并区分哪些是不存在的神话，哪些是虽罕见但真实存在的。人们收集了大量稀奇古怪的人和物，放置于好奇阁（cabinets of curiosity / wunderkammer，现代的博物馆便由此发展而来），并通过不断发展的印刷媒介，利用报纸、书册将这些新信息分享给不断壮大的识字人群。还有些小丑或侏儒被宫廷圈养起来，有些富人也豢养了很多奇怪的随从。

在那个奇观与怪兽充斥的光怪陆离的时代，长着大胡子的女性可以说是生得“恰逢其时”。麦格达莱娜·文图拉（Magdalena Ventura）只是这些女性中的一员，她的名字为我们所知，要归功于阿尔卡拉公爵（Duke of

Alcala）。他于 1631 年委托艺术家约瑟夫·德·里贝拉（Joseph de Ribera）为麦格达莱娜绘制肖像（图 4–30）。《麦格达莱娜》只是公爵重要收藏中的众多图画之一，他的收藏不仅包括艺术品，还包括 9000 多本涵盖科学和人文主义的书籍和手稿。[81] 在当时的时代背景下，麦格达莱娜的画像被视为奇迹的证据，是一种必须亲眼看到才能相信的现象的记录，并且还有必要基于当时的认识论模式对这一现象予以解释。麦格达莱娜右侧的拉丁文铭文中开头的一句话“看哪，大自然的伟大奇迹”，十分直白地表明了这种意图。铭文中还交代了她的年龄和她的故事，以及这幅画作的由来。[82] 麦格达莱娜的脸被描绘得完全男性化——她和她的丈夫都有后移的发际线和浓密的胡须。事实上，麦格达莱娜的胡须明显比她丈夫的更黑、更茂密。不过，画作通过其他方式强调了她的女性气质：她穿的衣服、铭文上方左边的纺锤，当然还有她正在哺乳孩子的裸露乳房。麦格达莱娜大约在 36 岁开始长出明显的面部毛发，在绘制这幅肖像时，她已经 52 岁。她暴露的哺乳乳房——描绘得过于超现实，违背了解剖学的理论——并不是为了告诉观众她的外表长得如何，只是为了表明她的女性身份而已。麦格达莱娜是一个“名副其实”的女性：一个家庭主妇、一个生过 3 个孩子的女人。正是画家放置的这些道具和埋下的线索，与她的容貌形成强烈反差，让她的胡须显得如此震撼。有些人认为，通过运用这种策略描绘人们很难接受的现象，实际上可能会进一步强化画家原本想模糊化处理的性别差异[83]，但换个角度想想，也有可能恰恰相反。而另一种描述方式——“蓄须的女人是个奇观”——同样也可能会扩大性别的范畴。毕竟，正如铭文告诉我们的那样，麦格达莱娜是大自然孕育的奇迹，而并非凭空产生。

16 世纪出生在列日（Liege）的侏儒海伦娜·安东尼娅（Helena Antonia），是我们所知道的另一位留着胡子的女人，她曾作为奥地利玛丽

图 4–30 麦格达莱娜·文图拉与她的丈夫和儿子，1631 年。右侧石碑上的拉丁文题词是："看哪，大自然的伟大奇迹。麦格达莱娜·文图拉来自萨谟奈（Samnium）的阿卡么勒斯镇（Accumulus），说着那不勒斯王国的粗俗语言阿布鲁佐语（Abruzzo），52 岁。不寻常的是，在她 37 岁的时候，她开始进入发育期，因此胡须完全长出来了。这让她看起来更像是一个留着胡子的绅士，完全不像一个女人。她与丈夫菲利奇·德·阿米西（Felici de Amici，图片中站在她旁边）生了 3 个儿子，但 3 个儿子都先她离世。这幅画的作者是西班牙人约瑟夫·德·里贝拉，他以描绘基督的十字架而知名，被誉为他那个时代的阿佩利斯（古希腊著名画家）。这幅画是他奉那不勒斯总督阿尔卡拉公爵费迪南德二世（Duke Ferdinand II）的命令所作，将人物描绘得栩栩如生。1631 年 2 月 17 日。"

亚（Maria of Austria）的随从被带往欧洲各个国家的宫廷。像麦格达莱娜一样，她的肖像画被收藏在好奇阁里，印刷版画让她的肖像得以传播给更广泛的观众。有趣的是，塞缪尔·佩皮斯 1668 年在日记中记录了他专程前往霍尔本参观一位留着胡须的女士："她是一个矮小的普通女人，丹麦人，她的名字叫厄休拉·戴恩（Ursula Dyan），大约 40 岁，声音像小女孩，她的胡须和我见过的很多男士一样多，大部分是黑色的，还有些是灰白的。"佩皮斯既完全确信厄休拉的性别，又对她奇怪的外表着迷："毫无疑问，但从她的声音来看，她是一个女人……我承认，这对我来说是一个奇怪的景象，我从中获得很多乐趣。"[84]

显而易见，无论是用画记录大胡子女人的外貌，还是把她们豢养在家里据为己有，更不用说把她们放在小酒馆和博览会上，面向佩皮斯这样的普通民众公开展出，这些女性的形象都很容易以一种大规模展示的方式，进入更广泛民众的视野。从 1847 年到 1914 年左右，欧洲和北美都陷入了对奇形异体和奇异奇观的迷恋之中，而畸形秀（freak show）则让这种迷恋变得更加狂热（图 4-31）。在以前，只有极少数人能有机会亲身体验这些事情，并亲眼见证大胡子女人的存在。然而，随着现代社会的发展，人们有了便捷的交通、大众媒体以及更多的闲暇时光和更强的购买力，大胡子女人和其他"怪诞的事物"都可以被运送到全球每个角落，让众多观众惊奇、惊叹。她们的故事可以被出版，她们的肖像也可以被描绘出来，以刺激到范围更广的观众。[85] 而克洛弗里亚夫人不过是其中的一位。约瑟芬·克洛弗里亚（Josephine Clofullia）于 1830 年左右出生于日内瓦，后来在法国旅行，随后在 1851 年的伦敦大展览中成为画卡人物。她为此取得了巨大成功——据估计，在英格兰为期两年的时间里，有 20 万人前来参观过她。[86] 她和丈夫随后搬到了美国，在那里，她被菲尼亚斯·泰勒·巴纳姆（Phineas Taylor

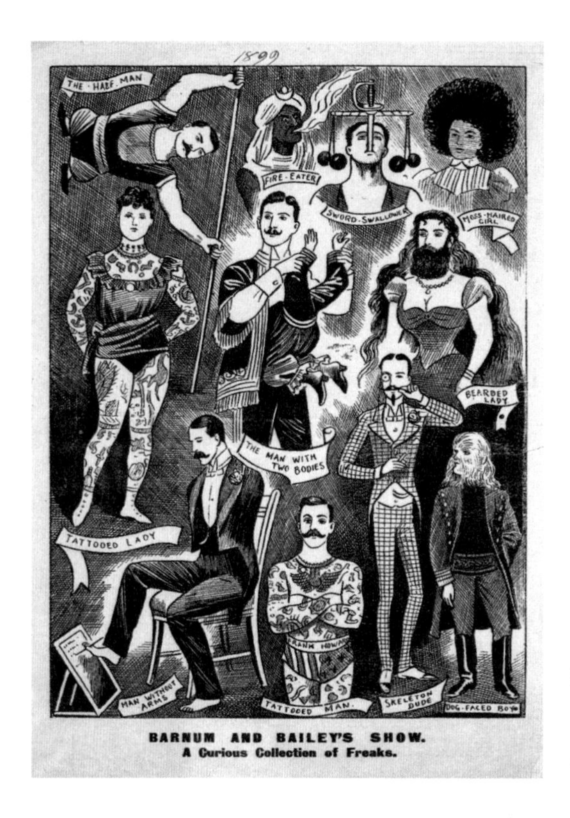

图 4–31　这位留着胡子的女士与其他“怪物”一起，出现在这张 19 世纪的巴纳姆和贝利秀海报中。她位于“骷髅头”（Skeleton Dude）的上方，在“拥有两个身体的男人”（Man with Two Bodies）的右边位置。

Barnum）看中。在菲尼亚斯的推销之下，她成为美国本土最早的大胡子女士，名声大噪，全国媒体争相报道。[87]

在某种程度上，19 世纪和 20 世纪初的畸形秀兼具教育和娱乐目的，而这与早几个世纪前的奇观收藏和展览如出一辙。这是宣扬科学与哗众取宠的交汇处，人们在这里验证怪异的真实性，研究不寻常的事物。[88] 事实上，有时蓄须女人的胡子会被观众抓来扯去，他们不敢相信自己的亲眼所见，想要亲自触摸来证实。观众的怀疑其实也不无道理，因为造假的情况并不罕见。有的大胡子女人最后却被发现是一个男人，故意装扮成看起来像是男人的女人。但是，也许正是在这种真实的扭曲中，我们得以感受到早几个世纪以来的变化。维多利亚时代的畸形秀表演将差异性的展示提升（或降低）为一种商业行为，而这种行为所必须的是利润、质疑和表演技巧。当然，以前也有通过展示大胡子女人来赚钱和谋生的例子：海伦娜·安东尼娅能取得在宫廷中的地位完全得益于她的外表；尽管佩皮斯没有提及他观看厄休拉·戴恩时是否付了钱，但从他的日记中可以清楚地看出她的展出进行得井井有条，他肯定会为了满足自己的好奇心而不得不花钱。但是，大众营销技术、宣传噱头、成千上万的人愿意花钱买门票去看怪物表演的现象，都是新出现的。巴纳姆也许是这些娱乐商人中最成功的一位。他把他的商业帝国宣传得天花乱坠，还把他的马戏团、野兽表演馆和好奇博物馆称为“世界上最伟大的表演场”。1889 年，当他把表演场地从纽约搬到伦敦的奥林匹亚时，震惊了欧洲人民。新建成的场馆容量得以扩大，每场演出都能容纳 12000 名观众。[89]

尽管许多从事此类表演的大胡子女人可能本身不愿意出演，并且无疑还受到了剥削，但至少有一部分人还是拥有一定的自决权。为了理解这一点，我们需要了解克莱门汀·德拉伊特（Clementine Delait）夫人的表演经历（图 4-32）。我们有幸通过 21 纪初在法国一家车库出售的未出版的回忆录，获得了她关于自己故事的自述。克莱门汀于 1865 年出生在洛林的一个小村庄。除了要剃掉从十几岁时就开始生长的胡须之外，她过着平淡无奇的生活，嫁给了当地的一位面包工，并与他一起开了一家咖啡馆。在那之后的某一天，事情开始发生变化，因为她与顾客打赌，说她可以让胡须长出来，她写道，“成功是立竿见影的”，“他们都为我着迷”。[90] 随着克莱门汀的名气广为传播，胡须成为一种极具吸引力的赚钱门路。她和丈夫将他们的店铺改名为“ Cafe de la Femme a Barbe”（大胡子女人咖啡馆）。克莱门汀的丈夫于 1926 年去世，成为寡妇的她让胡子长得更长了，最后她在巴黎和伦敦

图 4-32　克莱门汀·德拉伊特的纪念明信片，约 1910 年？明信片背面的文字显示日期为 1918 年 2 月 10 日，其中提及第一次世界大战和克莱门汀为红十字会所做的工作。1928，克莱门汀夫人进行了国际巡回演出，会见了一些皇室成员和国家元首。

的剧院都获得了空前的成功。甚至还出现了大量印刷着她不同姿势、站在不同地方的明信片，既有她名声大噪时期的图片，也有在与她的身份同名的大胡子咖啡馆门前的图片。克莱门汀于 1939 年去世。她要求她的墓碑上刻有“这里长眠着大胡子女士——克莱门汀·德拉伊特”的字样。[91] 克莱门汀的回忆录里写道，她是主动把剃刀收起来，选择从那个“多毛的好奇阁”里面走出来的。她公开表明自己拥有生长胡须的能力，这是她个人自豪感以及利润的来源。正如她选择的墓碑铭文所说的那样，克莱门汀·德拉伊特的胡须是其身份的基本组成部分，这赋予了她社会地位和一定程度的权力，如果她不长胡须，这些都不可能拥有。而且，她当然从不觉得自己只是用来满足人们好奇心的一件展品：“我比这好得多。”[92]

虽然有了克莱门汀夫人的案例，但是需要记住的是，还有一些女性既没有获得权力，也没有站在舞台聚光灯下，无论她们是否有意愿。这些都是普普通通的女性，她们在历史上留下的唯一印记，就是那些在地方报纸的狭窄栏目被匆匆提及的故事；而且，至少在后来的读者看来，她们的面部毛发已成为被边缘化和地位低下的原因。这就是离婚并无家可归的安·兰伯特（Ann Lambert）的悲伤故事——她是“一个唇上小胡子和络腮胡子浓密的女人”，她在 1894 年被警察指控乞讨并被判处 14 天监禁。[93] 同样，第二年，曼彻斯特一位名叫卡罗尔（Carrol）的女士“下巴留着胡子”，也被指控乞讨。卡罗尔驳斥了这一指控，称“人们因为她有胡须才转过头来看着她”，所以她也才停下来回头看，但她并不是在乞讨。法庭建议她刮胡子，并判她入狱一个月。[94]

到目前为止，有胡子的女性无论她们怎么看待自己，她们都会被别人解读为圣人、神迹、用来满足好奇心的赚钱工具，或者是——从后面这几个案例可以看出来——在体面社会边缘挣扎的可怜人。但是，最近也有人一直在努力改变这种现状。詹妮弗·米勒（Jennifer Miller，出生于 1961 年）就是这样一个例子。她是一名行为艺术家，她的日常活动都具有强烈的政治企图，她想要让女性留胡须的现象变得正常化（图 4–33）。她扮演一个留着胡须的女人，表演之初就明确告知观众她的性别。她的表演剧本写道，胡须是一种权力，所以父权制才要强行独占这种权力。[95] 她鼓动女性从无毛的次生状态中崛起，并捍卫自己真实而有力的多毛本性。

> 世界上每个地方都有留着胡须的女性，或者说，至少每个地方都有能够生长胡须的女性。如果她们像我所做的那样，就能发挥出这种潜力，而不是花时间、金钱、精力在打蜡脱毛、剃须、电蚀和拔毛上。

图 4–33 詹妮弗·米勒在纽约的马戏团（Circus Amok）进行政治表演，2000 年。

我的意思是，我们每个人都知道这样的人每天都在拔毛、拔毛、拔毛！包括我的母亲、我的祖母，每天都在拔毛、拔毛、拔毛，拔啊拔毛，拔啊拔毛，拔啊拔毛，拔毛、拔毛、拔毛！好像她们是“鸡”一样。[96]

米勒的职业生涯始于 20 世纪 80 年代，她出现在电视上，拍过纪录片，在图书、照片、期刊和报纸上都得到过关注。然而，互联网的出现使她和许多跟她一样的人得到了更多的关注。快速搜索一下就会发现，越来越多的女性正勇于放下镊子并拿起胡须梳子。如果说过去广为报道的蓄须女性被以各种方式进行解读，那么我倒觉得现代的这些女性，可以被称为榜样。请注意，我在这里写的是“个体”。因为还有不同的个例，比如汤姆·纽维斯（Tom Neuwirth，生于 1988 年），他以孔奇塔·伍斯特（Conchita Wurst，

图 4–34　孔奇塔·伍斯特在 2014 年欧洲歌唱大赛中演出。

图 4–34）这个名字参加 2014 年欧洲歌唱大赛并获得大奖，却因此臭名昭著。很显然，他在努力向传统的性别鸿沟发起挑战，试图模糊身体上的性别差异。这些女女男男是社会的一个高度符号化的缩影，我们这个社会正在忙于争论和扩大性别观念，正在忙于打破性别角色、性别行为、性别容貌的二元对立，努力让人们意识到，每个人都可以拥有生长胡须的权利。圣人、奇观、商品、怪物，可能这是对长胡子女性的下一个解释——他 / 她只是普通人。

representation of that Instrument of French refinement in Assassination, the GUILLOTINE
"Gentlemen of the Phalanx", & other well-wishers to the King & Constitution of Great-Britain,
by their devoted Servants at
The Assassins of the King of
Whither, – O whither shall my Blood ascend for Justice! – my Throne is seized on, by my Murderers; my Brothers are driven
to exile; – my unhappy Wife & innocent Infants are shut up in the horrors of a Dungeon, – while Robbers & Assassins are sheathing
Daggers in the bowels of my Country! – Ah! ruined, desolated Country! dearest object of my heart! whose misery was to me the
pang in death! what will become of thee! – O Britons! vicegerents of eternal Justice! arbiters of the world! – look
from that height of power to which you are raised, & behold me here! – deprived of Life & of Kingdom, see where
full low, festering in my own Blood! – which flies to your august tribunal for Justice! – By your affection for your own
& Children, – rescue mine! – by your love for your Country, – by the blessings of that true Liberty which you possess; – by the
which adorn the British Crown, – by all that is Sacred, & all that is dear to you, – revenge the blood of a Monarch most
butchered, – and rescue the Kingdom of France from being the prey of Violence, Usurpation & Cruelty.
by H. Humphrey No 18. Old Bond Street

第五章

容貌的政治

这本书首先着眼于考察人们如何和为什么要打理头发，以及围绕着头发养护而发展起来的专门职业。随后，我们审视了剃除头发的悠久历史——既包括那些被强迫剃发以削弱其身份地位的情况，也包括那些（或多或少）自愿剃发以追求男性或女性性别理想的情况。后来，我们还分析了剃须与蓄须这两种对立的行为，以及与之密切相关的不同历史时期和社会团体。在接下来的两章，每章各有两个案例研究，探讨头发的长度会带来什么问题。事实证明，头发能够很大程度上帮助人们适应变化和应对各种挑战。头发可以具有对抗的属性。从这一章开始，所有的冲突主要从政治角度分析，历史的关键节点将定位在 17 世纪和 18 世纪。在最后一章中，我们重点分析 20 世纪头发在剧烈的社会动荡中所发挥的主导作用。

内战

1628 年，虔诚的道德主义者威廉·普林（William Prynne，1600—1669）出版了一本关于长发的薄册子。这本 84 页的书中，充满了虚假的、重复的论点，以及大量长度远比他反对的长发还长的句子。他在书中“证明了”一点，即在男人身上，长发这种风格代表着“污秽、阴柔、虚荣、怪异、傲慢、淫荡和耻辱”。尽管书中对所有的男士留长发行为都进行了全面谴责，但作者的主要抨击目标是当时时尚界流行的爱情长发（lovelock）。在这种样式中，有一缕头发明显长于其他头发，通常垂放在肩膀上（图 5-1）。这缕头发既可以宽松地披散着，也可以编织并用缎带扎起来。在《无趣的爱情长发》（*The vnlouelinesse, of loue-lockes*）一书中，普林表达了他对这种时尚感到震惊——“这种时尚在我们整个国家居然如此受欢迎”，他用他能够想出来的所有形容词来抨击那些留着这种发型的人士，称这种发型是“违背自然的、罪恶的、非法的装饰”。他指责给自己塑造这种造型的男士没有道

图 5–1　南安普敦市的第三大伯爵亨利·弗里奥特斯利（Henry Wriothesley）留了爱情长发，那时他只有十几岁，或者刚刚 20 岁。从他的肖像画中可以看出，他留了一个爱情长发，1590—1593 年。

德操守，违反宗教宗旨。他还用大量的比喻揭露那些抛弃虔诚宗教信仰的人的盲目虚荣心："理发师是他们的牧师；理发店是他们的教堂；妆容镜是他们的《圣经》；他们的爱情长发是他们的上帝。"[1]

有一个事实可能对于普林来说十分不幸，即当时留爱情长发的男士就包括查理一世——当时的国家元首和宗教首领（图 4-4）。但是，普林以永不妥协而闻名。他后来还发表了著作——其中有一本用大量文字对表演和戏剧进行了同样激烈的抨击，这使得他与王室产生了正面冲突。正当皇后亨利埃塔·玛丽亚（Queen Henrietta Maria）为她的宫廷假面剧表演做准备时，他公开批判女性演员。实际上，普林两次被判处犯有煽动罪（1633 年和 1637 年），最终还被罚款、监禁、烙印并致残。极度讽刺的是，他的耳朵被割掉，以至于他不得不将头发留得足够长，至少要遮盖住头部毁容的部分。流传下来的普林肖像是否真实准确地描绘了他的样貌值得质疑，因为在画像中他的鼻子并没有被削掉，他的脸上也没有烙印。但是不管怎样，所有现存的画像都显示，他的头发长度正好比耳朵长一英寸或两英寸（图 5-2）。

威廉·普林不是第一个见到男性长发就感到不爽的人。但普林却执意要捍卫宗教道德传统，他旁征博引了大量文献——包括 50 多年以来发表的布道文和社会评论文章、中世纪教堂理事会的著作、爱国主义著作以及旧约和新约圣经。他密密麻麻的便笺承载着他虔诚的理想。普林与这些文献一唱一和，认为留着长发意味着一个男人更注重滋养自己的肉体而非灵魂，更注重他的外表而非他的道德价值，更关心自己而不是他人或上帝。除此之外，男人的长发与自然法则（等于上帝）背道而驰，留着长发会让男人变得像女人一样。这些论调其实都不新鲜，都是一些人们用来表达对他人相貌不满的惯用术语。然而，距离普林的书出版大概 13 年之后，在内战爆发之前动荡的几个月中倒是发生了一件新鲜事。大约在 1641 年到 1642 年的某个时间

Mr: William Prynne, for writing a booke
againſt Stage-players called Hiſtrio-maſtix
was firſt cenſured in the Starr-Chamber to loo:
ſe both his Eares in the pillorie, fined 5000.li & per:
petuall impriſonment in the Towre of London,
After this, on a meer ſuſpition of writing other
bookes, but nothing at all proved againſt him,
hee was again cenſured in the Starr-chamber to
looſe the ſmall remainder of both his eares in
the pillorie, to be Stigmatized on both his Cheekes
with a firey-iron, was fined again 5000.li and ba:
niſhed into ye Iſle of Ierſey, there to ſuffer perpe:
tuall-Cloſs-impriſonmt: no freinds being per
mitted to ſee him, on pain of impriſonment,

图 5–2　威廉·普林强烈反对男性长发。尽管他的头发在我们眼中已经显得很长了，但与那时的精英人士通常留着的较长头发还是有着鲜明的差别。这也说明，对于头发的判断具有相对性。同样一个人，在一个时期被认为是留着短发，而在另一个时期，这种长度则被认为是伤风败俗的。

段，发型发生了深刻的变化，没人知道这一变化具体何时发生或者究竟是如何发生的。在这之前，头发长度原本被视为捍卫保守道德的发力点，拥护传统的人士可以集中炮火攻击留长发行为这一明显的目标。但是突然之间，头发长短的问题被推向了舞台中央，被浓墨重彩地赋予了全新内涵。一时间道德问题被抛在一边；相反，长发和短发分别与从根本上对立的政治和宗教立场联系在一起，两者之间的鸿沟很快演变成长期而惨烈的暴力。长发被认为是忠诚的标志，是政治和宗教正统观念的代表；短发被视为对现状的革命性挑战。于是骑士党（cavaliers）和圆头党（roundheads）就诞生了。

尽管这些名字诞生的准确背景不得而知，但当时的历史见证者和现代历史学家一致认为，它们最早于 1641 年至 1642 年冬季出现在公众视野。[2] 这是一种主要发生在伦敦的现象，很可能是由于内乱期间的骂战所引起的——既包括发生在威斯敏斯特的学徒和其他公民之间的冲突，也包括发生在武装人员之间的冲突。双方的敌对情绪聚焦在对容貌的政治解读上：穿着工作服装和留着常规发型的普通民众是一方；穿着精美军队服装并自诩为宫廷侍臣的军官们是一方。十年后的 1651 年，有一本出版著作对这起事件作了如下描述：

> 那些曾经涌向威斯敏斯特的人群或公民，他们大多数本身就是中等阶层或下等阶层的人……却与上等阶层的人发生冲突……他们穿的衣服很朴素，言语却很无礼。他们头上的头发很少长过耳朵。因此，在威斯敏斯特参加集会的这群人被戏称为圆头党。而骑士军官们留着长发，拿着长剑，所以他们被称为骑士党。如此一来，这种蹩脚的用语被用来形容两个派系——所有支持议会的统称为圆头党，所有支持国王的统称为骑士党。[3]

这种称谓最初出现在伦敦的内乱中时，就迅速吸引了人们的注意，并在全国各地传播开来。例如，到 1642 年 6 月，布里亚纳·哈雷夫人（Lady Brilliana Harley）及其家人在赫里福德郡农村地区的布兰普顿，就遭到了当地人的公开侮辱。用她的话说，“他们看着我，希望布兰普顿的所有清教徒和圆头党们都被绞死”。[4] 随着一系列小册子（图 5–3）和广告的传播，这两个术语得以迅速流行；在这一传播过程中，双方竭尽全力对彼此的称谓极尽挑衅、嘲弄和滥用。用我们今天的话来说就是，“骑士”和“圆头”风靡一时。

“骑士党”的内涵很快就被保皇党重新阐释，刨去了其绝对主义的内涵，

图 5–3　内战中制作的众多小册子之一，标题页上有一幅木刻图像。骑士党在左边：长长的头发，带羽毛的帽子，系着腰带，穿着骑乘用的靴子。圆头党的衣服比较朴素，头发较短。两个党派之间的对抗延伸到画面中心的狗身上。鲁珀特亲王（Prince Rupert）的毛茸茸的狗名叫“水坑”，它咆哮着“圆头狗”；而短毛犬名叫“胡椒”，则回骂“骑士狗”。它们各自的主人为它们呐喊助威。

因为这个词可能会让人联想到一位西班牙士兵（cavaliero 或 cabalero），他代表了与英国长期为敌的天主教国家。[5] 取而代之的是，“骑士”这个词被重塑为一个时髦的、不拘小节的英雄，代表人物就是国王的侄子鲁珀特亲王，他英勇强悍，战功卓著（图 5-4）。就像一本小册子指出的那样，骑士“尽管穿着短裙，戴着银色蕾丝饰物，认为时尚是无罪的，但他仍然是一个很忠诚朴实的人”[6]。至于“圆头”这个词，标榜自己忠诚的人士对其极尽嘲弄，认为这个词就是无趣和愚蠢的代名词。他们说：“圆头党们的头发比智慧多

图 5-4　骑士党的代表人物，鲁珀特亲王，1642 年。

（圆头党的头发只有四分之一英寸长），倒不如称之为‘脑毛’更合适。”[7] 在一些小册子里,圆头党的形象简直被妖魔化了。因此,在约翰·泰勒（John Taylor）所著的《魔鬼化身的圆头》（1642年）中，撒旦对反叛者的形象感到大为震撼，于是他开始模仿他们的信仰、说话方式和外貌——包括“把头发剪短到贴近耳朵的地方，这样他就能更容易地接近反叛者，听他们是否有亵渎的言论……最终，他就能在对抗骑士党时占据绝对优势”。[8]

与此同时，寻求政治和宗教变革的圆头党也开始狂热地攻击对手。他们对骑士的描述有滥交、野兽、怪异、过时和娘娘腔。圆头党还指出，骑士党的长发让人联想到被天主教侮辱的历史污点以及历史上那个声名狼藉的男孩——他品行不端、放荡堕落的形象早已经被当作道德败坏的代表。还说骑士党是“浪荡脑袋”（沉迷于享乐，而大脑空空如也，没有任何思想和道德观念），是一群乱糟糟的蝗虫，是如瘟疫般的长发反社会分子——纵情享受眼前的一切，留下满地荒芜。[9] 圆头党打了一场漂亮的翻身仗，他们的名声得到修复，把罪恶的标签甩向了死对头。因此，圆头党对“圆头”这个词感到非常自豪——“清教徒或圆头式的发型是上帝创造的，上帝还创造了圆形的世界，这个世界的一切都被造物主耶和华神赋予最完美、最优美的形状和形态”。而这个论点后来又被敌对者所诋毁，声称历史上真正的圆头人士是剃光头的修道士，而他们信奉天主教。[10] 在最后一次交锋中，这个标签被贴回到了骑士党身上，因为他们放荡的滥交行为和松垮的道德操守让他们染上了梅毒，并患上了梅毒性脱发。骑士党不得不忍辱戴上的假发下面，是一颗真正的圆秃头。[11]

“骑士”和“圆头”这两种称呼非常有影响力，直到今天仍然能够引起共鸣，就像370年前一样，将英国内战清晰地划分为易于理解的两个派别。很显然，这并不是关于头发长短的冲突，而是外表所代表的其他一些更为严肃的问题——包括权威的属性、宗教的架构、个人的角色以及与上帝的关系。因此，非精英阶层通常留着的短发便被视为一种叛逆的标志——一种对传统强权发起挑战的象征。

但是，在越来越疯狂的恶意辱骂和宣传背后，关于容貌的真相到底是什么呢？真相太过复杂，也让人捉摸不透，这一点在当时就有人意识到了。当时有一本清教徒怀有同情心的小册子写道："我们不打算因为任何人的头发样式而对他们做出明确判决……留着长发的人也不是蝗虫。同样，所有不留长发的人也不都是圆头党。"[12] 对这种观点，多数党国会议员约翰·哈钦森（John Hutchinson）的妻子露西·哈钦森（Lucy Hutchinson）表示赞同，她竭力反对"圆头党"这个标签的滥用，认为只有危险的极端主义分子才会这样自我标榜。她在回忆录中指出，丈夫实际上有着"一头漂亮、浓密的头发，干净整洁，没有任何做作的装饰，因此对他而言是一件很棒的装饰品"（图 5-5）。让她感到愤怒的是，"那个时代的教会"居然"不允许他信仰宗教，因为他的头发没有按照他们的要求修剪"。[13] 我们也可以来看看劳德（Laud）大主教的故事，他对平民表达同情，对教会肃清所有清教传统的做法表示反对，这让教会感到震惊并惹恼了教会。但是，直到他被判犯有叛国罪和传播天主教的罪名而砍头，他都一直保持着短发的造型（图 5-6）。毫无疑问，他的头发比许多指责和审判他的人要短得多。

这种外表实际上并不是一个绝对可靠的身份识别参考，令一些人感到担忧。1644 年，即劳德被处决的前一年，虔诚的传教士乔治·吉普斯（George Gipps）在下议院面前进行了一次快速的布道。在布道中，他描述道，他抵达圆头党控制的伦敦后，当看到那些尊贵的牧师的样貌时，他感到异常的震惊——他简直不敢相信他们留着" 恶棍般的发型"，并穿着"骑士式的服饰"。[14] 9 年后，在新旧政府更替期间，另一位虔诚的牧师托马斯·霍尔

图 5-5　长发清教徒约翰·哈钦森上校，国会军司令。

William Lavd Archbishop of
Canterbury, Primate of all
England, etc.

图 5-6 留着短发的大主教劳德，违反了所在教会的规定，导致他被议会处决。

（Thomas Hall）出版了《令人厌恶的长发》（*The Loathesomeness of Long Haire*，1654）。霍尔与普林抨击爱情长发的方式如出一辙，霍尔引述了普林以及道德和精神领袖的言辞作为论据，呼吁对在清教徒统治之下竟然还泛滥的留长发行为进行改革。

这种反对长发的持续呼吁，见证了特定道德立场的历史延续性，也揭示了刻板印象的局限性——不足以充分描述现实中人们的真实信仰和行为背后的复杂本质。一种刻板印象必须有足够的事实依据才有说服力：显然，“圆头”和“骑士”的标签并非空穴来风。对许多领导反叛事业的人士而言，他们不会留着精英阶层那样的长长卷发，反过来对保皇党人士而言也是一样。

双方阵营的普通成员均来自普通百姓，他们的收入和社会地位决定了他们对于这样一个时尚话题不可能有更深层次的参与。与其说头发揭示了社会二元分裂的真相，倒不如说它是一个强有力的情感符号，参与了一个关于其外观的古老议题。头发是这场充满不确定的混乱中很容易具备确定性的事物；换句话说，头发为派系斗争提供了一种视觉上的标志物。

有趣的是，圆头党在政治上取得了胜利，却因为无法控制的时尚机制，在短发运动上经历了惨败。尽管君主制最终得以恢复，但它再也不是专制主义了。在 1688 年光荣革命之后，议会民主的原则就变得不可撼动。然而，尽管中产阶级开始崛起，宫廷作为时尚仲裁者的重要性也逐渐减弱，但头发的长度却一直在增加。到 18 世纪，头发不仅比以往更长，而且任何人都可以拥有。这是一个用发粉护理长发和假发盛行的新时期，这个时期见证了头发面临的新的挑战。

共和党的短发

随着 18 世纪 90 年代的来临，英国社会开始变得躁动。美国殖民地被革命者夺去，这对英国来说是一个痛苦的回忆。此时乔治国王虽然暂时康复了，但这只是他所遭受的第一波病情。作为王位继承人和未来的摄政王，威尔士王子沉迷于酒色并负债累累，与天主教徒非法结婚，还将国库挥霍一空。1789 年，法国大革命的冲击从海峡对岸传来，随之而来的是潮流般的流亡者。1793 年 1 月见证了路易十六的死刑，一个月后，英国与新共和国交战。在国内，激进主义的呼声越来越高，各种各样的个人和团体开始鼓动政治改革、男性普选、工人接受教育和新闻自由。与此同时，农业收成糟糕，这意味着 1795 年初将出现饥饿问题，甚至有可能出现饥荒。在这种动荡、混乱和不确定性之中，一种令人震惊的新时尚开始出现：人们开始留短发（图

图 5-7　1791 年的《流行短发发型》(*The Knowing Crops*) 中描绘了新式的短发造型。该印刷品还展示了其他新潮、新颖的服装，这些服装通常与“露脐”联系在一起：马裤，可以从肩膀滑下一截的紧身外衣，尖顶帽和一截短棍。左边的人物手里拿着的有柄单片眼镜是另一种时尚搭配。

5-7)。在动荡不安和社会变革的背景下，新发型似乎显得微不足道。然而，如果知晓了这种短发出现的现实和道德背景，我们就会发现，它产生的影响和挑战是巨大的，并且从18世纪后期来看，短发对传统秩序构成了隐性威胁。

发粉

先交代一些背景。到 18 世纪的最后 10 年，没有人还记得曾经有过一段时期，精英阶层是没有留长发的。在大约 170 年的时间里，时尚和社会地位决定了特权阶层男性的头发长度至少达到可以披在肩上。更具戏剧性的是，这段时期的大部分时间里，男性的长发通常以假发的形式出现，或者说被修饰成假发一样。对这种生意而言，必不可少的是 18 世纪护发界的两大巨头：发粉和润发油。这种粉剂可以被用作清洁剂来吸收头发上的油脂，也可以让头发的质地变得更加顺滑从而方便做各种精致发型，还可以把头发（或假发）染成白色或其他想要的颜色。它能够使长发保持清洁、有型和美观，给头发打粉对于体现高贵地位、获得社会的认可和满足自尊心来说是必不可少的。

人们所用的发粉量各不相同，但到了 18 世纪 70 年代，男人和女人的发型都到达了款式最多和最复杂的阶段，发粉的消耗量大得惊人。除了在梳头、夹发和发型定型时直接使用的发粉之外，发型完成后，美发师还会在头发上撒一层发粉，就像厨师在蛋糕上撒一层糖霜（图 5-8 和图 5-9）。由于这个过程会产生白色的粉尘，所以通常是在特定的小房间（俗称发粉间）里完成，顾客坐在那里，身上用亚麻布盖住，脸上戴上防护面具。发粉是用一种特殊的风箱（参见图 2-19）或振荡器吹出来的，掉在面罩和罩衣上面洒落的多余粉末都是用粉刀刮掉的。日记作家玛丽·弗兰普顿（Mary Frampton，1773—1846）回忆起她年轻时精心制作的正式发型时，表示一次可能会用上“一磅，甚至两磅”发粉。[15] 当然，1795 年之前开始的消费税账目显示，英国每年生产超过 800 万磅的淀粉，其中大部分用作发粉。[16]

从小麦、玉米和大麦等谷物中提取的淀粉，是制作发粉的最佳原料。虽然劣质谷物也可以用于生产加工，但这样生产出来的发粉不宜使用。这种担忧引起了人们对淀粉生产收益和道德的长期持久关注，有时也会激化为公众争论、促进政府立法。[17] 当粮食供不应求，而面包价格对穷人来说过高时，“浪

图 5-8　一位美发师用粉扑将发粉涂抹在男人的头发上，1770 年。

图 5-9　一位美发师（或假发师）使用振荡器为女人的发型撒发粉，1780 年。

费”谷物来制造淀粉或发粉，就成了人们的眼中钉。而这就发生在18世纪90年代中期。在1794年至1796年，恶劣的天气、糟糕的生长季节、收成不佳，由此造成的高昂食物价格导致了粮食暴动。[18] 再加上与法国开战花掉了大量国家经费，威廉·皮特首相（Prime Minister William Pitt）提出了一种新的应对策略，用一项立法就可以同时解决这两个社会问题，那就是：对发粉征税。[19] 1795年的发粉税，要求那些计划使用发粉的人士首先购买年度许可证，费用为1先令（相当于现在的1.1英镑）。那些迅速采取行动的人被称为“先令猪”，这个术语源于政治家埃德蒙·伯克（Edmund Burke）臭名昭著的术语——“猪群”（swinish multitude）。这个臭名昭著的短语是他在抨击激进主义的著作《法国革命的反思》（*Reflections on the Revolution in France*，1790）中创造出来的，它描述的是一群普通的粗鲁无赖。这与那些花钱买发粉的像求食的猪一样的人群形成了鲜明对比。这些许可证持有者的姓名清单被发布在教堂门口和市场十字路口等公共场所——这与限制奢侈消费行为的法律有着某些相似的特征，使法律的执行能够通过相互监督来完成。同样，政府又从早期的限制奢侈消费行为的法令中寻求借鉴，抛出“胡萝卜”诱惑人们检举告发那些没有购买许可证但使用了发粉的熟人和邻居——一旦坐实罪名，检举人可以获得20英镑罚款的一半作为奖励。无论人们遵守发粉法与否，政府都可以从中获利，而且政府又几乎不需要支出费用来进行监管，因此无论怎么看，政府都是赢家。

但是，由于种种原因，该项税收在公众中引起了巨大争议，通过报纸、小册子和印刷品引发了一次短暂但异常激烈的公众辩论（图5-10）。税收本身的荒诞不经只是引起群情激愤，但讽刺画家和讽刺作家大做文章，发掘出了这个颇具喜剧潜质的创作主题。人们通常认为，正是发粉税法以及它所引起的争议，导致发粉的消亡，也进一步促进短发时尚的建立。售出的许可证

图 5–10　针对发粉税的讽刺画《最受欢迎的先令猪上市了》（*Favorite Guinea Pigs Going to Market*），1795 年。在图画正中间，威廉·皮特将撒过发粉的先令猪赶至市场出售（税收收入）和屠宰（榨干钱包）。建筑物上的标志表明，这是一家出售先令猪牌照的办公室，并且还宣告称："这里有先令猪肉出售！"皮特还向画面右侧的夏洛特皇后抱怨："你为什么不把它们赶进去？"穿着厚厚工作服的乔治三世（George III）正在对付一头明显没有涂发粉的桀骜不驯的猪，他回应道，在它们反抗之前，我们只能把它们赶这么远，也只能收这么点儿税。

数量也理所当然地迅速减少，发粉税的收入也随之减少。皮特当初在向国会提出包含这项发粉税措施的预算方案时，估计其年收入为 21 万英镑。[20] 实际上，在头 6 年（1795—1800），该税的年均收入为 158000 英镑，此后大幅下降：1801—1802 年为 75000 英镑，1814 年则不到 700 英镑，1820 年的总收入仅为 12 英镑。[21] 在很短的时间内，发粉就完全不流行了。此后，这成了一种微不足道的行为，仅在穿着制服的侍者仆从这个小范围内还存在。乍一看，确实看起来是税收这只鹅杀死了潜在收入这枚金蛋。但是，早在 1795 年的税收使社会舆论两极化之前，发粉的使用量就已经开始下降，短发的时尚已经引起人们的注意。发粉税可能加速了发粉和长发的消亡，但它显然不是直接原因。相反，这个令人震惊的新式发型与发粉税导致的民愤不谋而合，二者快速融合，这种情况掩盖了发粉税真正的初衷。因此，为了对短发现象有更深入的认识，我们现在需要将短发置于发粉的政治和宣传背景下进行研究。

革命者的短发

在英格兰，短发似乎最早出现于 18 世纪 80 年代，是长期以来相貌民主化运动和时尚穿着简洁化大趋势的一部分。那一时期的索姆·詹尼斯（Soame Jenyns，1704—1787）注意到了这一趋势，不仅不赞成侍者仆从与所服务的对象之间地位平等（这是一种古老的抱怨），而且不赞成这些侍者仆从穿着有褶皱饰边的服装、戴着假发，甚至不赞成比主人穿得还好看。事后来看，这简直预示了 19 世纪正式的仆从制服装饰，其僵化死板但装饰华丽的形式是对上层阶级低调着装规范的衬托。然而，詹尼斯只能为绅士仕女们的这种装束而感到遗憾，他认为这是“自降身份”的行为，“通过荒谬地模仿普通民众的衣服和职业”，让自己变得跟他们一样卑鄙。詹尼斯宣称，正是由于这种工作制服的盲目模仿，才“衍生出了双角帽（flapped hat）、短发、绿色的长工作服、长拐杖和鹿皮制的马裤”。[22]

在这里，詹尼斯很明显是把短发定位为一种与得体服饰和举止礼节相对立的时尚，并宣称这种时尚的灵感来自对社会低下阶层的模仿。詹尼斯的观点得到了其他评论员的支持，他们也明确表示，短发是一种缺乏教养的风格，它与高贵的行为规范相背离，是年轻人反抗传统的表现：短发（劳动阶层的发型）是粗鄙不堪的，剪短发的年轻而邋遢的乡巴佬与上流社会格格不入。1791 年，著名而尖刻的作家霍勒斯·沃尔波勒（Horace Walpole，1717—1797）曾描写道，“罗恩（Lorn）勋爵和其他 7 个时尚年轻人”没有被邀请参加皇家舞会，他们“现在剪短了头发，也没有用发粉”，这“不符合礼节”，这意味着他们“不适合在舞会上出现”。在另一封信中，他进一步评论了他所看到的这种时尚不得体和不文雅的本质，还说它让所有的年轻人看起来都一样：“我在街上路过他们……年轻男人都穿着肮脏的衬衫，留着一头蓬乱的头发，让身为贵族的他们看起来像法国的流氓（暴民、乌合之众）一样，这一点让所有人都感到困惑。”[23]

在 1791 年，报纸上大量的评论和视觉讽刺画都指出短发已经是伦敦社会中足够普遍的景象，值得将其作为讽刺和漫画批评的目标。伴随短发出现的还有很多其他标志性的着装风格，它们共同成为游手好闲人士和游走于贵族世界边缘的不光彩人物的象征。这个典型的描述来自 9 月的《泰晤士报》：

> 头顶的头发修剪得很短，以使头顶看起来像一个倒置的脸盆，而且也没有用发粉。穿着紧身背心，衣服上高高的硬领能蹭到发根……大衣松散地披挂在锁骨到肘部中间的位置。如果大衣的下摆能够拖到地面上，那就更时尚了。马裤非常紧，长度直抵膝盖……靴子上带有靴刺，大衣右侧口袋里还伸出来一根长约四英寸的棍子……步态必须

> 沉重一些，头必须歪着，仿佛天生如此——空洞的凝视也是必要的，并且如果想要表现得非常文雅，那就必须装作几乎完全失明且充耳不闻，看不到周围的任何人，也听不到周围的任何声音……他必须伸个懒腰，打个哈欠，然后说这个镇真无聊啊……在一周的余下时间里，他会与布莱顿的巴里兄弟（Barrys at Brighton）、汉密尔顿公爵（Huke of Hamilton）、门多萨（Mendoza）、沃德（Ward）、大本（Big Ben）或廷曼（Tinman）一一会面……在走完这条弓街之前，他必须显得是一位非常重要的人士，然后他必须脱掉马刺靴并穿上外套，回家去。为了不吵醒他的雇主，他在齐普赛街的商店门上轻轻敲了一下，没吃晚饭就上床睡觉了。[24]

在这篇冗长的文章中，不同的元素在18世纪90年代早期与短发一起反复出现：穿着、举止、充满矛盾的阶级地位。这里所提及姓名的人物也很重要。“布莱顿的巴里兄弟”指的是身材矮小、臭名昭著的巴里三兄弟——理查德（Richard）、亨利（Henry）和奥古斯都（Augustus）。巴里摩尔的理查德七世伯爵（1769—1793）致力于通过集会将偏僻的海滨小镇变成时尚之都，他是威尔士王子骄奢淫逸团体的成员之一，并且在所有成员中尤其声名狼藉。他因行为举止丑陋不堪，被称为“地狱之门”。在短短的24年的生命岁月中，他花光了遗产，与未成年女孩私奔，身负重债，在一次枪击事故中丧生。除了因为留着短发，汉密尔顿第八公爵（1756—1799）还因为婚外情而闻名，以至于他的妻子在1794年采取了当时非同寻常的措施——起诉离婚。报纸公开推测他的头衔的归属——如果他死前头衔还在的话。[25]门多萨、沃德、大本和廷曼是著名的拳击手，拳击是个新兴但残酷的运动。拳击比赛吸引了大批人群，构成了一个无阶级的、绝对男性化的空间。在这里，性别的大致平等压制了地位差异和社会礼节规范。《泰晤士报》很隐晦地将短发的形象与正在兴起的纨绔子弟形象联系在一起，后者在下一个世纪的上半叶得到了充分的发展。[26] 绷紧的衣服、高高的衣领以及故意为之的游离与冷漠——这让我们看到了花花公子式男子气概的早期形态，与上一代人的华衣锦服和假发假须区别开来（图 5-11）。

从霍勒斯·沃波尔勒和索姆·詹尼斯的评论中可以明显看出，许多人从一开始就感觉到短发很危险，因为它模糊了重要的社会差异。此外，在这种历史背景下，人们不禁想起在法国革命时期消除阶级差异的做法，甚至（似乎是错误地）认为这种短发时尚就是从那里来的。在 1791 年圣诞节前夕，《泰

图 5-11　1791 年的这幅《通往监狱的短发男》（*Crops Going to Quod*），再次描绘了这种时尚的典型形象，包括短发、紧身的流苏长裤、从肩膀上滑下的紧身大衣以及尖顶帽子。它还强调了这样一种观念，即短发处于礼貌社会的边缘——言行举止和道德水平都很可疑——就像那些即将被囚禁在监狱中的犯人一样。

晤士报》发表了一篇鼓吹这种推测的文章，标题为“平权者协会”（Society of Levellers）。这篇恶搞的文章列出了在“欧洲大革命之友”（friends of a General Revolution in Europe）所谓的一次会议上通过的决议，希望消除出生、财产和教育方面的所有社会差异。这个协会宣布，要实现这一目标，就要使每个人都有相似的衣着装扮，特别是让所有年轻的平权者们都“把头发剪短，剪成半圆的形状”。如此一来，“商店服务员不会从普通大众中被认出来——扒手与时尚潮男、流氓恶棍与绅士之间也是一样，都没有了差别”。[27] 纳撒尼尔·威廉·弗拉索（Nathanial William Wraxall）爵士在他的历史回忆录中提到了类似的场景，并认为原因在于复杂着装礼仪的崩塌。尽管他注意到，其实在这之前，标准规范已经在逐渐瓦解（这当然与詹尼斯在 18 世纪 80 年代的抱怨是一致的）：

> 直到 1793 年和 1794 年雅各宾主义时代和平等时代到来之前，着装礼仪从未完全消失。那时，男人的标志是：马裤、短发、鞋带、完全消失的搭扣和褶皱饰边，以及不再使用发粉；而女士们则剪掉了她们的披肩长发……露出的圆脑袋就像把头伸向“断头台的受害者一样”，仿佛已准备好了等待斧头的落下。[28]

英国的短发于 1789 年之前才首次出现，因此与法国革命的关系并不像直接借鉴那样简单。然而，正如我们在这里看到的那样，海峡对岸发生的事件和新兴时尚无疑赋予了短发一种额外的优势——一定意义上掩盖了这一大众时尚背后的残忍和暴力。例如，任何阅读外国新闻的人都会知道，尽管路易斯·菲利普·杜克·奥尔良（Louis Philippe duc d'Orléans，1747—1793）出身王室，还是国王的表亲，但他在政治上却无比激进。这位公爵完全抛开他的头衔、波旁家族的血统和长长的头发，在革命中异常活跃。他在 1792

年以一个新的姓氏“平等”（Egalité）和一头无裙裤状的短发重新塑造了自己的形象。[29] 尽管作为国民公会的一员，他曾投票赞成处决路易十六，但在大恐怖时期，这位改名为“平等公民”（Citoyen Egalité）的公爵还是受到审判，被判有罪，并被判处斩头。埃德蒙·伯克在攻击贝德福德（Bedford）公爵的改良主义政治和发粉税政策时，并没有忘却自己的职责——他警告公爵，那些暴民丝毫不在意任何阶级、职位和相貌：“他们不在乎自己的头发是从头上哪一部分剪下来的；他们平等地看待秃头与短发。他们唯一的问题是……该怎么剪？应该怎么给头发或者头皮涂上润滑的油脂？”[30]

断头台上，短发受害者的头颅被从身体上砍下来（图 5-12），与头发从头上砍下来，这两者之间的语义连接似乎很容易建立起来。

> 剪掉头发，是断头台上大祭司的终极职责！法国的刽子手杰克·凯奇〔Jack Ketch（executioner）of France〕一直以来有个习惯，就是在受害者被处决之前，把这位痛苦的“暴民统治的殉道者”的头发剪掉——以此作为他走向生命尽头之前“最后”的“鲜活”印记！那么，为什么我们的年轻一代会如此热衷于法国的这种所谓时尚前沿？[31]

正如弗拉索之前提醒我们的那样，甚至还有一些命名的方式〔受害人（la Victime），断头台（la Guillotine）〕与威胁和流血冲突相呼应。我们可以想象一下，把一个诞生于砍头酷刑仪式的产物命名为一种——称之为“前沿潮流的”——发型，这种事情如果放在今天，会激起什么样的反应。我想，我们只会对这样一种（可怕的）新发型感到震惊。其他发型的经典命名可以回溯到罗马共和时代。泰特斯发型（coiffure à la Titus）的命名是为了纪念泰特斯·赫米尼斯·阿奎利纳斯（Titus Herminius Aquilinus，死于公元前 498 年），他以保卫城市免受君主部队的入侵而闻名。“布鲁图斯”发型以

图 5-12　1793 年，《为复仇而哭泣的鲜血》(*The Blood of the Murdered Crying for Vengeance*) 描绘了路易十六的死刑。这幅画是一个图像化的提醒，提醒观众注意血腥的断头台暴力。

刺客的名字命名，这位刺客“最残酷的切割”并不是指他的短发，而是指他用匕首奋力杀死了权势无边的凯撒。

正是在这种背景下——短发意味着前卫、对抗、蕴含深意，同时也极具吸引力——以至于威廉·皮特在1795年推出了他的发粉税。最终的结果让人大跌眼镜，不使用发粉的短发群体也被卷入其中。尽管这项税收提案在议会中几乎没有引起争议，但一旦引起公众的注意，争论就开始了。一些人反对说，事实上这项税收并非针对发粉的购买，而是针对发粉的使用（顺便说一句，这与先前的限制奢侈消费的法律何其相似）。此外，每年只用一次发粉的人，与每天都用发粉的人被征收同样的费用，这显然是不公正的。许多人认为，征税负担最终只会落在那些努力想变得体面的人、贫穷的绅士和勤奋的商人身上。另一个争论聚焦在淀粉与谷物的关系上，认为发粉税可能影响食品供应。

进一步的争论，即我们在此关注的问题，引发了这项措施潜在的社会分裂性质。用皮特的话说，鉴于这项税收旨在筹集资金，以支持当时正在爆发的“正义而必要的战争”，[32] 已经有人意识到，这虽然创造大量的收入，但也带来了无声却有力的抗议。从议会的前座议员到躲避煽动罪指控的煽动者，任何反对英国与法兰西共和国作战的人，都可以通过拒绝使用发粉来表达自己的立场。莫伊拉（Moira）伯爵在上议院提出了这一关切。在反对拟议的税收时，他警告说“税收将进一步扩大不同政党和不同政治情绪之间的分歧”。通过引述当代法国发生的事件以及英国历史上的圆头党和骑士党，他告诫道，外在容貌的差异标志在表达党派立场时很重要，如果通过这一法案，国会将把“一种区分出哪些属于己派思维方式的特定模式”交给政治异见人士。[33] 此外，发粉税把能够负担和不能负担那几先令的人群明确区分开来，以一种不计后果的方式把容貌问题政治化，用装满发粉的风箱把贫富之间的鸿沟赤裸裸地展现出来。在这样一个动荡不安的时代，有些人认为这不仅愚蠢，而且危险，它制造了一种公开的特权炫耀，很容易引起暴力报复。“先令猪”和猪一样的人群之间的关联也表明，这种忧虑或许是合理的。

贝德福德公爵是最早利用税收这次千载难逢的机会表达自己异议的人。作为一名反对皮特的福克斯辉格党人，他不仅停止使用发粉，还剪短了头发，这一举动被广泛理解为他对“平权”的同情和支持（图5-13）。到了9月，《泰晤士报》宣称“大多数有耳朵的雅各宾派人都剪短了头发”。[34] 4个月后，《时事晨报》（*Morning Chronicle*）列举了很多牺牲头发的名人，对短发进行辩护。除了贝德福德和另外3位公爵之外，还有29位已获宫廷头衔或具有重要公众地位的男士也剪短了自己的头发。还有两位人士值得一提——其中一位是皮特的政治对手查尔斯·福克斯（Charles Fox）——他“没有剪头发，但他停止了使用发粉”。为此，这份与激进分子共情的报纸宣称，“他们是我们的榜样，国家要感谢他们”。[35]

虽然有人拿剪短发的人开玩笑——他们玩弄文字游戏，把剪掉“尾巴”（就如通常所说的辫子）比作一种阉割行为；也有人嘲笑留短发的人用煤灰而不是发粉来把头发染成黑色，但政治变革的支持者还是愿意拥护短发的时尚。实际上，他们拥护的是短发的政治潜力，并试图利用它。《慈善家》（*The Philanthropist*）曾描述了一个引人注目的案例。这本小册子由思想激进的出版商丹尼尔·伊萨克·伊顿（Daniel Isaac Eaton，1753—1814）发行，每周发行一册。1796年1月18日发行的一本小册子中包括一首名为《共和党的短发》的歌曲，其开场歌词宣称短发不仅体现男子气概，而且看起来很自然、很高尚，巧妙地呼应了波林（Pauline）反对男性长发的措辞，而17世纪的卫道士威廉·普林也曾反复用过这样的措辞。[36] 这首歌还大胆地描绘了政治自由的历史谱系——从雅典英雄到爱好自由的罗马人：“每个布

图 5-13　1795 年的《一时兴起，贝德福德剪去了头发！！》（*The Whims of the Moment or the Bedford Level!!*）描绘，贵族贝德福德公爵剪掉了他的长发或者说长发的尾巴，画中右边那位有抱负的乡下工人也剪了。尽管画中的工人穿着老式的马裤，而公爵穿着新式的马裤，但公爵的背心和工人的长袜上的条纹遥相呼应，暗示了他们之间的差异从视觉上已经被成功地填平了。这幅画的标题还用双关的手法提及了贝德福德公爵的祖父——第四世公爵的成就，他曾因负责排干一大片沼泽地的洪水而被称为贝德福德·填平（Bedford Level）。

鲁图斯，每个卡托，都不是纨绔子弟，但他们都留着共和党式的短发。”歌曲的第二节把焦点转向法国，描绘了短发者对专制的长发暴君的革命胜利，然后由一段对美国内战的回顾，谈到了英国内战。歌词委婉地描述了反抗查理一世的圆头党运动以及他最终被处决的过程，并以隐晦的方式巧妙地融入了一丝煽动性：

在英格兰骄傲的日子里，不再有长长的头发，
我料想只有在卑鄙小流氓的头上才会出现，
贵族随后宣布与自由为敌，
企图用暴政将我们束缚起来。
为了废除邪恶的奴隶制度，和维护我们的权利，
剪着短发的头颅勇敢昂起，制服了暴君。
他们捉住了暴君，但他又逃了出去。
为了断绝他的所有阴谋，他们砍掉了他的脑袋。

这首歌的最后一节歌词就像是一种行动的号角，它将社会的分裂变成一个关乎容貌的问题——宣扬只要剪短头发，就能迎接一个全新的乌托邦世界的到来：

英国同胞，剪掉你的头发，你一定会取得胜利，
因为留着短发的人们在暴起袭击，只有奴隶才留着尾巴那样的长发，
你的祖先头顶短发时，
他们英勇奋战，他们光荣地流下鲜血。
为了平等的法律和人类的自由，
你难道要屈服，要背叛祖先们的理想吗？
紧跟祖先们的步伐，不要再当花花公子，
你们伟大的汉普登、弥尔顿、西德尼，他们都留着短发。

这首歌的最后一行歌词最为有趣，也最为大胆。这 3 个人都是 17 世纪的重要人物，对后来的英国、法国和美国的政治激进主义和改革运动都有很大的影响。[37] 约翰·弥尔顿（John Milton，1608—1674）不仅以他的诗歌而

著称，还以他的辩驳性著作而闻名。在他去世后，他的著作确立了他的共和党身份，并被纳入辉格党的阵营。阿尔杰农·西德尼（Algernon Sidney，1623—1683）同样是宪法改革的奠基人，他因政治理论和武装抵抗思想被以叛国罪处决，不过他的助手约翰·汉普登（John Hampden，1653—1696）将他救了下来。这3位大力倡导改变特权与权利不平等的人，在这里被选为短发的代表人物。但实际上，在现实生活中，他们都留着长发，这很符合他们当时的时尚。西德尼的肖像描绘了他的贵族形象，浓密的卷发自然下垂并披在肩膀上（图5-14）。在晚年生活中，汉普登被描述为“关注穿着和打扮的美男”，也就是说，他穿着正式、精致的服装，用着发粉。[38]然而，在这里，这个事实却被故意遗忘了，或者说被纳入了一个更宏大的真理范畴。“短发”时尚成功地突破了容貌的视觉局限，但取而代之的是，它又被赋予了与容貌毫无关系的众多内涵与信念。因此，这3个长发的激进主义者在这里是一种隐喻意义上的短发者，他们被纳入一个虽然虚假但鼓舞人心的阵营，通过视觉符号和外在容貌共同作战。

尽管（或者说可能由于）短发被政治化了，但到了18世纪90年代中期，短发的时尚潮流对男女来说都是势不可挡的：打着发粉的长发时代已经过去了，剪短发才是如今的时尚。含蓄的评论文章——哪怕是中立的时尚报道——越来越少。因此，在1795年，发粉的坚定捍卫者——发粉制造商约翰·哈特（John Hart）就不得不承认，即使在征税之前，上层阶级男女使用发粉的频率也已经变得越来越低，并且他们开始偏爱外观简单的造型，这一观察与索姆·詹尼斯和纳撒尼尔·瓦克索尔（Nathaniel Wraxall）的发现不谋而合。[39]阿米库斯·克罗普（Amicus Crop）1796年1月给《泰晤士报》写了一封信，不仅宣扬了这种时尚，而且还通过将其与个人道德改革联系起来，把短发带入了一个新的发展阶段——这里说的个人道德改革指的是一种

图 5-14 长发的“短发者”，阿尔杰农·西德尼。

新年决心："我已经开始了新的一年……我要坚决铲除我自己的恶习，代之以播下和呵护美德的种子。"[40] 到 1797 年，地方报纸已向女性读者介绍了这一时尚的转变，让诺福克的女士们了解到，即使是穿正式礼服，也要剪短头发。[41] 尽管在 19 世纪，社会文化更多关注女性头发的丰盈程度，但在 19 世纪最初的几年中，人们一直很热衷于朴素的风格："（长发）太不方便了……例如，我们还需要用油腻的猪油和最优质的面粉涂抹它。"[42] 正如《女士月刊博物馆》（*the Lady's Monthly Museum*）于 1801 年所宣布的那样，"女士们普遍已经不再使用发粉"[43]。至于男人，到 1799 年，18 世纪的流行时尚开始发生转变，广告中不再把假发作为一种装饰，而仅仅把它作为弥补头发不足的工具。它们的外观自然，而且不需要扑粉的事实被大肆宣传。"天然假短发"的上市可以说是一场革命：人们不再制作看起来像假发的长发，反过来现在要让假发看起来像真正的短发一样。[44]（图 5-15 和图 5-16）

因此，短发的最终胜利很快就到来了，而且对于男人来说，这场胜利也被证明是极其持久的。尽管意识形态斗争的双方都曾利用过短发，但这也掩盖了它早期的外观特点，以及它的巨大价值——在漫长但不可阻挡的历史潮流中，正是短发时尚推动了服饰形式向更简洁的方向转变，也正是短发时尚促进了容貌观念的民主化转向。事后来看，随着社会结构的变化，短发时尚总会出现，但是正是社会对发粉税的公愤，为短发的发展添加了额外的助力。不过，还有一个问题：为什么皮特要成为第一个征收发粉税的人？他必然知道有一些人已经开始剪短头发，而且人们使用发粉的机会越来越少，使用发粉的数量也越来越少。关于为什么皮特要选择依靠这样一个不确定的来源来获得收入，正如福克斯在议会中所说："因为他依赖于今天的时尚，这个时尚建立在光滑的基础上。"[45] 在 10 年前的 1785 年，萨里勋爵（Lord Surrey）曾提议对发粉征税，以此替代皮特提议的对女佣征税，皮特对此表

图 5-15 和图 5-16

舒洛克家族（the Shurlock family）的肖像画，1801 年。罗伯特（Robert）和亨丽埃塔·舒洛克（Henrietta Shurlock）都留着时髦的短发，一点儿发粉都没有用。毫无疑问，18 世纪用发粉装饰头发和假发的时尚如今已经过时了。

示了反对，这一事实让这件事变得更加令人费解了。事实上，他当时列举的一些很有说服力的反对理由，后来都被用来支持他提出的发粉税提案。他说，萨里的方案是“实验性的和不确定的”，其产生的收入也将是不可靠的。而且，这项政策很难执行，皮特因此还意识到这种政策“主要取决于告密者的揭发，这可不是一种收取罚款的体面方式，因为这些告密者最为公众所憎恶”。他甚至进一步指出，如今发粉已经广泛使用，比起针对那些使用发粉的大部分人群收税，反倒是关注那些不使用发粉的人要容易得多。这一点引出了他的下一个反对理由，那就是，这是一种人头税，最终会落在那些买不起发粉的人头上，这对他们不公平。[46] 皮特所说的这种人头税具有很强烈的意识形态偏见，这一点在 10 年后被反过来用来控诉皮特。

10 年后，皮特颁布了发粉税，这真是令人难以置信。与 10 年前相比，发粉税很难为民众所接受，其收入不确定的事实并没有发生任何改变。而且，到 1795 年，使用发粉的习惯已经开始消退。此时再提出来征收发粉税增加收入，实则与 10 年前相比更加不切实际。后来发生的事情似乎也不可避免：1795 年，皮特刻意利用短发人士的反抗情绪来公开寻求他们的支持。这一点做得十分隐晦，他以幽默的方式，看似不经意地提出饱含争议的发粉税。他还说，如果整个执政和税收事务不是如此严肃，这将是一个“众议院几乎不会严肃地听取”的问题。此外，这项措施“也适用于众议院的每个成员”。[47] 也许，当皮特环顾下议院的席位时，会看到成排的男士披散着涂有发粉的长发；他故意让他的国会议员同僚们也要支付这几先令的税，他似乎在通过这种方式画了一条“我们与他们”之间的分界线（图 5-17）。在这场无声的较量中，一方是任性的年轻人和他们不用发粉的短发，另一方是正式着装和老式礼仪代表的旧价值观。当然，他一定希望人们能够立即做出抉择，他也一定寄希望于大多数公众的愿望，通过他们对旧的发粉时尚的支持

图 5-17　这幅名为《下议院 1793—1794 年的房子》(*The House of Commons 1793—1794*)的画作，正好呈现了皮特站起来提出预算方案并提议开征发粉税时，眼前所呈现的画面。长凳上到处都是穿着保守的男人，他们的头发和假发都是白色的。

来避免自己的声名狼藉。进一步讲，如果人们能够接受发粉税，继续维护发粉传统，那就相当于默认了他更宏大的政策。从这一点来看，发粉税更像是一块微不足道的探路石。但是皮特算错了，那些鼓吹黑色短发是自由象征的激进声音也算错了。因为短发很快成为霸权式的规范，而且在近两百年的时间里一直没有受到实质的挑战。我们接下来讨论的重点将转向另一种对抗。

-79

第六章

社会挑战：长短的较量

青年革命

我接受中学教育的学校位于新西兰坎特伯雷平原的开阔天空之下。坎特伯雷乡村西临南阿尔卑斯山，东临太平洋。20 世纪 70 年代，坎特伯雷与世隔绝，欧洲的学生抗议活动、伦敦的时尚变化和美国国内反对对越战争的示威活动与这里相距甚远。然而，青年叛乱的涟漪最终还是在全球范围内蔓延开来，甚至抵达了这所规模不大的乡村学校。1973 年，当我的弟弟入学时，男孩都被强制留短发：脖子后面后脑勺那里的头发不允许挨到衣领。到 4 年后我开始任教时，一位更开明的新校长上任了。随后着装要求的众多规定都被放松了，男孩现在被允许选择自己的头发长度。一位大四学生甚至留着胡须，这使他看起来更像是一名工作人员。与前两章探讨的其他情况不同，这一章研究的历史冲突（甚至发生在新西兰农村地区）是长发引起的。20 世纪 60 年代的青年革命颠覆了前一个历史潮流，并通过留长发向社会和政治发起了挑战，公然违背要求脑后和两侧必须留短发的规定，一时间留长发成为大范围文化反抗的视觉标志。

故事始于 1963 年，4 个来自利物浦的头发蓬乱的年轻人（披头士乐队成员）突然进入了公众的视野（图 6–1）。披头士乐队的第一首单曲已于几个月前发行，并于 4 月在国家电视台播出。这是一个决定性时刻，他们的出现不仅改变了英国，而且改变了世界。到第二年，他们的迅速崛起成为英国人这一时代的灵魂。在 1964 年 12 月的一篇回顾文章中，《每日镜报》（*Daily Mirror*）试图分析“默西河畔那些头发乱糟糟的家伙是如何成为这个时代的娱乐现象的”：因为他们的存在，整个社会都开始重新自我定义，都忙于将他们打造成社会偶像。[1] 关于披头士乐队的各种评论开始涌现——既有报纸上关于他们的专栏文章，也有粉丝们的狂热崇拜，还有当权者的恶意攻击——这些早期最常见的评论大多针对的是他们的头发。似乎一提到披头士乐队，

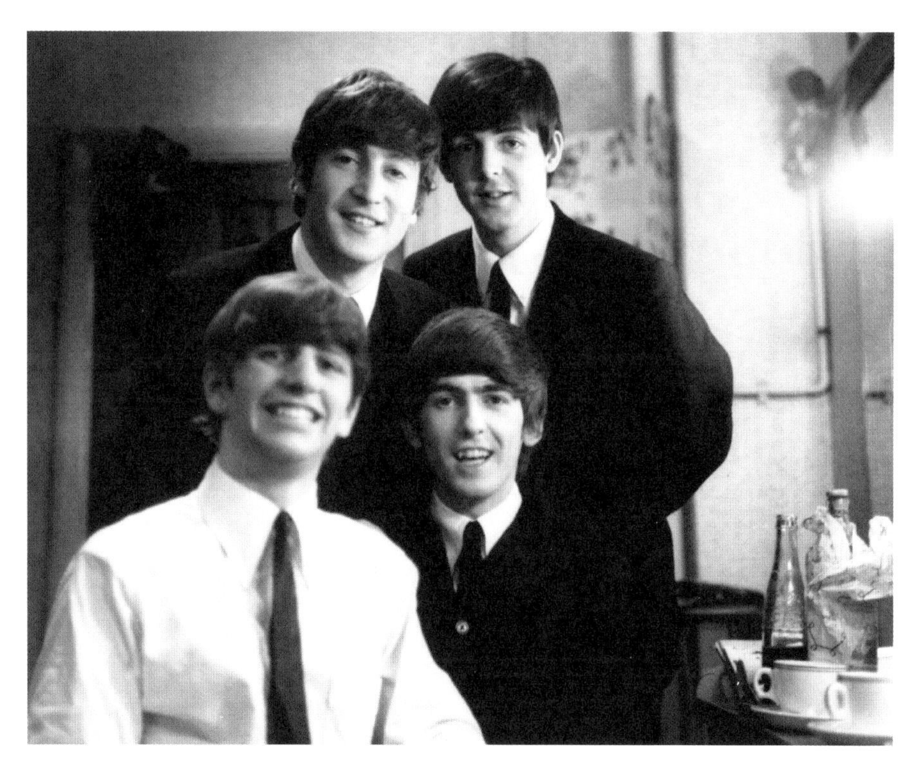

图 6–1 1963 年，披头士乐队（Beatles）进入公众视野。图中为伦敦阿斯图里亚斯剧院的后台。

人们就会联想到他们的拖把头：他们的音乐传奇与他们的外表密不可分。例如，在 1964 年 5 月，美国人汤姆·沃尔夫（Tom Wolfe）写了一篇关于披头士成员之一约翰·列侬（John Lennon）的文章，在标题中就提问道："眉毛上面全是头发？"而在 3 个月前，记者保罗·约翰逊（Paul Johnson）为《新政治家》（*New Statesman*）撰写了文章，名为"披头士主义的危害"，甚至声称"女王对林戈的头发长度表示担忧"。[2]

就像维特效应（Werther Effect）所描述的风格模仿行为一样，跟风模仿他们发型的行为无处不在。全国各地的青少年男性都开始模仿流行乐团的超级明星，模仿对象主要是披头士乐队，当然也有比披头士看起来样子更加乱糟糟的同行滚石乐队。小学生、大学生、学徒和工人们都不再去理发店，而是焦虑地从镜子中检视自己的发型。有 3 点值得一提。首先是参与其中的大多数都是年轻人。18 世纪 90 年代共和党式短发运动总是和年轻人联系在一起，而非守旧派，参与这次运动的更加年轻，代表人群是还穿着宽松校服、涉世未深的十几岁青年小伙子。青年革命确实是关于年轻人的革命。

第二点是最让人惊讶的，因为 20 世纪 60 年代初这些青年们所推崇的“长”发事实上并没有那么长。在现代人眼中，这时似乎是历史上体面礼仪规范发展的顶峰，因此很难想象当时大多数人面临他们所维护的传统秩序受到威胁时，究竟是什么感觉。此时年轻人相对而言是处于从属位置，他们的“长”头发被视为叛逆的象征，很快便与处于权威地位的上一代人产生了冲突。因此，1963 年 10 月，达林顿一所语法学校的校长查尔斯·霍尔（Charles Hall）规定学生必须剪短头发，学生极不情愿。他在规定中是这么说的：“着装要求是我们学校教育的重要组成部分。我们绝对不会因为现在的狂热潮流降低我们的要求，披头士也罢，其他潮流也罢，都不可以。所以我要求学校的男孩们保持头发整洁。”[3] 次年 6 月，卡莱尔一所现代中学的教工更加夸张，他们强行剪短了 15 名男学生的头发。这些男孩年龄在 13 岁至 15 岁，他们之前就被警告过，用副校长的话来说，他们的头发“太长了”，如果他们自己不剪，那么就会在学校被剪掉。副校长说到做到，仅仅一个月后，学校就招聘了一个以前曾给年轻士兵理发的理发师，并且丝毫没有征求学生的同意，就让他们排队去接受理发师的修理（图 6-2）。[4] 同样是在 1963 年，汉姆斯鲍瓦克号航空母舰（HMS Bulwark）的指挥官发表了一番讲话：“我震惊地注意到，越来越多的船员受到他们当中年轻同伴的影响，开始剪一些奇怪的发型，我认为这主要受到披头士乐队的影响。”指挥官的

图 6–2　1964 年，卡莱尔中学的一名学生，他按照校长的命令把头发剪短。节选自《每日镜报》的报道。

讲话以一句命令结束——“立即剪掉你们的‘披头’！”尽管这位官员坚称他本人并不反对披头士乐队——他还说他承认乐队成员都可能是很好的年轻人——“但是他们的发型却没有什么好的”。[5] 事实上，当涉及头发长度的问题时，重要的是要意识到他所针对的只是极少数几个年轻人——“四到五个”，因为他们把头发往额前梳出了一个刘海。正是这个刘海害了他们。

值得一提的第三点是，这一时尚挑战了民粹主义本质。这不是由富人和精英阶层领导的变革，而是一种从基层向上发散传播的新时尚，因此它对稳定的社会秩序更具威胁。这一时尚被那几个利物浦男孩发扬光大，进而被工薪阶层和乡村少年疯狂模仿。它向所谓的下层受惠论竖起了中指，以这种放肆的方式宣告了独立。

它触及了反对长发人士的诸多敏感点。它被解读为个人和集体的道德标准的降低，并且上述高级中学教师和海军军官的言行都表明，这种解读伴随着一种深深的担忧——如果不强行掐灭它，它的传染性将极为可怕。此外，男孩留长发不仅被认为是肮脏和不整洁的，而且从社会由来已久的女性化标准和性别混淆论来看，也会让男孩们看起来更像女孩。用一位报纸专栏作家的话说：

> 在英国——那个亲爱的古老的英国，只要头发超过两英寸就会引发众怒。父亲们禁止长发儿子进餐，酒馆老板们禁止长发学生进入酒馆，校长们禁止长发学生入学。[6]

然而，并非所有人都反对这种造型。早在1964年，全国理发师联合会主席就凭借他精明的商业头脑发出倡议，建议理发师们不要拒绝为想留长发的年轻人服务，只要把头发修剪整齐就行。为了弥补留长发导致剪发次数减少而造成的经济损失，联合会决定对长发男子收取比短发男子更高的理发费用。[7]另一些人对街头风格和亚文化的未来发展则更有先见之明，他们认为长发是一个充满活力的社会最显著的标志，它将给现代世界带来很多不一样的东西。“拖把头，默西塞德郡的咆哮文化和流行音乐”，已经激发了全世界的关注和热情：

> 尽管英国既有历史悠久的城堡也有公众游行的传统，但我们仍然被世人说成是一个老气横秋的国家，一个挣扎着想要变得现代化一点儿的国家。但如果英国被允许以这种形象出现在世界面前，那么我们就会被或者将会被世人视为一个真正年轻的国家。[8]

在我们追溯披头士及其发型对现代世界的影响之前，还有一点值得一提。那就是，虽然这次社会冲突是由男孩的长发引起，但女孩也参与了这场关于时尚政治的青年运动。女孩们抛弃了20世纪50年代那种往脑后梳的蓬松发型，也开始留长发（图6-3）。正如《时代》记者在1967年所写的那

图 6-3 1967 年，伦敦卡纳比街上的两位年轻女士留着最新款的长直发。

样，处在动荡社会的伦敦这一代人注定会成为人们不可磨灭的回忆，“因为近 50 年以来，直到这一代人，女孩们才第一次能够自己决定自己的发型”。为佐证文章观点，这位记者采访了一位 18 岁的艺术系学生格达·麦克唐纳（Gerda Macdonald），她的头发有近一码长（0.9 米）。格达之所以会留长发，是因为她听说披头士的某位乐队成员喜欢长头发的女孩。格达强调这是她自律的体现。这并不意味着女孩们不再需要定期去理发店，而是换了一种方式接受理发师的护理服务：每周用护发素洗一次头发，花一小时吹干头发，用洗发水洗好几次头发，染一下头发，每晚用梳子梳一百下头发。[9] 这其中蕴含的信息已经足够明确。对于男孩来说，他们的长发松散而蓬乱，破坏了男子气概的传统价值观，违背了男性的性别表征；但对于女孩而言，则可能恰恰相反：长发既是彰显女性魅力的至高荣耀，又是彰显个人自律的绝佳手段。

在英国，20 世纪 60 年代的长发运动鼓动了不同言论，引发了社会不安，还激发了与当权阶层的冲突。但是这一运动在美国造成的影响要深刻得多。美国的中产阶级既缺乏表达异议的传统，也缺乏对怪异现象的容忍，他们的社会更多是建立在深厚而谨慎的保守主义基础之上。美国刚刚经历了麦卡锡时代的压迫，麦卡锡主义不仅对不同政见人士进行迫害，还神经质式地发明了一种论调，认为但凡人们内心有颠覆政治体系的意图，那么外在一定会有所表现。在这种背景下，长发必然是一种异常刺眼的标记，仿佛在告诉别人自己有着与众不同的个人和政治意识形态。布鲁斯·斯普林斯汀（Bruce Springsteen）在 2016 年的一次采访中，描述了披头士乐队的影响，他们于 1964 年登上埃德·沙利文秀（Ed Sullivan Show）舞台并迅速走进了美国人的内心。斯普林斯汀指出，在他的音乐生涯和事业旅程开始之初，他就意识到，透过外表的不同，他可以“从外形上就意识到自己的与众不同，从而发展出自己全新的价值观”。他解释说，尽管从今天的角度来看，披头士乐队的发型看起来很保守，但他们第一张唱片的封面照在当时“犯了众怒”：

> 他们会问，我在想你是不是“同性恋”，你知道吗？你知道吗？你知道吗？当我的头发留到一英寸长时，我父亲就是这样问我的，你知道的，很显然他不是在开玩笑。当时这是很难解释的事情，但留长发立刻就让你成了一个充满危险的精英团体的一员。当你看到这个团体的其他成员都留着跟你一样的发型时，他们马上就会成为你最铁的兄弟。它实在是太、太……太过强大了。留长发在当时是一种非常有力的声明，而且需要鼓起很大的勇气才能做到，因为有太多人觉得你所选择的时尚给他们造成了莫大的威胁。然后，他们还会直接告诉你这一点。

斯普林斯汀说，人们所感受到的这种威胁是如此之深，以至于有些医生都会拒绝给你看病，“仅仅是因为——你的头发太长——觉得你太疯狂了”。他曾在一次严重的摩托车事故中头部受伤，这次事故中，他发现他不仅因为头发的长度而成为笑柄，甚至一些医生还拒绝对他进行后续治疗。他父亲的第一反应是打电话叫来了一位理发师。斯普林斯汀回想起当时的情景忍不住大笑：“你知道当时发生了什么吗？哈哈哈哈，我当时大声尖叫，高喊着‘杀人啦！杀人啦！’”[10]

相比之下，其他年轻人的反应可不只是尖声大叫“杀人啦”。尽管美国社会在行为规范上比英国要求更为严格，但人们捍卫个人权利时往往行动更为迅速，也更喜欢诉诸法律。与此相关的是，美国学校缺乏使用统一校服的传统；而在英国，孩子及其父母是没有发言权的，无论是否情愿，他们都不得不遵从这个传统，而且不得不让个人外观屈从于集体意志，从而得到更广泛的群体身份认同。因此，英国的男学生在被迫剪短头发时最多只是抱怨一下（他们的父母有时可能也是如此），但在美国，一些学生和家长公然提起了诉讼。在1965年至1975年的十年间，针对强迫剪短发的高中校规，“数量惊人的学生和家长”向法院寻求正义，他们不仅仅向州司法机关提起诉讼，而且还告到了联邦法院。有超过100起关于短发的起诉案件在州法院听证会上败诉，之后被继续提请至联邦上诉法院。还有9名顽强的男学生诉讼人，甚至向美国最高司法机关——美国联邦最高法院提出上诉。[11] 相比之下，在我们新西兰乡村高中，我的弟弟和他的同学的抱怨和服从就显得温和至极了。

长发时尚的反对者也提出了与大西洋彼岸的那位海军军官一样的论调，而且对长发表现出更为强烈的厌恶和愤怒：“留长发的人在身体护理上草率懒散，在道德要求上松弛马虎，而且还混淆了性别的特征。”长发的的确确威胁到了社会的稳定，留长发的人都被视为反社会分子，这些留长发的人把他们的体面丢在了理发店门口。对长发的担忧加剧的原因之一在于，它所蔑视和违反的价值被认为是美国特有的传统价值观。这意味着，不管留长发的动机是什么，它的出现都被认为是严重而恶劣的叛国行为。对于反对长发的人来说，这种风尚故意推翻了美国立国之本的信仰和规范基础。如此一来，产生冲突的风险陡增，二者之间的分歧显而易见：一端是短发所代表的体面和秩序，另一端是道德上的败坏和混乱。威斯康星州一所小学校的校长表示，他支持关于头发的校规。他说：“每当长发青年出现，这个人要么正在制造骚乱，要么在试图犯罪作恶，要么是一名吸毒者，或者在做类似的不光彩事情。”他认为，长发“不符合美国价值观”，而且“它就像是一种邪恶的化身，让我们觉得它随时在准备着破坏我们——信仰上帝的美国公民所努力建设的一切”。[12]

长发的反对者对其极端妖魔化，它的支持者反过来对其极端理想化，在这种背景下，男士的长发变成了一种蕴含广泛政治影响的符号。随着时间的推移，青年留的头发越来越长。作为一种“勋章”，长发可以代表任何与既有社会结构、信仰和政治意识形态背道而驰的事物。这枚“勋章”被钉在了不断高涨的反越战抗议活动上，也见证了青年民众对既有公民身份判断标准的质疑和否定（图 6-4）。1967 年的“爱之夏”运动让长发更广为人知，也因此导致长发被美国社会视为阻碍社会正常运行的标志——不过反过来看，也可以说长发见证了一个乌托邦时代的到来。长期以来，长度不受约束的头发意味着青年人的自治权，意味着言论、性和毒品的自由，意味着反抗规范、拥抱自然，意味着拒绝爱国战争、拒绝资本主义。头发在这方面的象征符号

图 6-4　嬉皮士和武装警卫队，加利福尼亚州伯克利人民公园，1969 年：冲突胜于出场。

图 6-5 1967 年，底特律的百丽岛公园，一位长发嬉皮士在底特律第一届嬉皮士爱情聚会上，项戴珠链，手拿铃铛，表达对美国传统价值观的摒弃。

作用似乎再怎么高估都不为过：留长发意味着“走出主流文化的牢笼”（图6–5）。[13]

所有这一切运动的高潮是《头发》舞台音乐剧的举办以及同名电影的上映。音乐剧及电影吸引了全球数以百万计的观众，简简单单一个单词的标题，就涵盖了它想传达的道德立场和对传统的挑战。首演两年后，约翰·列侬（John Lennon）和小野洋子开展了一系列床上和平运动，以此表达他们和平的“毛发抗议”。从庆祝蜜月开始，他们就利用媒体的狂热，公开露面：他们躺在床上，披散着长发。记者和摄影师受邀前来，并向全世界分享传播了这幅画面——画面中，他们快乐地斜靠在枕头上，身后的窗户上贴着两张大字报，上面写着“头发和平”（HAIR PEACE）和“床上和平”（BED PEACE）（图6–6）。“列侬倡导以象征的方式开展政治运动。对他来说，留长发象征着对传统生活方式的拒绝，这是革命性的行为。”[14] 在当时的一次采访中，列侬明确表示：“我们所做的只是一种象征性的呼吁，而不是鼓动大家破门进入一家商店，逢人便说，行动起来，留长发吧。”[15]

在将近半个世纪之后，让我最为震撼的是这一反主流文化运动的参与者们天真的信仰。他们大多数都真切地相信，他们的头发样式至关重要、意义非凡，并且认为这能够帮助改变世界。基思·卡拉丹（Keith Carradine）曾表示，他后来的表演生涯正是起源于他出演百老汇《头发》音乐剧：“头发很重要啊。头发当然很重要。你知道，头发是我们统一制服的一部分，也是我们宣言的一部分。……我们试图展示一个乌托邦式的理念。”[16] 具有讽刺意味的是，《头发》音乐剧和电影在商业上所取得的极大成功，是反主流文化运动迅速被适应性极强和极度贪婪的霸权文化所融合和利用的标志。正如迪克·赫布迪格（Dick Hebdige）所言，亚文化的发展进程是一个不可避免的循环：挑战，扩散，然后融合。伴随时尚风格的商品化进程，创新性的

图 6-6　列侬和小野洋子 1969 年在阿姆斯特丹希尔顿酒店举行蜜月床上和平活动。

亚文化会被迫偏离它原来的轨道，随后被大批量地生产，社会开始广为接受，表达认可，并从中获利。[17]在英国，主流文化对长发时尚社会影响力的刻意侵占要早于美国。早在1969年，就在列侬和小野洋子开展第一次床上和平运动的前一个月，《每日镜报》的专栏作家宣称：

> 不幸的是，与所有社会抵抗运动一样，长发开始变得司空见惯，不再特别，现在甚至还变成一种体面的仪态。法官、政府主管官员、银行经理——这些我们社会的重要支柱，都开始留着长长的鬓角，还任由长发卷曲在他们的衣领上。[18]

仅仅一年后，社会理想幻灭的约翰·列侬也说了同样的话。当被问及披

图 6-7 1970年左右，伦敦街景：朋克时代的莫西干式发型和钉子头发型。

头士乐队对英国历史的影响时，他嘲讽道：

> 那些掌权的人，那个阶级体制，还有整个胡说八道的资产阶级一点儿都没改变，除了很多中产阶级的小孩开始留起长发……一切都一样，只是我30岁了，很多人开始留长发，仅此而已。[19]

因此，到1977年，就连位于我的家乡新西兰的学校，男孩们都不再因违反着装要求而受到纪律处分，学生和老师都留着很蓬松的发型。然而，当这种长发被纳入主流文化后，朋克和光头党时尚又蓄势待发了。穿着马丁靴，别着大别针，留着极具挑衅意味的发型——这种新的亚文化开始向主流文化发起挑战（图6-7）。

波波头的争议

1922年7月上旬，纽约速记员露丝·埃文斯（Ruth Evans）剪掉了她的一头浓密齐腰长发。两周后，她回到位于布鲁克林的住所，写了三封遗书，然后打开煤气阀，穿戴整齐地躺在床上。她的死讯不仅在纽约媒体上有报道，离布鲁克林800英里外的《芝加哥太阳报》也对其进行了报道。埃文斯小姐在遗书中并没有说明她为什么会自杀，但这两篇报道都将其死因归为她的波波头式短发。一篇报道标题为"女孩剪了波波头，后悔并自杀"。另一篇报道标题则说："女孩剪成波波头，伤心欲绝而自杀"。[20]露丝并非这个时代唯一因波波头发型而导致自杀的女性。据说，美国和英国还有其他一些年轻女性，因对自己理发的结果感到失望，于是选择用煤气自杀或投水自杀。有一个案例略有不同：在维也纳，一位中年妇女与离婚的丈夫准备复合，但丈夫看到她新剪的短发，拒绝了复合，这位妇女绝望地从窗户上跳了下去。

1926年，一位住在维甘市的18岁女孩简·沃克（Jane Walker）不幸溺水身亡，而《曼彻斯特卫报》对验尸官关于死因调查结果的报道，与上文提及的报道大同小异。报道称，法院获知，简把她“美丽的头发”剪成波波头样式后，遭到了愤怒的父亲的攻击。自杀当天，虽然简的精神状态显然看起来还不错，但她还是毅然决然跳进了利兹和利物浦运河，3小时后她的尸体被打捞上岸。[21]

自杀不仅仅发生在那些被剪掉头发的人身上。据报道，一名六十多岁的波兰妇女看到她的女儿头发被剪成波波头时，吞下毒药自杀。一位住在俄亥俄州乡村的老师服毒自杀，被发现死在学校的地板上，只因他的妻子不顾他的反对执意要剪波波头，后来妻子也自杀了。在法国，一名神职人员在教堂最大的钟上上吊自杀，因为女儿违背他的意愿剪了波波头。可怕之处在于，人们做礼拜时听到钟的响声有些怪异，查找原因时才发现看守人吊死在钟锤上。[22] 媒体还报道了多起因为不被允许剪时尚发型而选择自杀的事件。14岁的露丝·霍恩贝克（Ruth Hornbaker）就是其中之一，她请求学校允许自己剪波波头，但遭到拒绝，还被人嘲笑。1926年，来自新泽西州的安娜贝尔·刘易斯（Annabelle Lewis）开枪自杀，《纽约时报》报道称，安娜贝尔虽然已经剪了波波头，但她到美发店修剪的预约却被推迟，她对此感到很失望。报道用的标题是：“因波波头的修剪被推迟，15岁女孩结束了自己的生命。”[23]

透过20世纪20年代的这些报道可以看到，年轻女性以及她们的母亲、父亲和丈夫，都因为波波头而爆发强烈的情感。无论是在欧洲、英国还是美国，不愿意屈就妥协的双方都陷入了极大的痛苦之中，最终都沦为绝望的牺牲品。当然，实际上，由剪发带来的愤怒或悲伤，其本身并不足以解释当事人自杀的原因。在上述所有这些案例中，剪发导致自杀这种说法也都是没有根据的。在每个案例中，都有一个比剪发更有力的根本原因。上文提及的那位验尸官针对 1925 年普雷斯顿（Preston）22 岁女性溺水事件发表了自己的看法："他从未听说过，一个女孩会因为对头发问题的忧虑而产生自杀的念头。"[24] 事实上，重点不在于究竟是不是波波头导致了自杀，相反，重点在于人们对这些自杀事件的第一反应竟然都是——这是波波头造成的。为何当时的媒体在报道时会使用这样的表达？为何把一种发型与自杀悲剧联系起来会被认为是可信的，或者说，即便不可信，这样报道也具有相当的新闻价值？波波头以这样一种戏剧性的方式走入了 20 世纪 20 年代。[25] 接下来，本章将探讨这种现象是如何发生的，以及它产生了哪些影响。

起 源

波波头最早出现在爵士时代之前，而现在我们一般认为二者之间具有关联。它最初是专为儿童设计的男女皆宜的发型，但很快就被一些大胆而放荡不羁的女性采用。与其他关于头发的历史案例明显不同的是，波波头的发型风格为女性所独有。尽管 18 世纪 90 年代的短发时尚和 20 世纪 60 年代的长发时尚也影响了女性，但这两种时尚对主流文化的挑战主要由男性发起。随着波波头的出现，寻求自我表达的政治对抗性完全体现在了女性身上。著名博物学家查尔斯·达尔文（Charles Darwin）的儿媳埃伦·达尔文（Ellen Darwin）是早期留波波头的女性之一。在埃伦的侄女眼中，她既现代又高雅，喜欢抽烟，还大胆地"把一头浓密的黑发剪成短发"。[26] 埃伦于 1903 年英年早逝，她的时尚选择不同常规，大胆奔放，这让她成为全新阐释女性气质的先锋人物。在埃伦之后不久，出现了一些非常高调的短发爱好者，其中就有法国女星夏娃·拉瓦尔利埃（Eve Lavallière）。1911 年，45 岁的夏娃因角色需要，扮演一位 18 岁的少女，一位知名美发师帮她剪了一个波波头。[27] 另一位高调人士是美国舞者艾琳·卡斯特（Irene Castle），她被认为是将这种发型引入美国的人。就像波波头的起源让人们感到神秘莫测一样，艾琳究竟什么时候开始以及为何会剪这种短发造型，人们众说纷纭。[28]然而，从一开始，波波头就与青春、前卫和活力画上了等号，因为它最初就是为儿童设计，也与女性潮流引领者留着波波头息息相关。在一战之前，就已经有一些高档女士时装表现出对这种风格的青睐。十年后，这种风格得到了充分发展，时装插图显示，一些戴着头巾的女士或模特那时就已经开始留着短短的卷发了（图 6-8）。透过一些插画还可以看到，一些女士的短发整整齐齐

图 6-8　一战之前极具预见性的时尚发型。这幅 1913 年的时尚插图显示，这种新发型的显著特征是用头巾让头发整齐地贴伏在头上。

地紧贴在头上，甚至让人分不出来性别——这种现代性的发型体现了装饰艺术美学的影响。

这种变化与19世纪的女性发型时尚和女性气质特征反差极大。爱德华七世时期以身材微胖、庄严高贵为美，如今这种审美已经一去不复返，取而代之的是以身材娇小、青春活力为美；女性的头发也不再被堆成夸张华丽的造型，而是被剪得短短的，卷曲着紧贴于头皮（图6–9和图6–10）。维多利亚时期和爱德华七世时期，女性对头发装饰热情高涨，热衷于在头发上搭配各种织发、发圈和发饰，各种头发装饰品类如此之多，弥补了头发原本存在的种种缺憾。这一代人后来将这一时期称为“头发意识觉醒的时代”。格温·拉维拉特（Gwen Raverat，1885—1957）曾写道：“在20世纪，女士们不得不用发夹把头发高高隆起，太难看了。”维奥莱特·哈迪（Violet Hardy）夫人也曾回忆说，那时时髦的“金字塔状的头发造型很普遍，如果头发立不起来，人们就会用发垫把头发撑起来，这使得整个头看起来大得出奇。”幸运的是，哈迪夫人和她的妹妹都拥有一头浓密而丰盈的秀发，她们无需也拒绝使用这些工具。但当她们去拜访朋友时，却“惊奇地发现‘不幸’的朋友们留着这种发型，每当她们梳理头发，起支撑作用的假发和发垫就会掉一地。”[29] 与这种彰显发量丰盈的发型相比，把头发剪短便显得革命意味十足。

而第一次世界大战的来临，为实用又好打理的短发开始流行创造了条件。对于那时的女性而言，无论是从事原本属于男性的工作还是照顾伤员，或者仅仅只是处理战乱中的其他一些紧急情况，淡化自己的女性特征似乎成为一种正确的选择。辛西娅·阿斯奎斯（图2–16）的战争日记就记录了那时人们这种态度和期望上的变化。1915年，当她的嫂子把头发剪短时，她在日记中写道：“这种发型看起来挺适合她，好像也适合其他任何人，但

图 6-9　卡米尔·克利福德（Camille Clifford，1885—1971），约拍摄于 1905 年，她的妖冶身材和一头浓密而向上盘曲的长发使她成为爱德华七世时期的著名美女。克利福德被称为吉布森女孩（Gibson Girl），她是查尔斯·达纳·吉布森（Charles Dana Gibson）所创作的插图中理想女性的化身。

图 6–10　卡米尔·克利福德，1916 年：理想女性形象的转变。克利福德的紧身胸衣和苗条曲线已经一去不复返了，取而代之的是更简单的垂直长裙。她依旧留着长发，但在额头上系了一个简单的发带，给人感觉就像是留着一头短卷发。与前面的一张照片（图 6–9）相比，这张照片拍摄于大约 11 年后，但克利福德看起来很明显要年轻许多。

我不知道我究竟是不是真的喜欢它。我觉得它看起来总是有些古怪或令人感到不快——会让人想起监狱的犯人、医院的病人或是那些参加争取妇女选举权运动的女子。”不过就在一年后，她在日记中写道，一位朋友的短发看起来“非常美丽动人”。在这之后又一年，一位艺术家对辛西娅说，她的发型还保持着维多利亚时代的风格。辛西娅在日记中记录了这件事，还用自嘲式的语气写道：“现在还保持着这种过时的时尚，也是不容易啊。”[30] 然而，战争一结束，就有不少人开始提出，女性不用再从事男性的工作了，应该回归家庭，相应地，女性的发型也应该恢复战争之前的时尚。停战纪念日刚过一周，就有一份关于“战后女性”的时尚预测发布，其中明确表达了人们对新兴的现代女性的矛盾情绪。这份预测宣称：“女性气质将会回归。”

女性的男性化倾向将会受到遏制。波波头将会消失不见；飘逸的发饰、长长的卷发和精致的盘发造型将再度流行起来；柔和的声音和迷人的举止将会再次成为伟大的时尚，就像维多利亚时代初期那样。绝大多数女孩都会追逐女性化时尚，只剩下那些喜好运动和爱好驾驶机车的女孩仍然我行我素。[31]

事实证明，这份预测错得相当离谱。维多利亚时代的女性长发时尚一去不复返，短发成为新的时尚。尽管不断有人宣称波波头短发时尚早已过时，但随着 20 世纪 20 年代的到来，这种极度夸张的论调不攻自破。相反，短发时尚像野火一样蔓延开来，从一种原本被认为是荒诞的风格演变成大众时尚，这种转变也激起了反对者更强烈的抗议和抵制。从新西兰到纽约，从伯明翰到北京，短发时尚席卷全球，各个年龄段的女性都开始留短发，由此也导致了广泛的社会争议。是的，关于短发的争议开始了。

风靡与抵制

上文我们提到，波波头所带来的联想含义十分清晰。这种风格从视觉上代表着摩登时尚，展现了一种崭新的女性形象。它代表着青春、运动，也让人联想起迅速发展起来的汽车技术。留着短发、戴着发带去驾驶敞篷汽车，明显比一头长发并戴着各种发饰和宽檐帽要方便许多。当时还有一些女性勇于上天飞行，堪称楷模。比如美国飞行员先驱阿米莉亚·埃尔哈特（Amelia Earhart，图 6–11），她们戴着飞行员护目镜，剪着一头短发，冲上高空，就像一支箭一样，飞向未来。对那些经历相对平凡的女性而言，短发是一种更为方便和高效的头发打理方式。她们普遍认为，短发既方便又好打理，不需要经常去理发店找发型师，而且是一种平等性更强的时尚，所有人都可以轻松拥有，维护成本也不高。维多利亚时代的女性被视为“家中的天使”，她们钟情奢华的发髻。但 20 世纪忙碌的女性则更喜爱波波头，她们享有选举权，接受良好的教育，思维更为理性。短发的造型与新时期女性的服饰也更为搭配：一战之后的服装都讲究实用性，裙摆更短，风格更为简洁，这与短发的实用性不谋而合（图 6–12）。精心打理的长发代表着过去的时尚，简洁的服饰风格代表着未来的时尚，将二者强行搭配显然是荒谬的。短发的流行也与卫生领域的现代发展有一定关联。与前文提及的胡须一样，当人们了解了细菌理论，认识到清洁对健康有益之后，都开始剃掉胡须和胡茬，于是人们也很好地接受了女性短发更便于清洁的观点。短发更方便频繁清洗这一点优势被反复提及：它“干净，实用，清爽又卫生”。[32] 波波头的支持者们不断强调短发的重要性，从国际知名歌手玛丽·加登（Mary Garden）的描述可见一斑——这名歌手在 50 多岁的时候把一头长发剪成了短发。玛丽发现短发既实用又讨人喜欢，除此之外，她还描述了剪发之后所带来的心境变化，有点儿像是一种顿悟：

> 波波头象征着一种精神状态，而不仅仅是一种新的头发打理方式。

图 6-11　一头短发的阿米莉亚·埃尔哈特，现代女性的榜样，1927 年。

图 6-12　1922 年的时尚杂志插图：简约的筒式服装、短短的裙摆和一头短发，彰显了一种积极的生活。

它代表着成长、机敏、与时俱进，并且是生命力的一种表现！……在我看来，长发属于女性感到绝望无助的那个时代。而短发则属于自由、坦率和进步的时代。[33]

然而，关于短发的讨论，也有一些不一样的声音，他们认为波波头象征着一种更反乌托邦的愿景。对他们来说，现代化意味着失业率上升，退伍士兵和受伤士兵不得不四处寻找工作，人们增加避孕措施导致出生率下降，[34] 还意味着整整一代人的战场历史记忆烟消云散。这种观点对独立的职业女性形象不甚乐观，而新兴女性形象特有的短发则为这种不安充当了避雷针。这种整个世界被颠覆的不安感从 1924 年的一篇报纸报道可见一斑："女性入侵了所有男性的神圣领域——她们剪短了头发，让自己成为议员、律师和烛台制造商。"报道的男性作者接着描绘了"性别平等"的世界新秩序，警告说，如果女性在法庭上驳倒了男性，还在网球场上打败了男性，那么女性就不该期望得到以往属于"弱势性别"的任何传统礼貌，因为女性已经不是传统的"弱势性别"群体了。作者甚至还说道，在地铁上"我看到一名男子旁边站着一位看似凶猛的短发年轻女子，男子还能坐在位子上无动于衷，我由衷地对他表示暗暗的钦佩"[35]。

如果一位女子剪了一头短发——甚至剪成更短的层叠式短发（shingle）或伊顿式短发（Eton crop，一种男式女子短发），她会被认为像个男人一样——这是理所当然的。波波头式的短发一般都会把头发剪成统一的长度，只有额前的刘海长度例外。层叠式短发出现在波波头之后不久，这种发型把短发在脑后层叠，在头顶收拢。这种发型在我们这个时代当然再熟悉不过，不过在当时，这种超级短的男性化短发造型着实震惊了世人。伊顿式短发出现在 20 世纪 20 年代中期，是所有发型中最男性化的。这种发型刻意让头发剪得更贴近头皮，让人看上去雌雄难辨。然而，有人认为，女性剪成男式短发导致的这种性别模糊，是一种性欲旺盛的表现。女性借鉴男性的风格，于是被解读为性欲亢进，被认为是抛弃了柔和的女性特质，变成了大胆的掠夺者。事实上这种指责古已有之，如今只不过是新瓶装旧酒罢了。换句话说，波波头被认为是一种“挑衅的行为”，是一种“淫乱的行为”。留着波波头的女性丝毫不会含蓄，她们会大胆追求男性，喜欢用“眼神和微笑大胆地向男性发出挑战”。[36]

如今，对“男性化”最多的解读和联想是“女同性恋”。但是，在当时并非如此。[37] 20 世纪 20 年代初的公众对女同性恋还没有太多概念，在当时大多数人眼里，女同性恋并没有一个确切的称呼，也没有特定的外在特征或是行为模式。1928 年，拉德克利夫·霍尔（Radclyffe Hall）的同性欲望小说《孤独之井》（*The Well of Loneliness*）因涉嫌淫秽而遭到起诉。这一事件在某种程度上改变了人们对女同性恋的认知，这个著名的诉讼案让留伊顿式短发的女主人公霍尔（Hall）和她的同性短发情人尤娜·特劳布里奇（Una Troubridge）声名鹊起，她们的形象为即将兴起的女同性恋文化提供了一个完美的模板（图 6-13）。1931 年，关于头发的专业书籍《美发的艺术与工艺》出版。后见之明和知识储备使作者能够以一种合理的方式评估这种发型的社会影响和流行程度，并把留短发的女性分为不同类别，还对女同性恋少数群体表达了关切。“然而，伊顿式短发似乎并没有得到女性的普遍认可。短发的拥护者主要是时尚的人体模特，还有那些没那么时尚但特别喜好模仿的时尚模特的姐妹们，以及为数不多的男性化特质明显的女性。”[38]

当时有一位特别的女性令美国媒体兴奋不已，那就是著名的波波头大盗（Bobbed Hair Bandit）。这个称呼最常用来指代一位名叫西莉亚·库尼（Celia Cooney）的纽约年轻女性（图 6-14），她在 1924 年制造了一系列武

图 6-13　拉德克利夫·霍尔（1886—1943）和尤娜·特劳布里奇夫人（1887—1963），摄于 1927 年。

THE LARGEST DAILY CIRCULATION IN AMERICA

DAILY NEWS

NEW YORK'S PICTURE NEWSPAPER

HOME EDITION

Vol. 5. No. 259 28 Pages New York, Tuesday, April 22, 1924 2 Cents

BOBBED BANDIT ADMITS GUILT

NEARS DECISION. Harry K. Thaw (right) talked with Attorney Cohen in Philadelphia yesterday as testimony in proceedings to determine whether Thaw is now sane ended. His sanity will be determined by jury tomorrow.—*Story on page*

CAUGHT.—Celia Cooney (above), much-sought gungirl, yesterday with her husband and partner in crime was captured in Jacksonville, Fla. The couple, almost penniless, surrendered without the slightest resistance and admitted participation in fourteen Brooklyn robberies. They will be brought back here today. *Story on page 3*

STORY ENDS. Marie Corelli (above), English novelist, author of a score of romances, died yesterday in England of a heart attack aged sixty. *Story on page 3*

LAST CALL.—This is the last photo of Mme. Eleonora Duse, the world's greatest tragedienne, who died yesterday of influenza in Pittsburgh.

Mob, following with gaze patrol wagon in which Hoffman had been whisked away, howled maledictions.

Mrs. Hoffman and daughter Mildred

INDICTED. Harry Hoffman, charged with slaying Mrs. Maud Bauer was recommitted to jail yesterday when arraigned in New Brighton court. Meanwhile his wife and child stand by him. He was arrested on an indictment charging assault upon another woman.

图 6-14　关于波波头大盗西莉亚·库尼的头版头条 :《纽约每日新闻》, 1924 年 4 月 22 日。

装劫持事件。不过她并不是第一个——也不是唯一一个被称为波波头大盗的人。事实上，当时的媒体常用这个绰号来称呼许多不同国家的女性罪犯，既有美国和英国的，甚至还有俄国和土耳其的。[39] 这种拿着枪、留着短发的叛逆形象，很好地反映了当时人们对正在成形的崭新女性形象的认识：桀骜不驯的女性，有着违背女性气质的强硬和冷酷，看起来危险性十足，但又充满了一种让人战栗的诱惑力。黑帮女郎甚至还拿这种形象开起玩笑——

> 一位男子问："你不是要去剪头发吗？"
>
> 黑帮女郎："是啊，但是我还没想好，是把它给剪了呢，还是把它给绑了。"[40]

有一些头脑简单的人会想当然地认为，发型与犯罪之间存在某种因果关系。但是，美国最高法院法官弗兰克·卡岑巴赫（Frank Katzenbach）却提醒陪审团事实并非如此：现代犯罪的泛滥主要是由财富不均和异化分歧导致的，不能赖在短发和短裙上。[41]

想要应对人们关于波波头破坏性的担忧，最好的办法是为短发的起源找到一个依据，这种谱系学的策略要点在于，通过找到历史人物留短发的先例，从而弱化波波头所引发的社会恐慌。如果历史上曾经有过类似的先例，那么就可以顺理成章地说，波波头只不过是所谓"女性时尚"那种不合逻辑、常常是奇形怪状的造型风潮再次盛行罢了。这种做法或许可以让波波头的存在合法化，但也确保了它的彻底消亡。当时就有人指出，克利奥帕特拉（Cleopatra）和其他一些古代埃及人都留着波波头，还有被称为"奥尔良少女"的假小子圣女贞德也是如此。有些人认为，如今的短发时尚与18世纪90年代的短发风尚有相似之处。还有些人认为，短发时尚的起源与一些社会革命有关。据说，波波头的流行可能与俄国的布尔什维克政治革命有关，随着革命的爆发，女性革命同志的短发形象很快被传播开来，并在纽约衍生为“格林威治村少女”，以及在伦敦衍生为“文艺少女”（切尔西型）。[42]

当时还有些人对短发的回应更为强烈——要求禁止短发。虽然在第一次世界大战中有大量士兵丧生，但短发并没有因此消亡。相反，短发时尚像传染病一样不断扩散——理发店外等候剪发的女性排着长长的队伍，每周都有成千上万的女性剪了短发，于是对这种“社会威胁”的强烈抵触情绪开始增长。[43] 这种抵触主要是发生在家庭内部的私人空间，丈夫开始反对妻子剪短发，父母开始反对女儿剪短发。著名的米特福德家族就曾发生这种事件。1925 年，这个家族的两个女儿——戴安娜（Diana）和帕姆（Pam），抵制不住诱惑剪了波波头。她们在家族中按年龄排行老二。戴安娜和帕姆甚至还怂恿 8 岁的妹妹杰西卡（Jessica）加入她们的阵营。杰西卡曾在一封信里写道：

> 亲爱的妈妈，戴安娜和可怜的帕姆特别特别想剪短发。帕姆在旅行时一点儿也不开心，因为路上所有人都对她说，“对啊，我最喜欢短发了”，还说，“你为啥不剪短发呢？”求你同意她们剪短发吧。求你了。

就在前一年，她们的大姐，20 岁的南希（Nancy）就已经违背父母意愿，未经父母允许私自剪了短发。她们的母亲说：“现在好了，无论如何，没有人会再看你一眼了。” 她们的父亲 “气到发疯”。[44] 报纸上还公开报道了很多其他家庭纠纷，有因短发而离婚的，也有断绝关系的，还有我们最开始所提到的因短发而自杀的。诸如此类的反感抵触和精神胁迫实在是太多了，一个波波头就能轻易引发情绪失控。[45] 1923 年，有一篇匪夷所思的报道称，一些理发师只有在得到已婚女性顾客丈夫的许可后，才会为她们剪头发。这些理发师已经被愤怒的丈夫们踏破门槛给吓怕了，只好变得如此谨慎。1922 年，贝尔法斯特的一位福音传道士还提议，他会众中的年轻男士们永远不要娶波波头女孩为妻。[46]

这种禁止女性剪发的暴政在一些机构也开始出现。为了制止这种所谓颠覆“民族道德”的行为和“战后道德败坏的现象”，各种组织开始禁止女性剪短发。1923 年，基督教救世军高层尝试发展女性教众。1924 年 11 月，位于埃塞克斯郡罗姆福德的奥尔德彻奇医院的救济理事会禁止医院的护士剪波波头（图 6-15）。理事会认为这种发型“显得非常轻率和轻浮”。[47] 在美国也有类似的情况，特别是那些典型的“女性”岗位——护士和教师首当其冲。1922 年 8 月，马里兰州黑格斯敦医院的院长发布了一项院规，禁止医院护士剪短发。和她在罗姆福德的同事一样，这位女院长认为波波头太过轻浮，欠缺庄重。“我认为年轻的波波头护士在病人间穿梭是一幅可怕的画面。”[48] 同年早些时候，波士顿一家教育机构也明确表示，“我们不鼓励留着波波头的人应聘教师职位……学校主管部门是不会雇用她们的。”[49] 1921 年，美国工商企业和百货公司都参与到一场辩论之中，针对女性文职人员和女售货员是否应该留短发进行争辩，这很显然是受到媒体的各种报道刺激而引发。尽管许多人对这件事持中立态度，但有些人反应强烈，比如芝加哥百货公司马歇尔·菲尔德公司就表示坚决反对。当年 8 月，该公司告知数千名女性员工，要求留短发的女员工在头发变长之前必须戴发网遮住头发，因为“波波头看上去不太庄重”。[50]

不过这些都是极端反应，社会上大多数人对这种做法都表示反对。大多数人都认为，即使有人不喜欢波波头，但强制要求改变头发的长度——特别是那些雇主的要求，侵犯了女性的权利，是无法接受的。社会变革的浪潮汹涌澎湃，这些守旧的卫道者是无法阻挡的，工作场所的短发禁令也注定不会长久。英国的里昂茶店就是一个很好的例子。1924 年，里昂不仅取消了对

图 6–15　1924 年的《每日镜报》刊登了一幅卡通画，嘲笑罗姆福德理事会禁止护士剪波波头的决定。

图 6-16　20 世纪初伦敦的一家里昂茶店。打扮得像维多利亚时代的女仆的女服务员正在招待顾客。

图 6-17　1926 年伦敦的一家里昂茶店。“格拉蒂丝”的昵称已经成为过去，取而代之的是穿着现代制服和留着短发的“妮比”。

波波头的禁令，还重新设计了与之相配的女服务员制服。以前女服务员都穿着女仆式长裙，系着长长的围裙，戴着制服帽；而现在她们则戴上更适合短发造型的钟形女帽，穿上短短的连衣裙，搭配娃娃领（图 6–16 和 6–17）。甚至女服务员的昵称也被改了过来——从以前的“格拉蒂丝”（Gladys）变成了更现代的“妮比”（Nippy）。[51]

然而，现代化进程在其他国家更不顺利，人们对波波头的强烈抗拒带来巨大的社会动荡。1924 年 7 月，墨西哥城爆发了动乱。大主教谴责短发时尚，禁止波波头女性教众进入教堂。还有一些学生自发组织的团体，开始攻击落单的短发女性，强行把她们剃成光头，以示惩戒。整个城市的意见两极分化，对波波头的支持和反对导致了骚乱，武装士兵开始介入，成千上万的学生加入暴乱，教育部副部长不得不宣布停课。更糟糕的是，在 20 世纪 20 年代末的中国，“女性剪短发的现象并不少见”，而当时暴力争夺统治权的斗争双方都把波波头视为对方阵营的标志。[52]

社会变革的遗产

毫无疑问，波波头及其衍生的发型代表了世界各地女性对传统观念的挑战。事后来看，短发最终取得胜利的步伐无法阻挡。波波头与社会网络牵连如此之深，以至于我们都无法想象没有它的 20 世纪初会是什么样子。波波头不仅迎合了人们对年轻、健康和卫生日益关注，也迎合了那些正在发展的大众交通方式，如汽车和飞机，与机器时代倡导的精简美学不谋而合。短发也是被迅速发展的电影行业所广泛传播的第一种大众时尚，像克拉拉 · 鲍（Clara Bow）和路易丝 · 布鲁克斯（Louise Brooks，图 6–18）这样的早期短发明星，通过电影成为数百万人的榜样。在许多地方，女性短发的出现与女性选举权运动的发展大致吻合，更不用说女性开始接受高等教育、从事各种职业以及参与政治的情况。当时所有这些事件似乎都与短发有着显而

图 6–18　电影明星路易丝·布鲁克斯（1906—1985）和一头标志性的闪亮黑色短发，摄于 20 世纪 20 年代。

易见的联系。

这种短发能展现无限可能性的感觉反复出现在那些声称短发自由的人的叙述经历中。这些人看到自己的长发一缕缕掉落在地，感觉像是一种解放。其中一位女士说道：“我感到前所未有的美好、自由和轻松。我再也不会留长发了——即使给我一百万美元，我也不会改变主意。”美国教育家亨利埃塔·罗德曼（Henrietta Rodman）在接受采访时就这个话题侃侃而谈，甚至在劝导别人：“只要你试着剪短发，你就会发现你再也不会留长发了。”她把剪短发比作放弃穿紧身胸衣，认为这样做会感到十分“光荣、自由和舒适”，而且再也不愿意缩回以前那副“铠甲”了。波波头是为那些有想法、充满活力的女性准备的：“来吧，剪短你的头发，做一个明智的女孩，像其他人一样活得干净而舒适。”[53] 这并不是说所有女性都会觉得剪发意味着自由，也并非没有人后悔过。但是，短发时尚在全球范围内如此盛行，也在一定程度上说明，大多数人确实发现短发比长发更好。对于每个剪了短发的人来说，她们都感受到自己经历了一次深刻的转变。正如其中一位女性所言：

> 办公室的所有年轻女性都把头发剪短了…… 我和母亲来到沃杜尔大街的美发店，排在一条长长的女性队伍最后，她们和我们一样，耐心地等着把我们那美丽的长发剪掉。一个小时后，我们剪完头发，对于剪了短发的脑袋来说，帽子变得宽大起来，我们感到一阵难为情，于是迫不及待地赶回家，以便端详我们变化后的形象，内心感觉我们终于是新女性了。[54]

短发带来的长期而全面的社会影响也在不断发生变化。在接下来的一个世纪中，短发时尚——以渴望改变和活在当下为宗旨——的热度一直起起落落。事实上，第一次世界大战前后女性所做出的这些抗争，不单单是创造

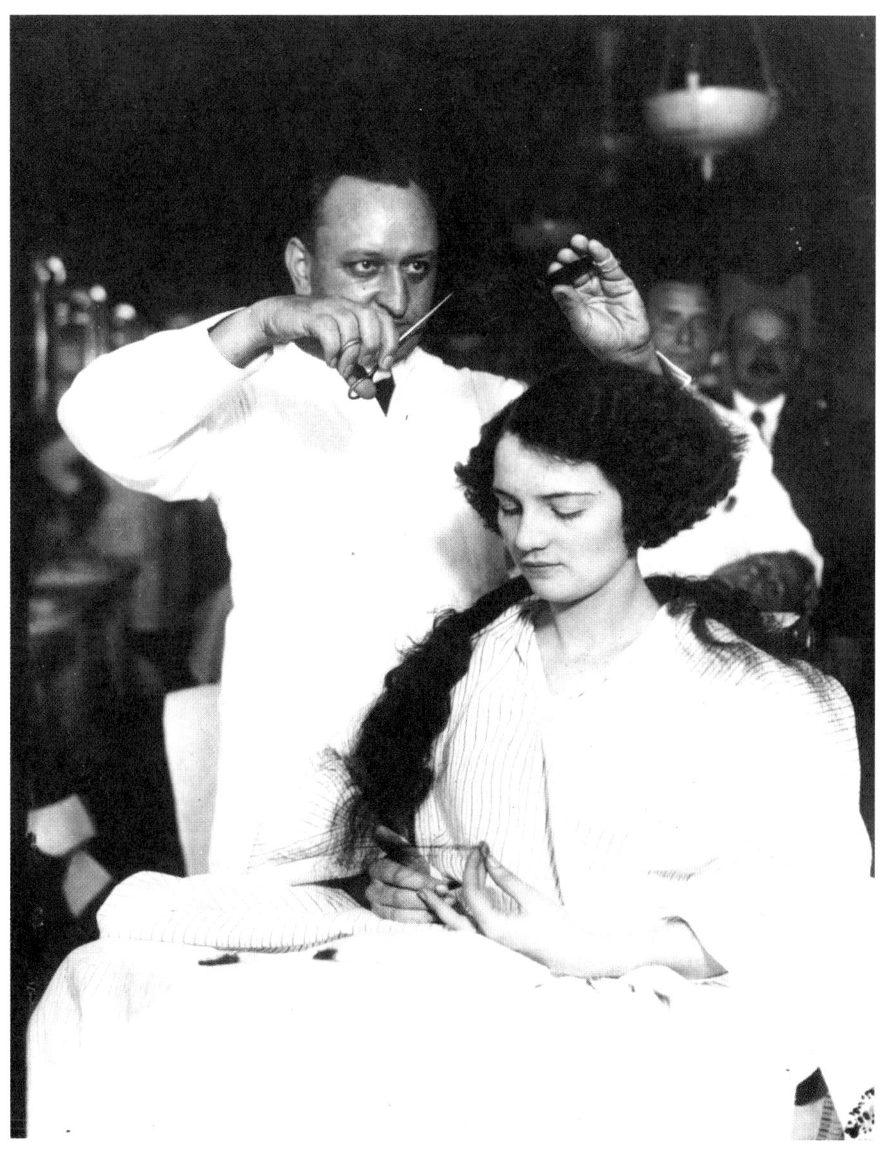

图 6-19　一名女子在理发店理发，约摄于 1920 年。她背后有两名男子在饶有兴致地观看。这名女子正在端详着手中被剪落的头发，这幅画面极具冲击力，充分展现了波波头的巨大变革力量。对这名女子而言，这很可能是她自少女时期以来，第一次拥有短发。当她剪完头发从椅子上站起来时，她会感到轻松和些许陌生，还会感受到自己的变化。

了一种全新的头发时尚，从更大层面来看还推动了女性服装风格的变革。从那时起，只要女性愿意，就能把头发剪短，甚至可以跟男性的头发一样短。值得注意的是，那时还有很多女性会拿起剪刀，自己动手剪短头发，因为那时波波头并非理发师所擅长的发型，甚至在一开始，这些理发师都没有经受过波波头修剪的训练，也不喜欢这种发型。吉尔伯特·福恩（Gilbert Foan）1931 年出版的美发手册写道，短发时尚“让理发师措手不及”，它“就像‘黑夜里的小偷’一样让人猝不及防。美发行业还没有做好准备”。那时想剪波波头的女性到了理发店，必须表现得非常坚决；刚开始时，许多女性还不得不去男性理发店剪发（图 6-19）。福恩还在书中发出提醒，认为美发行业应当从中汲取教训以应对未来的变革。他还说道：“幸运的是，我们当中有一些同行马上就适应了这种时尚变化，得以从这个突然风靡的时尚中分一杯羹。”[55]

这就引出了波波头的第二个变革性影响：对美发行业的影响。美发行业发生了根本性的变化，美发不再仅仅是对头发进行装饰——比如在头发上搭配各种装饰和发饰，把头发做成各种卷发造型；相反，发型师需要开始学习如何修剪短发。在短短 10 多年里，美发行业发生了彻底的自我转变，美发师发明了一套崭新的头发护理方法。当然，卷发和染发仍然是美发师的必备技能，但这些也开始慢慢与剪发搭配进行。1931 年，福恩的美发教学权威手册很好地记录了美发行业的这种变化。手册中不仅对复杂的剪发技巧提供了详尽指导，甚至还具有先见之明地尝试建立剪发师的职业认同感。对层叠式短发，手册有过这样的论述：“一位真正的美发艺术大师会发现这种发型存在丰富的艺术创作空间，一定会沉浸其中。”[56] 福恩的这一观点无疑为维达尔·沙宣和 20 世纪其他美发大师的出现奠定了基础。当然，福恩说这话的时候，沙宣还只有 3 岁，11 年后他才开始以学徒身份进入美发行业。

美发行业的变革并非仅限于此。美发师以前只为有钱有闲的富人提供精致发型的打理服务，但是突然之间，大量收入各异、年龄各异的女性开始涌入美发店，都想要这样的服务。波波头时尚的平民化并没有击垮美发行业，相反大大增加了美发服务需求——不仅仅是第一次剪短头发的服务，还有后续保持短发造型的服务。此外，美发服务的场所也发生了改变。以前美发服务都发生在私人空间，美发师亲自前往上流社会人士家里提供服务；而现在美发场所开始转移到美发沙龙。所有这些转变合在一起，导致了美发机构的爆发式增长——这是一种巨大且迅猛的行业扩张。在美国，从 1922 年到 1924 年，美发沙龙的数量从大约 5000 个激增到 23000 个，增长了近 5 倍。[57] 在 1921 年至 1931 年的 10 年间，英格兰和威尔士的美发行业人数几乎翻了一番。[58]

对女性而言，这些新兴的沙龙不仅可以提供个人美发服务，而且还为女性提供了一个安全舒适的友好空间，这代表着女性为了融入家庭之外更广阔的世界，向家庭生活领域之外又迈出了一步。在这场革命中，女性的角色也不仅仅是被服务的顾客。美发师人数大增，女性也开始进入美发行业，并像战争年代一样，替代了那些应征入伍的男性劳动力。在一战之前，理发几乎完全是男性的职业——实际上，自 18 世纪以来一直如此，然而现在这一行业工作机会大增，形势开始发生变化。

20 世纪 20 年代，英格兰和威尔士的美发行业规模几乎扩大了一倍；但在同一时期，从事该行业的女性人数却增加了 5 倍以上：到 1931 年，女性人数占美发师总量的三分之一以上。[59] 这一行业的女性化发展趋势始于 20 世纪初期的波波头时尚，这种趋势至今仍在继续：英国全国美发师联合会发布的统计数据显示，2016 年美发和理发从业者中有 88%是女性。[60]

我们回到前面提到的露丝・埃文斯事件，她于 1922 年在布鲁克林的卧室里选择用煤气自杀，为什么当时新闻媒体会认定是她剪的新发型导致了她的抑郁症？为什么当时谈到女性自杀、离婚和暴力犯罪，波波头总是首当其冲的罪魁祸首？因为这是面向社会变革中的读者的报道式文学，而在变革中，短发毫无疑问是一种强有力的推动剂。人们无论是震惊还是表示支持，事实上都意识到战后一种新的世界秩序形成了，女性外貌和举止的变化则是这种秩序的一个重要表征。关于波波头的报道实在太多了，人们已经有了阅读更多类似新闻的心理预期，往往一大早就开始在早餐桌上摊开报纸，寻找这种新风格的相关丑闻——试图找到一些新鲜的短发事故，从中取乐而沉迷其中，甚或借此强化自己对短发的偏见。而阅读这些报道，正是人们开始慢慢接受社会现代化的一个必经阶段。以上论述的波波头短发争议，向我们展示了一个社会是如何通过自我表达实现向前发展的。

结语 历史与头发的故事

在学生时代，我把有限的收入几乎都挥霍在了烫发上。那是一个热衷于爆炸头的时代。那时，梅兰妮·格里菲斯（Melanie Griffiths）在电影《工作女郎》（*Working Girl*，1988）中踢了上司的屁股。麦当娜（Madonna）在电影《绝望的苏珊》（*Desperately Seeking Susan*，1985）展现了她冷淡的气质。《闪舞》（1983）中戴着脚踝套的珍妮弗·比尔斯（Jennifer Beals）（和她的双人舞）也让我难以忘怀！是的，她们都是我想成为的偶像。我承认，我更想要的是她们的发型。第一次坐在美发沙龙的椅子上时，卷发器的重量和烫发液造成的辛辣灼烧感至今仍令我记忆犹新。我期盼着我那又长又直的头发发生神奇的变化，然而事实上我那普普通通的生活几乎没有因此发生任何变化。对 20 世纪 60 年代后期的年轻女性而言，我的发型会是她们梦寐以求和引以为豪的时尚愿景，但遗憾的是我出生得太晚了。我心里其实真正想要的，是那种乱糟糟的爆炸头造型，这才是我想要变成的样子（图 7–1a）。

教了一段时间的书之后，我才开始慢慢放弃这种不切实际的想法。我的头发实在是太直了——直挺挺的，它都能嘲笑那些化学卷发剂。烫发效果并不会持续很长时间，我也很不情愿地接受这样一个事实，那就是我永远无法拥有一颗爆炸头。可悲的是，我就是这样一个有着无聊直发的人。无论我是梳着发辫，扎着马尾辫，还是把它盘成一团，在教室待了一天之后，它还是那么长那么直，一点儿也不受影响。如果它是个人的话，我可以看到它的脸上写着“疲惫”两个字。直到我30岁来临，美好的生活才终于开始光顾我——因为我剪了发，把头发剪成了路易斯·布鲁克斯那样的波波头。直到这一刻我才发现我的头发也还不错。现在的它塑形起来毫不费力，在该卷曲的时候卷曲，而我的刘海末梢甚至还能够自来卷。我这种发型甚至比维多利亚·贝克汉姆（Victoria Beckham）的波波头造型更早，但是她的发型后来流行得一塌糊涂，这让我感到好心烦。同样让我感到心烦的是，我回头去看自己还是小女孩时的照片，发现我当时也居然是留的波波头（图 7-1b）。但是那时的我不喜欢这种发型。仔细回想，我似乎仍然能感觉到冰冷的剪刀划过我的脖子，仍然能够听到刀片剪掉刘海时的咔嚓声；当理发师跟我说让我保持不动时，我会把眼睛紧紧闭着，全神贯注，一动不动。

多年以后，我的头发变得更短了。现在，当我照镜子时，看到白头发越来越多，我发现它有了另外一种风格。实际上，我一点也不后悔这种做法。30 多岁的我喜欢用那种深色的染发剂，但到了 50 多岁，我就不再像其他中年女人一样小心翼翼地把白发染成黑色。我喜欢看着白发闪亮的样子，看着它们一点一点地变化，就像一场冒险旅程一样充满乐趣。有时我甚至觉得，这或许是让我尝试搭配更多不同颜色服装的好机会。这就是我的头发的故事。我们所有人都有自己的故事。在我们的一生中，我们对自己的外形改造会做出很多决定，有时还会做出不同的决定。各种社会规范的制约，金钱和时间的限制，我们个人欲望的表达，以及我们头上和身体上毛发的形态，这些因素共同塑造并帮助我们呈现了自我。这种现实和理想的结合，赋予了我们独特但不断变化的外观。我希望通过这本书告诉大家，这并不是一个今天才有的新现象。正如我们每个人都有自己的头发故事一样，历史上的每个人也都有他们的故事。

有些人可能会争辩说，头发只是一个边缘性的问题——人们也只关注头

图 7-1a 和图 7-1b

本书作者的头发故事：理想中的“爆炸头”烫发造型，约摄于 1985 年；作者小时候的短发模样，约摄于 1969 年。

发的边缘问题。好家伙，还用到了双关。他们认为，相对于更为重要的文化表征以及个人的身份认同，头发只是一种类似于化妆品的装饰而已。事实上恰恰相反，头发对二者实则具有十分关键的意义。当头发违背我们的意愿开始脱落或者被强行剪掉时，它与自我的联系就会展现得淋漓尽致。对于那些被强行剪掉头发的人而言，无论这种侮辱是来自机构还是家庭，都是一种可怕的经历，是对自我身份的残忍剥夺。对于那些因为疾病或年老而脱发的人而言，这种伤害可能没有被强行剪发那么可怕，但也并非全然没有痛苦，这些人也会因为自我身份的失去而感到伤心难过。

这两种被胁迫和非自愿的外在干预，让我们得以看到隐藏其后的真相：头发对于我们的自我认知极为重要。我们经常忽视的另一个事实是：所有对头发的干预本质上都是一种文化行为。不存在“绝对天然”的头发：无论是对头发进行护理、修剪，还是任其生长，所有这些行为背后都有着更广泛的文化含义。但是，正是我们对头发享有的绝对支配权，赋予了它一种虚假的自然属性，让我们对因为头发产生的一系列问题和观念视而不见。就拿用洗发水这件事来说，我们似乎已经形成一些根深蒂固的清洁观念。但我们似乎忘了，这些观念也是近代才有的产物，它们在未来也可能会发生改变。保持清洁依赖于现代化的供水管道、淋浴设备、化学工业以及我们最近才开始认为是理所当然的水力和电力资源。如果没有与印度接触，以及从印度少数族裔那里借鉴，我们甚至都不知道肥皂为何物，也不知道把这种物质涂抹在头皮上意味着什么。我们会用洗发水洗头，但并不知道这背后还有着一段殖民的历史。女性去除身体和面部的毛发，则是另一种我们未进行深入思考的现象。这种无休止的脱毛行为，营造了一种天然美的错觉。而事实上，这些都只不过是一种人们遵从内心欲望的文化行为罢了。同样，在各个不同的时期，男性或者热衷留胡须，或者喜好刮掉面部毛发，甚至爱好剃光头发或者戴上假发。在当时，所谓的文化规范是不可见的。

这些有关头发的规范和行为远远超出了个体范畴。它们将社会的影响施加于个人，让个体形成自己的观念并强化自己的信念，例如：什么样才是干净的，怎样才显得有男子气概，如何才能成为精英阶层或是融入普罗大众。但是它们也提供了一种挑战社会现状甚至改变现状的手段。改变头发长度已被证明具有颠覆性的作用，并且在历史上的特定时期，也确实被用来激发社会抗议或推动社会变革。事实证明，人类的外表政治与任何其他形式的政治一样重要，与传统的权力运行在规律上并无二致。

因此，一个社会对待头发的态度绝不会轻浮。这并不是我们对历史的事后思考，而是意在强调，头发与其他看起来明显重要的问题一样非常重要。本书还揭示了另一件显而易见的事实，那便是，我们自以为独特的头发风尚其实有着悠久的历史。历史上发生过多次关于头发的巨大变革——发生在历史连续体的不同节点，我们现在大部分头发时尚都可以从这些变革中找到影子。我们至今仍和过去一样，对头发进行修剪、染色和烫卷，还用梳子梳理头发——这当然得益于维多利亚时代的传统。当然，我们现在可能拥有大量新的化学技术，但梳子和镊子仍在我们的日常使用范畴内，经过几千年的发展也几乎没有变化。此外，我们在理发过程中的生理反应，似乎也可以追溯到历史上某次深刻的社会革命。理发需要信任，身体靠近，还要能够给予快乐，因此它注定是一种亲密活动。可能正是由于这个原因，数百年来，围绕其从业人员（尤其是男性）的刻板印象并没有发生太多改变。

在写这本书时，我不再以想当然的心态看待头发，而是开始更加仔细地研究它。我审视了自己和他人对发型的选择，分析了洗发水和剃须刀广告的潜在内涵，也研究了被去掉的毛发堵塞下水道的风险。我考察了历史戏剧中演员的外表装扮，发现戏剧在叙事需求、还原历史和迎合现代偏好之间做出了调和。我还在地铁上发现了治疗秃头的各种小广告，而上面提及的疗法与400年前的手稿中记录的疗法几乎没有任何差别。仅仅走在街上，就是一场寻求身份认同的政治冒险。头发是我们所有人的根本，它是人类的一部分，它是一种非凡的存在。

注释

绪论

1 Geraldine Biddle-Perry and Sarah Cheang (eds), *Hair: Styling, Culture and Fashion* (Oxford: Berg, 2008), 246.
2 Rose Weitz, *Rapunzel's Daughters: What Women's Hair Tell Us About Women's Lives* (New York: Farrar, Strauss and Giroux, 2004), 200–1.
3 Joanna Pitman, *On Blondes. From Aphrodite to Madonna: Why Blondes Have More Fun* (London: Bloomsbury, 2003), 227.
4 'CoiffureGate: The High Cost of Hollande's Haircut', BBC News, http://www.bbc.=co.uk/news/blogs-trending-36784083, accessed 24 July 2016.
5 Royce Mahawatte, 'Hair and Fashioned Femininity in Two Nineteenth-Century Novels', in Biddle-Perry and Cheang (eds), *Hair*, 193–203; Galia Ofek, *Representations of Hair in Victorian Literature and Culture* (Farnham: Ashgate, 2009).
6 Charlotte Brontë, *Jane Eyre* (1847; London: Penguin, 2012)，引文出自第353页。
7 例见：Rachel Velody, 'Hair-"Dressing" in *Desperate Housewives*: Narration, Characterization and the Pleasures of Reading Hair', in Biddle-Perry and Cheang (eds), *Hair*, 215–27。
8 Eric Sullivan and Andrew Wear, 'Materiality, Nature and the Body', in Catherine Richardson, Tara Hamling and David R.M. Gaimster (eds), *The Routledge Handbook of Material Culture in Early Modern Europe* (London: Routledge, 2017), 141–57, esp. 144.
9 同上，149–50.
10 亦可参见：Mark S. Dawson, 'First Impressions: Newspaper Advertisements and Early Modern English Body Imaging', *Journal of British Studies* 50 (2011): 277–306, esp. 295–6。
11 参见：Irma Taavitsainen, '*Characters* and English Almanac Literature: Genre Development and Intertextuality', in Roger D. Sell and Peter Verdonk (eds), *Literature and the New Interdisciplinarity: Poetics, Linguistics, History* (Amsterdam and Atlanta: Rodopi, 1994), 168–9。
12 Robert Copland, *The shepardes kalender* (London, 1570), sig. [Lvi verso].
13 *The English Fortune-Teller* (London, 1670–9).
14 *To her Brown Beard* ([London], 1670–96).
15 E.g. Nicolas Andry de Bois-Regard, *Orthopædia: Or the Art of Correcting and Preventing Deformities in Children*, 2 vols (London, 1743), II, 11–17.
16 *Crosby's royal fortune-telling almanack; or, Ladies universal pocket-book, for the year 1796* (London [1795]), 130.
17 Sharrona Pearl, *About Faces: Physiognomy in Nineteenth-Century Britain* (Cambridge, MA: Harvard UP, 2010).
18 Jacque Guillemeau, *Child-birth or, The happy deliuerie of vvomen* (London, 1612), sig. L1r, p. 3.
19 Anon, *In Holborn over against Fetter-lane, at the sign of the last, liveth a physitian* (London, 1680).
20 Giovanni Torriano, *The second alphabet consisting of proverbial phrases* (London, 1662), 211.
21 Anon, *A new ballad of an amorous coachman* ([London], 1690).
22 'Bullied Anorexic is a Cut Above', *Metro*, 6 December 2011, 9.
23 英国媒体广泛报道，包括：'Harriet Harman Says "Ginger Rodent" Comment Was Wrong', BBC News, http://www.bbc.co.uk/news/uk-scotland-scotland-politics-11658228, accessed 29 January 2017。
24 Nelson Jones, 'Should Ginger-Bashing Be Considered a Hate Crime?', *New Statesman*, 10 January 2013, http://www.newstatesman.com/nelson-jones/2013/01/should-ginger-bashing-be-considered-hate-crime, accessed 29 January 2017.
25 参见反歧视行动网站上的行动列表：'Ginger Parrot': http://gingerparrot.co.uk, accessed 29 January 2017。
26 数据引自：Viren Swami and Seishin Barrett, 'British Men's Hair Color Preferences: An Assessment of Courtship Solicitation and Stimulus Ratings', *Scandinavian Journal of Psychology* 52.6 (2011): 595。
27 同上。
28 Pitman, *On Blondes*, 155–201.
29 *Platinum Blonde* (1931); *Blonde Crazy* (1931); *Blonde Venus* (1932); *The Blonde Captive* (1932); *Blondie of the Follies* (1932); *Blonde Bombshell* (1933); *Don't Bet on Blondes* (1935); *Blond Cheat* (1938); *Blondie!* (1938); *Strawberry Blonde* (1941); *My Favourite Blonde* (1942); *Andy Hardy's Blonde Trouble* (1944); *Blonde Fever* (1944); *Incendiary Blonde* (1945); *Blondie's Big Moment* (1947); *The Beautiful Blonde from Bashful Bend* (1949); *Gentlemen Prefer Blondes* (1953). While the spate thereafter lessened, it never entirely stopped, and later 'blonde' movies include: *Three Blondes in His Life* (1961); *A Blonde in Love* (1965); *The Loves of a Blonde* (1965); *Blondes Have More Guns* (1995); *The Last of the Blonde Bombshells* (2000); *Legally Blonde* (2001); *Totally Blonde* (2001); *Blonde Ambition* (2007); *Blonde and Blonder* (2007); *Private Valentine: Blonde and Dangerous* (2008).
30 Geoffrey Jones, 'Blonde and Blue-Eyed? Globalizing Beauty,

c.1945–c.1980', *Economic History Review* 61 (2008): 125–54.

31 Pitman, *On Blondes*, 4.

32 最近的心理学研究证实了这些刻板印象的力量，表明金发女人更受关注，人们对红发男女都有负面反应。参见：Swami and Barrett, 'British Men's Hair Color Preferences'; Nicolas Guéguen, 'Hair Color and Courtship: Blond Women Received More Courtship Solicitations and Redhead Men Received More Refusals', *Psychological Studies* 57 (2012): 369–75。

33 *The Diaries of Lady Anne Clifford*, ed. D.J.H. Clifford (Stroud: Alan Sutton, 1990), 56.

34 Clare Phillips, *Jewelry: From Antiquity to the Present* (London: Thames and Hudson, 1996), 81.

35 *London Gazette*, 4 September 1701–8 September 1701. 十八世纪的发饰：Christine Holm, 'Sentimental Cuts: Eighteenth-Century Mourning Jewelry with Hair', *Eighteenth-Century Studies* 38 (2004): 139–43。

36 后来有所扩展，1714年和1717年出现了更长的版本：Alexander Pope, 'The Rape of the Lock', in Martin Price (ed.), *The Restoration and the Eighteenth Century*, The Oxford Anthology of Literature (Oxford: Oxford UP, 1973): 321–44 (quotes from 321, 337)。

37 Kenelm Digby, *Letter Book 1633–1635*, Smith College, Rare Book Room Cage, MS 134, pp. 40–1. 感谢皮特·史达利布拉斯（Peter Stallybrass）慷慨地将此分享给我。

38 关于当时的发式：Helen Sheumaker, '"This Lock You See": Nineteenth-Century Hair Work as the Commodified Self', *Fashion Theory: The Journal of Dress, Body and Culture* 1 (1997): 421–45; Virginia L. Rahm, 'Human Hair Ornaments', *Minnesota History* 44 (1974): 70–4; Marcia Pointon, *Brilliant Effects: A Cultural History of Gem Stones and Jewellery* (New Haven and London: published for The Paul Mellon Centre for Studies in British Art by Yale UP, 2009), 293–311。

39 Rosemary March, 'The Page Affair: Lady Caroline Lamb's Literary Cross-Dressing', 3, available at http://www.sjsu.edu/faculty/douglass/caro/PageAffair.pdf, accessed 22 January 2017.

40 Elizabeth Gaskell, *North and South* (London: Penguin, 2012), 313.

41 引自：Charlotte Gere and Judy Rudge, *Jewellery in the Age of Queen Victoria: A Mirror to the World* (London: British Museum Press, 2010), 73。

42 同上，167，170及图124。

43 参考大英图书馆：Beethoven, RPS MS 406; Brontë, Egerton MS 3268 B; Dickens, RP 8738/3; Nelson, Add MS 56226; Goethe, Zweig MS 155; Hanoverians, Add MS 88883/4/8; Bolívar, Add MS 89075/12/1。

44 切·格瓦拉的一些头发，连同死亡照片和指印，被一名中央情报局雇员以119500美元售出：'Most Expensive Lock of Hair', *Time*, http://content.time.com/time/specials/packages/article/0,28804,1917097_1917096_1917086,00.html, accessed 18 January 2017。

45 Ofek, *Representations of Hair*, 43. 一般在发型设计上：Gere and Rudoe, *Jewellery in the Age of Queen Victoria*, 164–70。

46 Ofek, *Representations of Hair*, 44.

47 *General Advertiser (1744)*, 5 July 1748.

48 *Reads Weekly Journal or British Gazetteer*, 23 September 1738.

49 'Hair', *London Chronicle or Universal Evening Post*, 24 March 1774–26 March 1774.

50 例如：Pepys, VI, 210。

51 Margaret Spufford, *The Great Reclothing of Rural England: Petty Chapmen and their Wares in the Seventeenth Century* (London: Hambledon Press, 1984), 50–1.

52 'Country News Gloucester, Nov. 25', *Whitehall Evening Post or London Intelligencer*, 28 November 1749–30 November 1749.

53 *St. James's Evening Post*, 10 March 1716–13 March 1716.

54 *Daily Courant*, 5 October 1715. 基于下文提出的转换比例计算：Lawrence H. Officer and Samuel H. Williamson, 'Five Ways to Compute the Relative Value of a UK Pound Amount, 1270 to Present', MeasuringWorth, 2017, https://www.measuringworth.com/ukcompare/, accessed 12 February 2017。

55 *Daily Post*, 24 December 1725.

56 *Weekly Journal or British Gazetteer*, 9 August 1729.

57 Steven Zdatny (ed.), *Hairstyles and Fashion: A Hairdresser's History of Paris* (Oxford: Berg, 1999), 15–16, 160. 基于下文提出的转换比例计算：https://www.measuringworth.com/ukcompare/, accessed 12 February 2017。

58 *The Hairdressers' Journal, devoted to the Interests of the Profession* ([London, 1863, 1864]), 43–4.

59 Georgiana Sitwell, *The Dew, It Lyes on the Wood*, in Osbert Sitwell (ed.), *Two Generations* (London: Macmillan, 1940), 3. 前发片是用头发制作的，戴在正面的一块东西。

60 'Attempted Theft of a Lady's Hair', *Cincinnati Daily Gazette*, 30 October 1879, 6，另见：*San Francisco Bulletin*, 5 November 1879, [1]. 'A

Theft of Beautiful Hair', *Philadelphia Inquirer*, 8 December 1889, 2.

61 *The Times*, 20 January 1870, 7.

62 C. Willett Cunnington and Phillis Cunnington, *Handbook of English Costume in the Nineteenth Century*, 3rd edn (London: Faber, 1970), 480–1, 510–12.

63 参见：Emma Tarlo, *Entanglement: The Secret Lives of Hair* (London: Oneworld Publications, 2016); 寺庙中的头发与胁迫，Eiluned Edwards, 'Hair, Devotion and Trade in India', in Biddle-Perry and Cheang (eds), *Hair*, 149–66。

第一章

1 *The Memoirs of Anne, Lady Halkett and Ann, Lady Fanshawe*, ed. John Loftis (Oxford: Oxford UP, 1979), 173.

2 London, Wellcome Library, Fanshawe, Lady Ann (1625–1680), MS.7113/29. 这里提到的“苍蝇”可能是指斑蝥，斑蝥是一种甲虫，也被称为西班牙苍蝇。脱水后的斑蝥是二十世纪头发制剂中的一种常见成分。

3 John Partridge, *The widowes treasure plentifully furnished with sundry precious and approoued secretes in phisicke and chirurgery for the health and pleasure of mankind* (London, 1586), sig. Dvr–v; John Banister, *An antidotarie chyrurgicall containing great varietie and choice medicines* (London, 1589), 166–7.

4 Peter Levens, *A right profitable booke for all disseases Called The pathway to health* (London, 1582), 2; Hannah Woolley, *The Accomplish'd lady's delight* (London, 1675), 174.

5 W.M., *The Queens closet opened incomparable secrets in physic, chyrurgery, preserving, and candying &c.* (London, 1655), 212–14; London, Wellcome Library, Boyle Family, MS.1340/digitized image 154. 注意，这可能是用在头发或面部的一种润发油；配方上没有说明。

6 London, Wellcome Library, English Recipe Book, MS.7391/digitized image 5; London, Wellcome Library, Elizabeth Okeover (and others), MS.3712/digitized image 17. Also identical are two further hair-growth recipes, MS.7391/digitized image 67 and MS.3712/digitized image 105. 根据Richard Aspin, 'Who Was Elizabeth Okeover?', *Medical History* 44 (2000): 531–40, MS.7391，是后来以伊丽莎白·奥克弗的名字命名的系列的样本。然而，这并不能解释这两种特殊配方之间的差异。有问题的单词是“re”，大概是“retort”的缩写，一种用于蒸馏的玻璃器皿。

7 参见：Virginia Smith, *Clean: A History of Personal Hygiene and Purity* (Oxford: Oxford UP, 2007), 51–3。

8 Hilary Davidson, pers. comm.

9 *Athenian Gazette or Casuistical Mercury*, 16 May 1693.

10 关于粉末，参见第五章，及：Susan Vincent, *The Anatomy of Fashion: Dressing the Body from the Renaissance to Today* (Oxford: Berg, 2003), 15–17, 31–3。

11 参见：Corbyn & Co., chemists and druggists, London, Manufacturing recipe books, 1748–1851: London, Wellcome Library, MS 5446–5450。

12 London, Wellcome Library, Med. Ephemera EPH160B, Hair care ephemera, Box 9, Bear's Grease (Thomas Cross, Holborn, 1770).

13 Alexander Ross, *A treatise on bear's grease* (London, 1795); Henry Beasley, *The Druggist's General Receipt Book* (London: John Churchill, 1850), 212–25, esp. 212, 216.

14 *The Star Patent Medicine Stores* (Oxford, [*c.*1890]), p. 11, Oxford, Bodleian Library, John Johnson Collection of Printed Ephemera, Patent Medicines 14 (62), in *The John Johnson Collection: An Archive of Printed Ephemera*.

15 从1898年开始，每隔几年在伦敦出版一次的《化学家处方集手册药物配方》连续几个版本（第九次修订版于1919年重印）都呼吁谨慎行事。到1934年的第十版才声明雌黄因其危险性而不再被使用（第9页）。

16 Geoffrey Jones, 'Blonde and Blue-eyed? Globalizing Beauty, c.1945–c.1980', *Economic History Review* 61 (2008), 128; *EH*, 253, 349, 382.

17 John Jacob Wrecker, *Cosmeticks, or, the beautifying part of physic* (London, 1660), 74.

18 Thomas Jeamson, *Artificiall embellishments, or Arts best directions how to preserve beauty or procure it* (Oxford, 1665), 108.

19 Bridget Hyde (–1733), MS.2990/digitized image 20; Boyle Family, MS.1340/digitized image 109.

20 Stevens Cox, s.v. 'curling irons' and variations; *EH*, 335, 366.

21 Jeamson, *Artificiall embellishments*, 110.

22 R.H. Gronow, *Captain Gronow's Recollections and Anecdotes of the Camp, the Court, and the Clubs, At the Close of the last War with France* (London: Smith, Elder and Co., 1864), 151–2.

23 关于烫发：*EH*, 303–5.

24 David Ritchie, *A Treatise on the Hair* (London, 1770), 26–7; William Moore, *The art of hair-dressing* (Bath, [1780]), 18–19。

25 Foan, 295–6.

26 Sali Hughes, 'Could Your Hair Dye Kill You', *The Guardian*, 28

November 2011, at https://www.theguardian.com/lifeandstyle/2011/nov/28/could-hair-dye-kill-you, accessed 31 January 2017.

27 Felix Platter, *Platerus golden practice of physick fully and plainly disovering* (London, 1664), 539, 540.

28 *Pückler's Progress: The Adventures of Prince Pückler-Muskau in England, Wales and Ireland as Told in Letters to his Former Wife, 1826–9*, trans. Flora Brennan (London: Collins, 1987), 177.

29 Gail Durbin, *Wig, Hairdressing and Shaving Bygones* (Oxford: Shire, 1984), 12. Carolyn L. White, *American Artifacts of Personal Adornment 1680–1820: A Guide to Identification and Interpretation* (Lanham, MD: Altamira Press, 2005), 104–10. See also *EH*, s.v. 'comb'.

30 Pierre Erondell, *The French garden: for English ladyes and gentlewomen to walke in* (London, 1605), sig. E1v.

31 Margaret Spufford, *The Great Reclothing of Rural England: Petty Chapmen and their Wares in the Seventeenth Century* (London: Hambledon Press, 1984), 94–5, 153, 188–9, 204–5.

32 Durbin, *Wig, Hairdressing and Shaving*, 27. 关于赛璐珞梳妆台：Ariel Beaujot, *Victorian Fashion Accessories* (London: Berg, 2012), 139–77。

33 见：Galia Ofek, *Representations of Hair in Victorian Literature and Culture* (Farnham: Ashgate, 2009), esp. 34–5, 40–1.

34 Durbin, *Wig, Hairdressing and Shaving*, 27.

35 例如：Balmanno Squire, Surgeon to the British Hospital for Diseases of the Skin, *Superfluous Hair and the Means of Removing It* (London: J.A. Churchill, 1893), 52 ff。

36 *Vidal*, 32–3.

37 *The Diary of John Evelyn*, ed. E.S. de Beer, 6 vols (Oxford: Oxford UP, 1955), III, 87 (13 August 1653).

38 J. Liebault, *Trois Livres de l'embellissment et de l'ornement du corps humain*, 1632 (1st edn, 1582), 引自：George Vigarello, *Concepts of Cleanliness: Changing Attitudes in France since the Middle Ages* (Cambridge: Cambridge UP, 1988), 83。

39 William Bullein, *The Government of Health* (1558), quoted in Smith, *Clean*, 209.

40 关于美容的生物物理性，参见：Smith, *Clean*, 17–24. Note that Cynthia M. Hale and Jacqueline A. Polder, *ABCs of Safe and Healthy Child Care: A Handbook for Child Care Providers* (US Public Health Service, 1996), 91, 甚至认为宠物梳子可能是最好用的梳子。

41 例如：Daniel Sennert, *The Art of chirurgery explained in six parts* (London, 1663), 2626; Jeamson, *Artificiall embellishments*, 123。

42 Sennert, *Art of chirurgery*, 2626.

43 *EH*, 102–3.

44 Arthur Freeling (ed.), *Gracefulness: Being a Few Words Upon Form and Features* (London: Routledge, [1845]), 204.

45 乔治·维加莱洛（Georges Vigarello）认为，在19世纪下半叶以前的法国，洗头仍会让人感到焦虑，清洁头发的基本工具仍然是梳子和干粉：*Concepts of Cleanliness*, 174。

46 Stevens Cox, s.v. 'shampoo'.

47 *Pharmaceutical Formulas, Volume 2*, 11th edn (London: Chemist and Druggist, 1956), 804.

48 案件及随后的事件和起诉：*The Times*, 22 July 1897, 7; 30 July 1897, 9; 9 August 1897, 10; 12 August 1897, 10; 16 September 1897, 2; 3 September 1898, 10。两起类似的死亡和进一步的事件：*The Times*, 22 October 1909, 21; 28 October 1910, 4; 2 November 1909, 19; 5 February 1909, 10。建议全面禁止：*The Times*, 31 May 1910, 7。

49 *The Times*, 3 September 1898, 10.

50 案件及随后的事件和起诉：*The Times*, 16 July 1909, 4; 25 August 1909, 2; 25 September 1909, 2; 29 September 1909, 2; 2 October 1909, 3; 6 October 1909, 14; 5 February 1910, 10; 25 March 1910, 4。

51 *The Times*, 5 February 1910, 10. Caroline Cox, *Good Hair Days: A History of British Hairstyling* (London: Quartet Books, 1999), 35.

52 London, Wellcome Library, Med. Ephemera EPH154, Hair care ephemera, Box 1.

53 参见：Joseph R. Skoski, 'Public Baths and Washhouses in Victorian Britain, 1842–1914' (Ph.D. thesis, Indiana University, Bloomington, 2000)。

54 *Vidal*, 7, 27, 54.

55 Jones, 'Globalizing Beauty', 138.

56 W.F.F. Kemsley and David Ginsberg, *Expenditure on Hairdressing, Cosmetics and Toilet Necessities*, 引自：Smith, *Clean*, 338。

57 Jones, 'Globalizing Beauty', 134 (table), 135.

第二章

1 Pepys, III, 213.

2 Pepys, III, 213 (Elizabeth's hair dressed by maid). V, 72; VIII, 35 and IX, 424 (Samuel's hair cut by wife). VIII, 280 and IX, 201 (Samuel's hair cut by maid). E.g. III, 96; VI, 21 and VIII, 531 (Samuel's hair combed by maid). IX, 175 (Samuel's hair cut by Elizabeth's sister-in-law and brother).

3 Pepys, III, 213. *The Letters and Journals of Lady Mary Coke*, ed. J.A.

Home, 4 vols (1889–96; repr. Bath: Kingsmead Reprints, 1970), II, 303.

4 Cecil Aspinall-Oglander, *Admiral's Widow: Being the Life and Letters of the Hon. Mrs. Edward Boscawen from 1761 to 1805* (London: Hogarth Press, 1942), 126, 20 December 1787.

5 Isabella Beeton, *The Book of Household Management* (London: S.O. Beeton, 1861; facsimile repr. Jonathan Cape, 1977), 980, 978.

6 John MacDonald, *Memoirs of an Eighteenth-Century Footman: John MacDonald's Travels (1745–1779)*, ed. John Beresford (London: Routledge, 1927).

7 *Morning Herald and Daily Advertiser*, 4 January 1781.

8 Ibid., 7 June 1783.

9 Ibid., 11 June 1782; *Daily Advertiser*, 22 June 1778.

10 SP 14/107 fol. 121, March(?) 1619.

11 Pepys, IX, 454.

12 R. Campbell, *The London tradesman. Being a compendious view of all the trades* (London, 1747), 209–10.

13 Richard Corson, *Fashions in Hair: The First Five Thousand Years* (London: Peter Owen, 1971), 360; John Hart, *An address to the public, on the subject of the starch and hair-powder manufacturies* (London, [1795]), 61, 引用小威廉·皮特（William Pitt）在议会上的评估。关于后续，参见：John Barrell, *The Spirit of Despotism: Invasions of Privacy in the 1790s* (Oxford: Oxford UP, 2006), 165, n. 72。

14 *Court and Private Life in the Time of Queen Charlotte: Being the Journals of Mrs Papendiek, Assistant Keeper of the Wardrobe and Reader to Her Majesty*, ed. Mrs Vernon Delves Broughton, 2 vols (London: Richard Bentley and Son, 1887), II, 5. J.B 苏雅迪（Suardy）至少从1784年到1809年都在为夏洛特王后做头发。他的名字显然是有问题的。帕彭迪克（Papendiek）给出的是“sonardi”；范妮·伯尼（Fanny Burney，夏洛特的长袍的共同保管人）叫他“Swarthy”：*The Court Journals and Letters of Frances Burney, vol. 1*, ed. Peter Sabor (Oxford: Clarendon Press, 2011), 25, n. 116; 104。

15 基于下文提出的转换比例计算：Lawrence H. Officer and Samuel H. Williamson, 'Five Ways to Compute the Relative Value of a UK Pound Amount, 1270 to Present', MeasuringWorth, 2017, https://www.measuringworth.com/ukcompare/, accessed 2 February 2017。

16 *Journals of Mrs Papendiek*, II, 49.

17 同上，I, 173; I, 222; I, 185; I, 199; I, 173, I, 222; I, 237, I, 292; II, 171. 事实上，“泰尔克先生”可能是蒂尔克夫人的丈夫，蒂尔克夫人是保管夏洛特皇后的衣橱的女人，见：*Court Journals of Frances Burney*, 17, n. 75。

18 *Journals of Mrs Papendiek*, II, 111; II, 142.

19 Woodforde X, 27.

20 *Court Journals of Frances Burney*, 96, 104 with n. 356.

21 *The Memoirs of Richard Cumberland*, ed. Richard Dircks, 2 vols in 1 (New York: AMS Press, 2002), II, 14.

22 Cecil Beaton, *The Glass of Fashion* (London: Weidenfeld and Nicolson, 1954), 13–14.

23 Figures for 2016: 'Hair and Beauty Industry Statistics', National Hairdressers' Federation, http://www.nhf.info/about-the-nhf/hair-and-beauty-industry-statistics/, accessed 18 December 2016.

24 'How Many Famous Female Hairdressers Can you Name?', BBC News, http://bbc.co.uk/news/business-38267758, accessed 11 December 2016.

25 Margaret Pelling, *The Common Lot: Sickness, Medical Occupations and the Urban Poor in Early Modern England* (London: Longman, 1998), 208. Doreen Evenden, 'Gender Difference in the Licensing and Practice of Female and Male Surgeons in Early Modern England', *Medical History* 42 (1998): 194–216.

26 基于下文提出的转换比例计算：Lawrence H. Officer and Samuel H. Williamson, 'Five Ways to Compute the Relative Value of a UK Pound Amount, 1270 to Present', MeasuringWorth, 2017, https://www.measuringworth.com/ukcompare/, accessed 13 February 2017。

27 *Stuart Royal Proclamations*, vol. II *Royal Proclamations of King Charles I 1625–1646*, ed. James Larkin (Oxford: Clarendon Press, 1983), 88.

28 Pepys, VII, 278 (shaved at the Swan); VIII, 133 (meets barber at the Swan); IV, 312 (Crown in Huntington); VIII, 234 (Horseshoe in Bristol); I, 200 (shaved in street).

29 Pepys, I, 298.

30 SP 29/101 fol. 16.

31 关于有争议的周日剃须，另可参见第三章。以及：Richard Wright Proctor, *The Barber's Shop* (Manchester and London, 1883), esp. 135–6; Theologos, *Shaving: A Breach of the Sabbath* (London, 1860); William Andrews, *At the Sign of the Barber's Pole: Studies in Hirsute History* (1904; repr. [n.p.]: Dodo Press, [n.d.]), 15–17。

32 Foan, 507.

33 Proctor, *The Barber's Shop*, 56–7.

34 1600年后，许多理发师出售烟草：Margaret Pelling, 'Appearance and Reality: Barber-surgeons, the Body and Disease', in A.L. Beier and Roger Finlay (eds), *London 1500–1700: The Making of a Metropolis* (London: Longman, 1986), 94。关于音乐和理发师，参见：Laurie Maguire, 'Petruccio and the Barber's Shop', *Studies in Bibliography* 51 (1998), esp. 118–19; Pelling, *The Common Lot*, 222–3; Stevens Cox, s.v. 'barber music。

35 Pepys, I, 90; V, 352; IV, 237.

36 Pepys, III, 233; III, 201.

37 Woodforde, XI, 145.

38 Evenden, 'Gender Difference in the Licensing and Practice of Female and Male Surgeons': 196–7, 201. Also Diane Willen, 'Guildswomen in the City of York, 1560–1700', *The Historian* 43 (1984): 217.

39 I. Murray, 'The London Barbers', in Ian Burn (ed.), The Company of Barbers and Surgeons (London: Ferrand Press, 2000), 77.

40 J.T. Smith, *Ancient Topography of London* (London: John Thomas Smith, 1815), 38.

41 *DM*, 7 October 1936, 16; 22 September 1911, 11; 2 July 1951, 3.

42 Pepys, I, 219.

43 *Benjamin Franklin's Autobiography*, ed. J.A. Leo Lemay and P.M. Zall (New York: Norton, 1986), 108, n. 9.

44 Shaun Lockes, *Cutting Confidential: True Confessions and Trade Secrets of a Celebrity Hairdresser* (London: Orion, 2007), 113.

45 E.g. *Entry 3 / Level 1 VRQ in Hairdressing and Beauty Therapy*, The City & Guilds Textbook (London: City & Guilds, 2012), 19–24; Keryl Titmus, *Level 2 NVQ Diploma in Hairdressing*, The City & Guilds Textbook (London: City & Guilds, 2011), 31; Martin Green and Leo Palladino, *Professional Hairdressing: The Official Guide to Level 3*, 4th edn (London: Thomson, 2004), 9–11.

46 Lockes, *Cutting Confidential*, 16.

47 'Hairdressing', Health and Safety Executive UK Government, http://www.hse.gov.uk/hairdressing/, accessed 5 March 2013.

48 Kristan J. Aronson, Geoffrey R. Howe, Maureen Carpenter and Martha E. Fair, 'Surveillance of Potential Associations between Occupations and Causes of Death in Canada, 1965–91', *Occupational and Environmental Medicine* 56 (1999): 265–9. Also Foan, 472–6.

49 Pelling, 'Appearance and Reality', 94–5.

50 'Assessment Strategy for Hairdressing NVQs and SVQs' (2010), and 'Assessment Strategy for Barbering NVQs and SVQs' (2010), 均出自：Habia: Hair and Beauty Industry Authority, http://www.habia.org/, accessed 1 February 2017。

51 例如口述史访谈：Simon Szreter and Kate Fisher, *Sex before the Sexual Revolution: Intimate Life in England 1918–1963* (Cambridge: Cambridge UP, 2010), 240–1。

52 例如：David K. Jones, 'Promoting Cancer Prevention through Beauty Salons and Barbershops', *North Carolina Medical Journal* 69 (2008): 339–40; B.J. Releford et al., 'Cardiovascular Disease Control through Barbershops: Design of Nationwide Outreach Program', *Journal of the National Medical Association* 102 (2010): 336–45; J.L. Baker et al., 'Barbershops as Venues to Assess and Intervene in HIV/STI Risk among Young, Heterosexual African American Men', *American Journal of Men's Health* 6 (2012): 368–82; M. Fraser et al., 'Barbers as Lay Health Advocates: Developing a Prostate Cancer Curriculum', *Journal of the National Medical Association* 101 (2009): 690–7。

53 *Vidal*, 98.

54 Lockes, *Cutting Confidential*, 193–4.

55 L. Paul Bremmer, *My Year in Iraq* (New York: Simon and Schuster, 2006), 151. 感谢芭芭拉·文森特的推荐。

56 斯温尼·陶德的文化故事，参见：Robert L. Mack, *The Wonderful and Surprising History of Sweeney Todd* (London: Continuum, 2007)。

57 Lady Cynthia Asquith, *Diaries 1915–1918* (London: Hutchinson, 1968), 477. Other examples: 14, 128–9, 150, 158, 327, 329, 334, 339, 384. 玛丽·斯托普斯（Marie Stopes）的《已婚之爱》首次出版于1918年，既声名狼藉又影响深远。其中强调了婚姻平等和女性欲望。斯托普斯积极从事节育教育。

58 Andrea C. Beetles and Lloyd C. Harris, 'The Role of Intimacy in Service Relationships: An Exploration', *Journal of Services Marketing* 24 (2010): 351.

59 *Vidal*, 4; Lockes, *Cutting Confidential*, 10.

60 访谈引自：Beetles and Harris, 'The Role of Intimacy', 353。

61 在一项研究中，72%的受访者对他们的造型师表现出高度的个人忠诚度：Liliana L. Bove and Lester W. Johnson, 'Does "True" Personal or Service Loyalty Last? A Longitudinal Study', *Journal of Services Marketing* 23 (2009): 189。

62 Mary Beard, *It's a Don's Life* (London: Profile Books, 2009), 237.

63 Barbarossa [Alexander Ross], *A Slap at the Barbers* (London, [*c.*1825]), 9.

64 Elizabeth Steele, *Memoirs of Sophia Baddeley*, 6 vols (London, 1787), V, 179.

65 Lockes, *Cutting Confidential*, 15, 66.

66 SP 34/12 fol. 110.
67 SP 29/101 fol. 16.
68 Athan Theoharis (ed.), *From the Secret Files of J. Edgar Hoover* (Chicago: I.R. Dee, 1991), 353–4. 感谢芭芭拉·文森特的推荐。
69 例如：Pepys, IX, 20; IX, 48。
70 Pepys, IX, 277.
71 Pepys, IX, 337.
72 MacDonald, *Memoirs*, 220, 80–1, 53–5. Don Herzog, 'The Trouble with Hairdressers', *Representations* 53 (1996): 25.
73 引自：Herzog, 'The Trouble with Hairdressers': 25。
74 Lockes, *Cutting Confidential*, 72.
75 Mary Hays, *Appeal to the Men of Great Britain in Behalf of Women* (London, 1798), 200, 201.
76 *Vidal*, 80, 79.
77 *Vidal*, 91.
78 列入保罗·贝克（Paul Baker）的《北极星词典》（Polari dictionary）：Paul Baker, *Polari: The Lost Language of Gay Men* (London: Routledge, 2002), 170。《牛津英语词典》的首次使用可以追溯到1966年。

第三章

1 Henry Mayhew and John Binny, *The Criminal Prisons of London and Scenes of Prison Life* (1862; repr. London: Frank Cass and Co., 1971), 564, 273. 注意，剃须也能解决任何关于虱子的问题。
2 Deborah Pergament, 'It's Not Just Hair: Historical and Cultural Considerations for an Emerging Technology', *Chicago-Kent Law Review* (75): 48–52.
3 引自同上，50。
4 'Justice for Magdalenes (JFM) Ireland. Submission to the United Nations Committee Against Torture, 46th Session, May 2011', hair-cutting as routine punishment, para 5.2.6; witness testimony, Appendices II, IV, https://www.magdalenelaundries.com/jfm_comm_ontorture_210411.pdf, accessed 28 September 2015.
5 Sue Lloyd Roberts, 'Demanding Justice for Women and Children Abused by Irish Nuns', BBC News, 24 September 2014, http://www.bbc.co.uk/news/magazine-29307705, accessed 28 September 2015.
6 Anthony Synnott, 'Hair: Shame and Glory', in *The Body Social: Symbolism, Self and Society* (London: Routledge, 1993), 122.
7 Wendy Cooper, *Hair: Sex Society Symbolism* (London: Aldus Books, 1971), 68.
8 Rodney Sinclair, 'Fortnightly Review: Male Pattern Androgenetic Alopecia', *British Medical Journal* 317, no. 7162 (26 September 1998): 867.
9 同上，865。
10 Rebecca Emlinger Roberts, 'Hair Rules', *The Massachusetts Review* 44 (2003/2004): 714–15.
11 Sacha Bonsor, 'A Tender Touch', *Harper's Bazaar* (October 2013): 127.
12 Pepys, VII, 288.
13 有些男人留着又薄又窄的唇上小胡子，就像这一时期查理二世的画像中所描绘的那样。
14 Dene October, 'The Big Shave: Modernity and Fashions in Men's Facial Hair', in Geraldine Biddle-Perry and Sarah Cheang (eds), *Hair: Styling, Culture and Fashion* (Oxford: Berg, 2008), 67.
15 Pepys, III, 91.
16 *Pharmaceutical Formulas, Volume 2*, 11th edn (London: Chemist and Druggist, 1956), 854.
17 Balmanno Squire, *Superfluous Hair and the Means of Removing It* (London: Churchill, 1893), 49–50.
18 Pepys, III, 96–7.
19 Pepys, III, 196.
20 Pepys, V, 6.
21 Pepys, V, 29.
22 关于剃须所需技术设备的更多信息，见：Stevens Cox, s.v. 'hone', 'strap', 'strop' and related entries。
23 Woodforde, IV, 21.
24 *Journal to Stella*, ed. H. Williams, 2 vols (Oxford: Blackwell, 1974), I, 13, 144, 223, 326, 355.
25 *The Correspondence of Jonathan Swift*, ed. H. Williams, 5 vols (Oxford: Clarendon Press, 1963), III, 89.
26 James Woodforde, *Woodforde at Oxford 1759–1776*, ed. W.N. Hargreaves-Mawdsley, Oxford Historical Society, n.s. 21 (1969), 87.
27 Lawrence Wright, *Clean and Decent: The Fascinating History of the Bathroom and the Water Closet* (London: Routledge and Kegan Paul, 1960), 114–19.
28 'A Discourse on Barbers', *The Englishman's Magazine* 1 (1852): 48.
29 Alun Withey, 'Shaving and Masculinity in Eighteenth-Century Britain', *Journal for Eighteenth-Century Studies* 36 (2013): 233.
30 Woodforde, XIII, 35; VI, 186; XIV, 172.
31 Woodforde, XI, 83.
32 *Journal to Stella*, I, 155. 请注意，这就是后来送给斯威夫特（Swift）一些剃须刀的查尔斯·福特（Charles Ford）。
33 Pepys, VIII, 247.
34 例如，从V&A博物馆"绅士的盥洗用具"可以看到，1640–50, 7201:1 to 20-1877，可从以下网址获得：http://collections.vam.ac.uk/item/O10974/gentlemans-toilet-set-unknown/ compared to the Dressing case, *c.*1850, AP.621:1 to 21, available at http://collections.vam.ac.uk/item/O77824/

napoleon-napoleon-dressing-case-wilson-walker-co/, both accessed 17 January 2014。

35 H.M. *Why Shave? or Beards v. Barbery* (London, [n.d.]), 9.

36 Theologos, *Shaving: A Breach of the Sabbath* (London: Saunders and Otley, 1860), 20.

37 MOA: FR A21 'Personal Appearance: Hands, Face and Nails', July 1939, 36, 37, 38–9, 47.

38 同上，29, 33, 34。

39 同上，34–9，引文出自：39。

40 Matthew Immergut, 'Manscaping: The Tangle of Nature, Culture, and Male Body Hair', in Lisa Jean Moore and Mary Kosut (eds), *The Body Reader* (New York and London: New York UP, 2010), 287–304; Shaun Cole, 'Hair and Male (Homo) Sexuality: "Up Top and Down Below"', in Geraldine Biddle-Perry and Sarah Cheang (eds), *Hair: Styling, Culture and Fashion* (Oxford: Berg, 2008), 81–95, esp. 86–90; Michael Boroughs, Guy Cafri and J. Kevin Thompson, 'Male Body Depilation: Prevalence and Associated Features of Body Hair Removal', *Sex Roles* 52 (2005): 637–44, DOI: 10.1007/s11199-005-3731-9.

41 *EH*, 355.

42 'Safety Razors for Recruits', *The Times*, 22 September 1926,12, 13 ; *EH*, 355.

43 Geoffrey Jones, 'Blonde and Blue-Eyed? Globalizing Beauty, c.1945–c.1980', *Economic History Review* 61 (2008): 138.

44 Simplex advertisement, *DM*, 11 November 1904, p. 13; Mulcato advertisement, *DM*, 11 June 1908, p. 15.

45 Editorial, *The Times*, 19 April 1929, 17.

46 MOB: FR 911 'Razor Blade Scheme', October 1941, 5.

47 'Court Circular', *The Times*, 10 September 1910, 11; *DM*, 26 August 1933, 2.

48 'Razor Blades "Hazard" in Magazine', *The Times*, 25 March 1966, 6.

49 'He Wants Old Razor Blades', *DM*, 1 June 1934, 24.

50 Howard Mansfield, *The Same Axe, Twice: Restoration and Renewal in a Throwaway Age* (Hanover, NH: UP of New England, 2000), 123.

51 'New Flats', *The Times*, 20 February 1936, 24.

52 'Cut-Throat Competition for Shavers', *The Times*, 12 July 1966, 11.

53 根据明特尔（市场研究公司）的报告：*Men's Grooming and Shaving Products – UK – October 2011*, 'Almost two thirds of men wet shave, whereas just over a quarter dry shave' (Section: The Consumer – Attitudes Towards Grooming Products, key points and graph)。

54 'A Discourse on Barbers', 48.

55 'Safety Razors for Recruits'.

56 'Razors and Reason', *The Times*, 19 April 1929, 17.

57 'Shaving – Then and Now', *The Times*, 13 June 1939, 17.

58 'Cut-Throat Competition for Shavers'.

59 Humphrey Bogart in *Sabrina Fair* (1954): Allan Peterkin, *One Thousand Beards: A Cultural History of Facial Hair* (Vancouver: Arsenal Pulp Press, 2001), 69. John Steed in *The Avengers* episodes 'The Golden Eggs' (1963), 'Too Many Christmas Trees' (1965) and 'Dead Man's Treasure' (1967), http://www.johnsteedsflat.com/bio8.html, accessed 7 February 2017.

60 Charlie Thomas, 'Wet Shave vs. Dry Shave – Which is Best?', *The Gentleman's Journal*, 16 July 2014, http://www.thegentlemansjournal.com/wet-shave-vs-electric-shave-best/, accessed 20 October 2015.

61 Charles Darwin, *Descent of Man, and Selection in Relation to Sex, Part Two*, in *The Works of Charles Darwin*, ed. Paul Barrett and R.B. Freeman, 22 (London: William Pickering, 1989), esp. 624–5, 629.

62 London, Wellcome Library, English Recipe Book, 17th–18th century, c.1675–c.1800, MS. 7721/digitized image 139, 'To hinder haire from growing'.

63 La Fountaine, *A brief collection of many rare secrets* ([n.p.], 1650), sig. Br.

64 Thomas Jeamson, *Artificiall embellishments, or Arts best directions how to preserve beauty or procure it* (Oxford, 1665),157–9. 关于天仙子：Richard Mabey, *Flora Britannica* (London: Sinclair-Stevenson, 1996), 301。

65 Jeamson, *Artificiall embellishments*, 125–6; Amelia Chambers, *The ladies best companion; or A Golden Treasure for the Fair Sex* (London, [1775?]), 160.

66 各版《制药配方》都刊登在伦敦出版的《化学家和药剂师》上，引自：3rd edn (1898), 108; 7th edn (1908), 127。

67 London, Wellcome Library: Madame Constance Hall, *How I Cured my Superfluous Hair* (London, [1910?]), 8.（我的重点）亦可参见《*DM*》的广告：18 October 1910, 17; 15 November 1910, 17; 9 February 1911, 11; 18 March 1911, 11; 17 October 1911, 13; 4 May 1912, 10。

68 Agatha Christie, *The Man in the Brown Suit* (1924), in *Agatha Christie: 1920s Omnibus* (London: HarperCollins, 2006), 395–6.

69 *EH*, 316.

70 La Fountaine, *A brief collection of many rare secrets*, sig. Br; London, Wellcome Library, Lowdham, Caleb (fl. 1665–1712), MS.7073/digitized image 74.

71 *DM*, 24 October 1935, 17. 在24年的时间里，广告频繁地重复着同样的故事。

第四章

1 Pierio Valeriano, *A treatise vvriten by Iohan Valerian a greatte clerke of Italie, which is intitled in latin Pro sacerdotum barbis translated in to Englysshe* ([London, 1533]), p. 2r, sig. A2r. 请注意，这个日期与马特乌斯·施瓦兹（Matthäus Schwarz）在1535年决定留胡子的时间相吻合，正如他在他关于服装的书中记录和描述的那样：*The First Book of Fashion: The Books of Clothes of Matthäus and Veit Konrad Schwarz of Augsburg*, ed. Ulinka Rublack and Maria Hayward (London: Bloomsbury, 2015), 152。

2 John Taylor, *Superbiae flagellum, or, The vvhip of pride* (London, 1621), sigs C7v–C8r.

3 E.g. Philip Stubbes, *The second part of the anatomie of abuses conteining the display of corruptions* (London, 1583), sigs G8r–G8v.

4 J.[ohn] B.[ulwer], *Anthropometamorphosis: man transform'd: or the artificiall changling* (London, 1653), Scene XII, p. 193.

5 Sandra Cavallo, *Artisans of the Body in Early Modern Italy: Identities, Families and Masculinities* (Manchester: Manchester UP, 2007), 42.

6 Will Fisher, *Materializing Gender in Early Modern English Literature and Culture* (Cambridge: Cambridge UP, 2006), esp. Chapter 3; Eleanor Rycroft, 'Facial Hair and the Performance of Adult Masculinity on the Early Modern English Stage', in Helen Ostovich, Holder Schott Syme and Andrew Griffin (eds), *Locating the Queen's Men, 1583–1603: Material Practices and Conditions of Playing* (Aldershot: Ashgate, 2009), 217–28; 以及：Mark Albert Johnston, 'Bearded Women in Early Modern England', *Studies in English Literature 1500–1900* 47 (2007): 1–28。

7 John Partridge, *The widowes treasure* (London, 1588), 'To make the haire of the bearde to grow', sigs [D5r–D5v].

8 更进一步，参见：Herbert Moller, 'The Accelerated Development of Youth: Beard Growth as a Biological Marker', *Comparative Studies in Society and History* 29 (1987): esp. 753–7。

9 同上，753，由穆勒（Moller）翻译。

10 Gervas Huxley, *Endymion Porter: The Life of a Courtier 1587–1649* (London: Chatto and Windus, 1959), 76; *The Letters of John Chamberlain*, ed. Norman Egbert McClure, 2 vols (Philadelphia: American Philosophical Society, 1939), II, 480–1.

11 引自：J.G. Muddiman, *Trial of King Charles the First* (Edinburgh and London: W. Hodge and Company, 1928), 150。及：C.V. Wedgwood, *The Trial of Charles I* (London: Collins, 1964), 189, and references at note 47 (p. 241)。

12 例如：Geoffrey Robertson, 'Who Killed the King?', *History Today* 56, no. 11 (2006), http://www.historytoday.com/geoffrey-robertson/who-killed-king, accessed 22 February 2015。

13 Fisher, *Materializing Gender*, 83.

14 William Shakespeare, *A Midsummer Night's Dream*, I.2, lines 83–9.

15 *Letters of John Chamberlain*, ed. McClure, II, 630.

16 Stephen Orgel and Roy Strong (eds), *Inigo Jones: The Theatre of the Stuart Court*, 2 vols ([London]: Sotheby Parke Bernet, 1973), I, 384.

17 Available at http://thequeensmen.mcmaster.ca/index.htm, accessed 28 January 2015.

18 Rycroft, 'Facial Hair and the Performance of Adult Masculinity', 225–6.

19 J.H.P. Pafford, *John Clavell 1601–43: Highwayman, Author, Lawyer, Doctor. With a Reprint of his Poem 'A Recantation of an Ill Led Life, 1634* (Oxford: Leopard Press, 1993), 'Recantation', 6.

20 *The Letters of Lady Arbella Stuart*, ed. Sara Jayne Steen (New York: Oxford UP, 1994), 69.

21 Fisher, *Materializing Gender*, 85–6.

22 感谢艾伦·邓尼特（Alan Dunnett）对该刊的翻译。

23 以下摘自：Stuart Holbrook, 'The Beard of Joseph Palmer', *The American Scholar* 13, no. 4 (1944): 451–8。

24 根据《牛津英语词典》，前缀"pogon"源自希腊语，意为"胡须"，1631年首次出现在英语中，极少用到。

25 'New Fashion of Wearing the Beard', *The Penny Satirist*, 16 January 1841, 1.

26 引自：Richard Corson, *Fashions in Hair: The First Five Thousand Years* (London: Peter Owen, 1971), 405。

27 'The Hair and the Beard', *The Leeds Mercury*, 22 January 1881, 5.

28 同上。

29 引自：Lucy Lethbridge, *Servants: A Downstairs View of Twentieth-Century Britain* (London: Bloomsbury, 2013), 43。

30 下面的观点在下列出版物中被陈述：H.M., *Why Shave? or Beards v. Barbery* (London, [n.d., c.1888])；Theologos, *Shaving: A Breach of the Sabbath* (London, Saunders and Otley, 1860)；Thomas S. Gowing, *The Philosophy of Beards* (Ipswich: J. Haddock, [1854]; repr. London: British Library, 2014)。

31 'The Beard in Fog, Frost, and Snow', *Daily News*, 21 January 1854.

32 *Why Shave?*, 29. 然而，将宪章派与留胡子联系起来（Christopher Oldstone-More, 'The Beard Movement in Victorian Britain', *Victorian Studies* 48 (2005): 7, 10, 16）似乎是有纰漏的，因为几乎所有宪章派领导人的胡子都刮得干干净净的，或者只有络腮胡子（当时的大多数男人都是这样），费格斯·奥康纳（Feargus O'Connor's）那句著名的，且反复提到的"浮华的夹克，起泡的手和没有修剪胡须的下巴"（见：Paul Pickering, 'Class Without Words: Symbolic Communication in the Chartist Movement' *Past and Present* 112 (1986): 144–62）更可能是指典型的每周刮一次胡子的工人积累的胡茬，而不是胡子自身的实际展示。

33 John Brown, *Plain Words on Health Addressed to Working People* ([n.p.], 1882), 79.

34 'Three Months' Experience of a Beard', *Daily News*, 29 November 1853.

35 Brown, 'Plain Words', 80.

36 Gowing, *Philosophy of Beards*, 14.

37 'The Beard Again', *The Sheffield and Rotherham Independent*, 14 January 1854.

38 引自：Hely Hutchinson Almond, *The Difficulty of Health Reformers* ([n.p], 1884), 189.

39 'Three Months' Experience of a Beard.'

40 M. Louise Hayden, 'Charles Winthrop's Moustache', *The Young Folk's Budget*, 21 June 1879, 396.

41 Gwen Raverat, *Period Piece: A Victorian Childhood* (1952; repr. Bath: Clear Press, 2003), 261–2.

42 Christopher Oldstone-Moore, *Of Beards and Men: The Revealing History of Facial Hair* (Chicago: University of Chicago Press, 2016), 189–91.

43 Stevens Cox, 106, 唇上小胡子的配件与产品相关的条目；Corson, *Fashions in Hair*, 560–1, 562; *EH*, 280; Gail Durbin, *Wig, Hairdressing and Shaving Bygones* (Oxford: Shire, 1984), 21。

44 *Modern Etiquette in Public and Private* (London: Frederick Warne and Co., [*c*.1887]), 39.

45 例如：*British Medical Journal*, 'Beards and Bacteria', 1 February 1896, 295；'Beards and Bacilli', 10 June 1899；'Beards and Bacilli', 15 July 1905。

46 'Vanity, Greed and Hygiene Combine to Banish the Beard', *The Atlanta Constitution*, 23 February 1902, p. A4.

47 引自：'The Passing of the Beard', *British Medical Journal*, 26 July 1902, 273。完全和基本相同的覆盖范围：'Vanity, Greed and Hygiene'; 'Shave Microbe-Infested Beards', *The Philadelphia Inquirer*, 23 February 1902, 2; 'Danger Found in the Beard', *Star* (Christchurch, NZ), 10 May 1902, 2。

48 Stuart P. Sherman, 'Lawrence Cultivates His Beard', *New York Herald Tribune*, Books section, 14 June 1926, reprinted in R.P. Draper (ed.), *D. H. Lawrence: The Critical Heritage* (London: Routledge and Kegan Paul, 1970), 250.

49 *The Collected Letters of D. H. Lawrence*, ed. Harry T. Moore, 2 vols (London: Heinemann, 1962), II, 846.

50 同上，I, 293。

51 'To-Day's Gossip: Beaver', *DM*, 6 April 1922, 9; 'London Letter: Beaver', *Hull Daily Mail*, 7 July 1922, 4.

52 'Beards and the British', *The Spectator*, 6 February 1959, 19, 可从以下网址获得：The Spectator Archive, http://archive.spectator.co.uk/article/6th-february-1959/19/beards-and-the-british, accessed 14 February 2017。当时的报道包括：'London Letter: Beaver', *Devon and Exeter Daily Gazette*, 7 July 1922, 16; 'Mail: Mustard and Cress', *Hull Daily Mail*, 26 August 1922, 1。

53 参见：Michael Holroyd, 'Augustus John',《牛津国家人物传记辞典》。

54 'London Letter: Beaver!', *Hull Daily Mail*, 21 November 1922, 4.

55 See Virginia Nicolson, *Among the Bohemians: Experiments in Living 1900–1939* (London: Penguin, 2003), esp. 148–9 (also discusses 'Beaver').

56 Lady Cynthia Asquith, *Diaries 1915–1918* (London: Hutchinson, 1968), 37, 62, 298, 479. See also 365.

57 参见他在《牛津国家人物传记辞典》中的记录。

58 Eric Gill, *Clothes: An Essay Upon the Nature and Significance of the Natural and Artificial Integuments Worn by Men and Women* (London: Jonathan Cape, 1931), 191–2.

59 John English, 'As the World Goes By: Beards and Barbarism', *DM*, 18 September 1930, 9.

60 例如：*DM*, 'Moustaches or Not', 20 July 1906, 5; 'Moustaches Unpopular', 14 July 1909, 4; 'Shaven "Ladies' Man"', 24 February 1912, 5; 'Clean-Shaven Army', 8 July 1913, 4。

61 'Shaven Ladies' Man.'

62 'Clean-Shaven Army'; see also 'Military Men and Moustaches', *DM*, 21 July 1906, 6.

63 Asquith, *Diaries*, e.g. 212, 223.

64 'The Army Moustache', *The Times*, 7 October 1916, 5.

65 Christopher Oldstone-Moore, 'Moustaches and Masculine Codes in Early Twentieth-Century America', *Journal of Social History* 45 (2011): 47–60, esp. 54–6; Joan Melling, *Big Bad Wolves: Masculinity*

in the American Film (New York: Pantheon Books, 1977), 44, 45.

66 'New Star Gets New Order – "Grow Moustache!"', *DM*, 28 December 1937, 16. 'Filmland Chatter', *DM*, 1 July 1932, 17.

67 'A Day with Ronald Colman', *DM*, 11 January 1935, 20; 'This Week's Film Shows', *DM*, 27 May 1935, 23.

68 'I'm a Hero at Last!', *Hull Daily Mail*, 4 March 1939, 4; 'Why I am Growing a Moustache', *Hull Daily Mail*, 7 May 1932, 4.

69 引自：Lucinda Hawksley, *Moustaches, Whiskers and Beards* (London: National Portrait Gallery, 2014), 95。

70 Stuart Hall, 'The Hippies: An American "Moment"', Occasional Paper, Sub and Popular Culture Series: SP No. 16, Centre for Cultural Studies, University of Birmingham (1968), 21. Emphasis original.

71 George Fallows, 'A Banned Beard is Saved - In a Plastic Bag', *DM*, 15 September 1969, 11。

72 'Beards and The British'.

73 关于单一时尚周期的分解：Fred Davis, *Fashion, Culture and Identity* (Chicago and London: University of Chicago Press, 1992), e.g. 107–8。

74 'Are Hipster Beards Unhygienic?', Mail Online, http://www.dailymail.co.uk/health/article-2991865/Are-beards-unhygienic-Facial-hair-riddled-bacteria-spread-germs-trigger-infections-experts-claim.html, accessed 25 May 2016.

75 'Are Beards Good for Your Health?', BBC News, http://www.bbc.co.uk/news/magazine-35350886, accessed 25 May 2016.

76 于：St Wilgefortis: Ilse E. Friesen, *The Female Crucifix: Images of St. Wilgefortis Since the Middle Ages* (Waterloo, ON: Wilfrid Laurier UP, 2001); Elizabeth Nightlinger, 'The Female *Imitatio Christi* and Medieval Popular Religion: The Case of St Wilgefortis', in *Representations of the Feminine in the Middle Ages*, ed. Bonnie Wheeler (Dallas: Academia, 1993), 291–328。

77 Merry Wiesner-Hanks, *The Marvelous Hairy Girls: The Gonzales Sisters and their Worlds* (New Haven: Yale UP, 2009), 5–6.

78 Annie Shooter, 'Zap That Facial Hair!', Mail Online, http://www.dailymail.co.uk/femail/beauty/article-1331866/Revealed-Six-techniques-zapping-facial-hair.html, accessed 7 June 2016.

79 Jane Tibbetts Schulenburg, *Forgetful of their Sex: Female Sanctity and Society ca. 500–1100* (Chicago: University of Chicago Press, 1998), 152–3.

80 Gregory the Great, *Dialogues* 4.13; Schulenburg, *Forgetful of Their Sex*, 152.

81 Jonathan Brown and Richard L. Kagan, 'The Duke of Alcalá: His Collection and Its Evolution', *The Art Bulletin* 69 (1987): 231–55. 在这幅画上，还有其他一些长胡子的女人，Sherry Velasco, 'Women with Beards in Early Modern Spain', in Karin Lesnik-Oberstein (ed.), *The Last Taboo: Women and Body Hair* (Manchester: Manchester UP, 2006), 181–90。

82 关于完整的拉丁文题字、翻译，以及对麦格达莱娜（Magdalena）状况的现代医学解释，W. Michael G. Tunbridge, 'La Mujer Barbuda by Ribera, 1631: A Gender Bender', *QJM: An International Journal of Medicine* 104 (2011): 733–6, available at http://qjmed.oxfordjournals.org/content/qjmed/104/8/733.full.pdf, accessed 9 June 2016。

83 正如奥斯腾–摩尔（Oldstone-Moore）为19世纪所辩解的那样：*Of Beards and Men*, 198。

84 Pepys, IX, 398.

85 Nadja Durbah, *Spectacle of Deformity: Freak Shows and Modern British Culture* (Berkeley: University of California Press, 2010), 1–6.

86 Oldstone-Moore, *Of Beards and Men*, 191.

87 Sean Trainor, 'Fair Bosom/Black Beard: Facial Hair, Gender Determination, and the Strange Career of Madame Clofullia, "Bearded Lady"', *Early American Studies* 12 (2014): 548–75.

88 Rachel Adams, *Sideshow USA: Freaks and the American Cultural Imagination* (Chicago: University of Chicago Press, 2001), 27–31.

89 'Opening of Barnum's Show', *The Times*, 12 November 1889, 7.

90 引自：Susan Bell, 'Memoirs of a Bearded Lady who Noted Barbed Comments in Ink', *The Scotsman*, 21 June 2005, http://www.scotsman.com/news/world/memoirs-of-a-bearded-lady-who-noted-barbed-comments-in-ink-1-716483, accessed 13 June 2016. 另可参阅：Clementine, Joe Nickell, *Secrets of the Sideshows* (Lexington: University of Kentucky Press, 2005), 152。

91 Bell, 'Memoirs of a Bearded Lady'.

92 引自：Bell, 'Memoirs of a Bearded Lady'. 关于更普遍地赋予畸形表演者权力的类似争论：Christopher R. Smit, 'A Collaborative Aesthetic: Levinas's Idea of Responsibility and the Photographs of Charles Eisenmann and the Late Nineteenth-Century Freak-Performer', in Marlene Tromp (ed.), *Victorian Freaks: The Social Context of Freakery in Britain* (Columbus: Ohio State UP, 2008), 283–311; Robert Bogdan, *Freak*

Show: Presenting Human Oddities for Amusement and Profit (Chicago: University of Chicago Press, 1988), esp. 270–2。

93 'Strange Conduct of a Bearded Lady', *Evening Telegraph and Star and Sheffield Daily Times*, 25 August 1894, 2.

94 'A Bearded Woman', *The Evening News*, 11 May 1895, 2.

95 法国女权组织La Barbe用胡须喻指权力，戴上假胡须讽刺男性至上。

96 引自：Michael M. Chemers, *Staging Stigma: A Critical Examination of the American Freak Show* (New York: Palgrave Macmillan, 2008), 125。另参见：Adams, *Sideshow*, 219–26。

第五章

1 William Prynne, *The vnlouelinesse, of loue-lockes* (London, 1628), sig. B2, p. 3; sig. A3v.

2 关于它们的起源、动员和意义：Tristam Hunt, *The The English Civil War at First Hand* (London: Weidenfeld and Nicolson, 2002), 72–5; Jerome de Groot, *Royalist Identities* (Houndmills: Palgrave Macmillan, 2004), 90–107; Helen Pierce, *Unseemly Pictures: Graphic Satire and Politics in Early Modern England* (New Haven and London: Yale UP for the Paul Mellon Centre for Studies in British Art, 2008), 137–67; Jacqueline Eales, *Puritans and Roundheads: The Harleys of Brampton Bryan and the Outbreak of the English Civil War* (Cambridge: Cambridge UP, 1990), 143–5; Tamsyn Williams, '"Magnetic Figures": Polemical Prints of the English Revolution', in Lucy Gent and Nigel Llewellyn (eds), *Renaissance Bodies: The Human Figure in English Culture, c. 1540–1660* (London: Reaktion, 1990), 88–94; Christopher Hill and Edmund Dell (eds), *The Good Old Cause: The English Revolution of 1640–1660*, rev. edn (London: Frank Cass, 1969), 245–6。

3 W. Lilly, *The True History of King James I and Charles I*, quoted in Hill and Dell (eds), *The Good Old Cause*, 245–6.

4 布里亚纳·哈雷（Brilliana Harley）夫人的信，引自：Eales, *Puritans and Roundheads*, 144。

5 Hunt, *The English Civil War at First Hand*, 73，引自：Veronica Wedgewood。

6 T. J., *A Medicine for the Times. Or an antidote against Faction* (London, 1641), sig. A3v.

7 同上。清教徒式的不快乐，Humphrey Crouch, *My Bird is a Round-head* (London, 1642)。

8 John Taylor, *The Devil turn'd Round-head* ([London], 1642), sigs [A3v–A4r].

9 例如：Anon, *A short, compendious, and true description of the round-heads and the long-heads shag-polls briefly declared* (London, 1642)。

10 *A short, compendious, and true description of the round-heads*, 2; Anon, *See, heer, malignants foolerie retorted on them properly The Sound-Head, Round-Head, Rattle-Head well plac'd, where best is merited* ([London],1642).

11 De Groot, *Royalist Identities*, 105; *The soundheads description of the roundhead. Or The roundhead exactly anatomized in his integralls and excrementalls* (London, 1642), 7.

12 *A short, compendious, and true description of the round-heads*, 9.

13 Lucy Hutchinson, *Memoirs of the Life of Colonel Hutchinson*, ed. N.H. Keeble (London: Dent, 1995), 86–7.

14 George Gipps, *A Sermon preached (before God, and from him) to the Honourable House of Commons* (London, 1644), 9.

15 *The Journal of Mary Frampton*, ed. Harriot Georgiana Mundy (London: S. Low, Marston, Searle and Rivington, 1885), 36.

16 John Barrell, *The Spirit of Despotism: Invasions of Privacy in the 1790s* (Oxford: Oxford UP, 2006), 175.

17 关于淀粉，参见：Susan Vincent, *The Anatomy of Fashion: Dressing the Body from the Renaissance to Today* (Berg: Oxford, 2009), 29–34。

18 John E. Archer, *Social Unrest and Popular Protest in England 1780–1840* (Cambridge: Cambridge UP, 2000), 28–41.

19 35 Geo. III, c. 49. 尽管皮特没有公开承认缓解粮食短缺的愿望，但约翰·巴雷尔（John Barrell）认为这肯定是征税的一个动机。有关税收的深入讨论，参见Barrell, *The Spirit of Despotism*, Chapter 4 (pp. 145–209)，接下来，我大量借鉴了他的专业知识。

20 *Cobbett's Parliamentary History* 31, col. 1314, and *Parliamentary Register* 40, 488.

21 见：Barrell, *The Spirit of Despotism*, 207。

22 Soame Jenyns, *The Works of Soame Jenyns, Esq.*, 4 vols (London, 1790), II, 116–17.

23 引自：Norah Waugh, *The Cut of Men's Clothes, 1600–1900* (1964; repr. Abingdon: Routledge, 2015), 109; Horace Walpole, *Selected Letters*, ed. William Hadley (1926; repr. London: Dent, 1948), 524。

24 'Rules for the Box Lobby Puppies', *The Times*, 17 September 1791, 2.

25 例如：*Evening Mail*, 22–24 February 1796。

26 花花公子的发展，特别是与剪短头发和剪裁紧绷的关系，见：Elizabeth Amann, *Dandyism in the Age of Revolution: The Art of the Cut* (Chicago and London: University of Chicago Press, 2015). 尤可见于第5章 'Crops', pp. 162–98，该书论述英格兰，采用了许多与这里相同的材料，尽管有时得出的结论并不相同。
27 'Society of Levellers', *The Times*, 24 December 1791, 2.
28 Sir N. William Wraxall, *Historical Memoirs of my own Time* (1815; repr. London: Kegan Paul, Trench, Trubner and Co., 1904), 84.
29 关于他和共和国政府中的其他人的平头，参见Jessica Larson, 'Usurping Masculinity: The Gender Dynamics of the coiffure à la Titus in Revolutionary France' (BA diss., University of Michigan, 2013), 12，可从以下网址获得：https://deepblue.lib.umich.edu/bitstream/handle/2027.42/98928/jjlars.pdf?sequence=1, accessed 16 October 2016。
30 'Mr Burke's Letter to a Noble Lord', *Evening Mail*, 22–24 February 1796.
31 *Oracle and Public Advertiser*, 17 October 1795.
32 *Cobbett's Parliamentary History* 31, col. 1308, and *Parliamentary Register* 40, 476.
33 *Parliamentary Register* 42, 449.
34 *The Times*, 19 September 1795.
35 *Morning Chronicle*, 6 January 1796.
36 Notably I Cor. 11.14: 'Doth not even nature itself teach you, that, if a man have long hair, it is a shame unto him.'
37 参见《牛津国家人物传记辞典》中他们各自的条目。
38 引自他在《牛津国家人物传记辞典》中的条目。
39 John Hart, *An address to the public, on the subject of the starch and hair-powder manufactures* (London, [1795]), 40–1, 66.
40 *The Times*, 22 January 1796, 3.
41 'Female Fashions for May', *The Norfolk Chronicle: or, the Norwich Gazette*, 13 May 1797, 4.
42 'On Female Dress', *The Lady's Monthly Museum*, [1 October 1800], 303.
43 'Cabinet of Fashion', *The Lady's Monthly Museum*, [1 February 1801], 156.
44 'To Noblemen and Gentlemen of Fashion', *The Times*, 3 April 1799, 2.
45 *Cobbett's Parliamentary History* 31, col. 1318, and *Parliamentary Register* 40, 493.
46 *Cobbett's Parliamentary History* 25, cols 814–16, at col. 815, and *Parliamentary Register* 18, 484–7. Also reported in *The Gentleman's Magazine* 55 (1785): 864–5.
47 *Cobbett's Parliamentary History* 31, col. 1313, and *Parliamentary Register* 40, 488.

第六章

1 *Daily Mirror*, 22 December 1964, 9.
2 Tom Wolfe, 'A Highbrow Under all that Hair?', *Book Week*, 3 May 1964; and Paul Johnson, 'The Menace of Beatlism', *New Statesman*, 28 February 1964，以及：Elizabeth Thomson and David Gutman (eds), *The Lennon Companion: Twenty-Five Years of Comment* (Houndmills and London: Macmillan Press, 1987), at 39–40 and 44–7 respectively。
3 *DM*, 24 October 1963, 15.
4 *DM*, 5 June 1964, 3.
5 *DM*, 20 November 1963, 5.
6 'The Christopher Ward Page: After a While Short Hair Begins to Grow on You', *DM*, 12 February 1969, 7.
7 'Haircut Styles Analysed', *The Times*, 31 March 1964, 6.
8 'Beatle Haircut for the Lion', *The Times*, 15 April 1966, 7.
9 'The Hair', *The Times*, 10 October 1967, 11.
10 西蒙·梅奥（Simon Mayo）在2016年10月20日BBC广播二台首播的“驾驶时间”节目中采访布鲁斯·斯普林斯汀；Bruce Springsteen, *Born to Run* (London: Simon and Schuster, 2016), 86–7。
11 有关该现象的深入讨论，参见：Gael Graham, 'Flaunting the Freak Flag: *Karr v. Schmidt* and the Great Hair Debate in American High Schools, 1965–1975', *The Journal of American History* 91 (2004): 522–43, at 522–3。
12 引自：Graham, 'Flaunting the Freak Flag', 533。
13 引自：Wayne Hampton, *Guerrilla Minstrels: John Lennon, Joe Hill, Woody Guthrie, Bob Dylan* (Knoxville: University of Tennessee Press, 1986), 16。
14 同上，18。
15 同上。
16 Keith Carradine, interviewed in *Hair: Let the Sun Shine In*, documentary by Pola Rapaport and Wolfgang Held, DVD (2007).
17 Dick Hebdige, *Subculture: The Meaning of Style* (London: Routledge, 1979; repr. 2003), esp. 93–6, 100.
18 'After a While Short Hair Begins to Grow on You.'
19 Jann Wenner, *Lennon Remembers: The Rolling Stone Interviews* (Harmondsworth: Penguin, 1973; first pub. 1970), 11–12.
20 *Chicago Daily Tribune*, 28 July 1922, 1; *New York Tribune*, 28 July 1922, 3.
21 其他的案例报道包括：'She Bobbed Hair, Didn't Like Results, And Killed Herself', *The*

Atlanta Constitution, 11 September 1922, 3；'Worry Over Bobbed Hair Leads Girl to Drown Herself', *NYT*, 11 September 1922, 3；'Girl's Bobbed Hair Causes Grief That Results in Suicide', *The Washington Post*, 11 September 1922, 1；'Grief Over Bobbed Hair Leads Girl to Try Suicide: Spent Many Hours Bemoaning Shorn Tresses', *The Atlanta Constitution*, 31 May 1924, 1；'Bobs Hair, Kills Herself', *NYT*, 1 June 1924, 22. Britain: 'Worried After Having Her Hair Bobbed: Preston Girl's Suicide', *The Manchester Guardian*, 7 February 1925, 12。Vienna case: 'Bobbed Hair Leads to Suicide', *NYT*, 9 November 1926, 7. Jane Walker: 'Suicide After Smack: Father and A Daughter's Bobbed Hair', *The Manchester Guardian*, 13 March 1926, 18。

22 'Hair Bob Causes Tragedy: Polish Mother Tries Suicide When Daughter Disobeys Her', *NYT*, 3 May 1927, 18; 'Suicide for Bobbed Hair: Ohio Man Takes Poison When Wife Has Tresses Cut', *NYT*, 24 April 1924, 21; 'Bobbed Hair Leads Sacristan to Hang Himself in Belfrey', *The Atlanta Constitution*, 7 June 1927, 6.

23 Ruth Hornbaker: 'Would-Be Flapper Commits Suicide', *NYT*, 4 June 1923, 7. Annabelle Lewis: 'Hair Bobbing Delayed, Girl of 15 Ends Life', *NYT*, 7 September 1926, 3.

24 'Worried After Having Her Hair Bobbed', *The Manchester Guardian*, 7 February 1925, 12.

25 关于波波头及其社会背景的精彩简介，参见：Caroline Cox, *Good Hair Days: A History of British Hairstyling* (London: Quartet Books, 1999), 35–57。下文亦有参考价值：Steven Zdatny, 'The Boyish Look and the Liberated Woman: The Politics and Aesthetics of Women's Hairstyles', *Fashion Theory* 1 (1997): 367–97。

26 Gwen Raverat, *Period Piece: A Victorian Childhood* (1952; repr. Bath: Clear Press, 2003), 193, 219.

27 关于早期起源：Cox, *Good Hair Days*, 38–42。及：Mary Louise Roberts, 'Samson and Delilah Revisited: The Politics of Women's Fashion in 1920s France', *The American Historical Review* 98 (1993): 659 and note。

28 Cox, *Good Hair Days*, 52, cf. *EH*, 65.

29 Raverat, *Period Piece*, 261; Violet, Lady Hardy, *As It Was* (London: Christopher Johnson, 1958), 79.

30 Lady Cynthia Asquith, *Diaries 1915–1918* (London: Hutchinson, 1968), 75, 214, 292.

31 'Crinolines to Return', *DM*, 18 November 1918, 2.

32 'Bobbing Banned in Business', *The Times*, 15 August 1921, 8.

33 *EH*, 65.

34 关于波波头与法国出生率下降的关系，参见：Roberts, 'Samson and Delilah'。

35 Adrian Maxwell, 'On Giving Up One's Seat in Trains', *DM*, 15 August 1924, 5.

36 Beatrice Heron-Maxwell, 'A New Type of Girl For Next Year', *DM*, 27 October 1922, 7.

37 下列内容见：Laura Doan, *Fashioning Sapphism: The Origins of a Modern Lesbian Culture* (New York: Columbia UP, 2001), Chapter 4, (pp. 5–125)。感谢苏珊·施泰因巴赫（Suzie Steinbach）的推荐。

38 Gilbert A. Foan (ed.), *The Art and Craft of Hairdressing* (London: Isaac Pitman, 1931), 140.

39 关于库尼：Andrew Matson and Stephen Duncombe, *The Bobbed Haired Bandit: A True Story of Crime and Celebratory in 1920s New York* (New York: NYU Press, 2006)。关于其他女性的新闻报道，例如：'Bobbed Hair Bandit is Held in $10,000 Bail', *The Washington Post*, 1 November 1923, 2; 'Bobbed-Hair Bandit Taken in Philadelphia', *NYT*, 29 February 1924, 3; 'Bobbed-Hair Bandit Robs Bride Alone', *The Washington Post*, 7 April 1924, 1; 'Bobbed-Hair Bandit Caught in Buffalo', *NYT*, 12 May 1924, 19; 'Moscow's Girl Bandit Gets 13-Year Term', *NYT*, 29 May 1924, 8; 'Driver Turns Tables on Bobbed Hair Bandit', *The Washington Post*, 2 September 1924, 1; 'Turkey's Bobbed-Hair Bandit', *NYT*, 31 July 1926, 2; 'London Girl Bandit Stirs Scotland Yard', *NYT*, 4 September 1926, 4。

40 引自：Matson and Duncombe, *Bobbed Hair Bandit*, 291。

41 'Women Increasing In Crime, He Says. Bobbed Hair and Short Skirts Not Responsible, However, Justice Tells Jury', *NYT*, 15 December 1926, 20。

42 例如：'Back to Bobbed Hair', *DM*, 21 February 1923, 9 (Ancient Egypt and Bolshevist Moscow); 'Vogue of Bobbed Hair', *NYT*, 27 June 1920, 71 (revolutionary Russia and Greenwich Village); 'Bobbed Virtue', *DM*, 30 August 1923, 5 (Chelsea type)。

43 'Fair Tresses Are Bobbed', *The Washington Post*, 26 March 1916, p. ES14.

44 Mary S. Lovell, *The Mitford Girls: The Biography of an Extraordinary Family* (London: Little, Brown, 2001; Abacus, 2002), 77, 73.

45 例如：'Wife's Bobbed Hair', *DM*, 15 September 1923, 6。

46 '"Bobbing Ban" Wives Now Need Permit To Have Hair Cut', *DM*, 19 March 1923, 2. 'Bobbed Hair As Marriage Bar?', *DM*, 20 November 1922, 2.

47 Salvation army: 'Bobbed Virtue', *DM*, 30 August 1923, 5; 1 September 1923, 5; 4 September 1923, 5. Romford nurses: 'How Might Women Retaliate' (cartoon) and 'Bobbed Hair and Gravity', both in *DM*, 15 November 1924, 5; 'Bobbing Ban', *Chelmsford Chronicle*, 21 November 1924, 2.

48 'Bans Bobbed-Hair Nurses', *The Washington Post*, 30 August 1922, 3.

49 '"Giddy" Teachers Taboo', *NYT*, 23 February 1922, 5.

50 'Bobbed Hair Girls Barred By Marshall Field & Co.', *New York Tribune*, 10 August 1921, 18; similarly 'South Draws Hair Line' *NYT*, 9 July 1921, 8. 关于中立的雇主：'Bobbed Heads Barred? Not So, Employers Say', *Chicago Daily Tribune*, 11 August 1921, 3。

51 'Cut Away Tresses: Permission to Bob Means That There Will Not Be a Teashop Girl with Long Hair', *DM*, 17 October 1924, 9; 'Gladys Up-To-Date', *DM*, 31 December 1924, 6.

52 Louise Edwards, *Women Warriors and Wartime Spies of China* (Cambridge: Cambridge UP, 2016), 87. 及，Lung-kee Sun, 'The Politics of Hair and the Issue of the Bob in Modern China', *Fashion Theory: The Journal of Dress, Body and Culture* 1 (1997): 353–65。

53 'Winifred Black Writes About Bobbed Hair and Divorce', *The Washington Post*, 2 June 1922, 26. 'Fair Tresses are "Bobbed"', *The Washington Post*, p. ES14.

54 引自：Cox, *Good Hair Days*, 44。

55 Foan, 143–4.

56 Foan, 131.

57 *EH*, 66.

58 1921年和1931年的人口普查结果对比显示，人数从43133上升到81919（尽管这也包括美甲师和手足病医生）。见1921年人口普查，表2：12岁及以上男性的职业（Census of England and Wales, 1921, Occupations tables BPP 1924 n/a [n/a] 34）；及表4：12岁及以上女性的职业（Census of England and Wales, 1921, Occupations tables BPP 1924 n/a [n/a] 105）；1931年表XLVIII: 14岁及以上男女性的职业（Census of England and Wales, 1931, General report BPP 1950 [n/a] 116）。感谢安德鲁·邓尼特（Andrew Dunnett）在这些统计数据上提供的宝贵帮助。类似的情况发生在法国。1896年有48000人从事理发师工作；1926年为6.2万人；到1936年，则超过125000人：Steven Zdatny (ed.), *Hairstyles and Fashion: A Hairdresser's History of Paris, 1910–1920* (Oxford: Berg, 1999), 26–7。

59 1921年，总数43133人，其中妇女5843名；1931年，总数82919人，其中有33636人为女性：参见上文中的人口普查资料。关于增加女性参与，亦可参见：Zdatny, *Hairstyles and Fashion*, 27; Cox, *Good Hair Days*, 71–5。

60 'Hair and Beauty Industry Statistics', National Hairdressers' Federation, http://www.nhf.info/about-the-nhf/hair-and-beauty-industry-statistics/, accessed 18 December 2016. https://www.nhf.info/advice-and-resources/hair-and-beauty-industry-statistics/（比例仍有88%）。

插图来源

图 0-1. Hair: a part of being human. Photo: B. Blue/Getty Images.

图 0-2. François Hollande meeting with apprentice hairdressers. Photo: FRED TANNEAU/AFP/Getty Images.

图 0-3. English manual of palmistry, 1648. Wellcome Library, MS. 8727. Photo: Courtesy of the Wellcome Library, London.

图 0-4. Circulation leaflet for Prof. Thomas Moore, *c.*1870. Wellcome Library, EPH557:5. Photo: Courtesy of the Wellcome Library, London.

图 0-5. Advertisement for Princes Dye, no date (eighteenth century). Wellcome Library, EPH160B. Photo: Courtesy of the Wellcome Library, London.

图 0-6. Ginger Pride Walk, Edinburgh, 2013. Photo: Scott Campbell/Getty Images.

图 0-7. Jean Harlow, 1933. Photo: Imagno/Getty Images.

图 0-8. Margarita Cansino. Photo: Wikimedia Commons.

图 0-9. Rita Hayworth, 1947. Photo: Silver Screen Collection/Getty Images.

图 0-10. Barbie, in a hair outfit, 2009. Photo: FRANCOIS GUILLOT/AFP/Getty Images.

图 0-11. Hair jewellery, no date (nineteenth century). Wellcome Library, A642442, A642443, A642143. Photo: Courtesy of the Wellcome Library, London.

图 0-12. Commemorative old brooch with a reversed crystal intaglio and locket compartment containing hair. British Museum, 1978,1002.201. Photo: © The Trustees of the British Museum.

图 0-13. A lock of George III's hair. Wellcome Library, Science Museum A1315. Photo: Courtesy of the Wellcome Library, London.

图 0-14. Ebay auction of Britney Spears's hair. Photo: Bruno Vincent/Getty Images.

图 0-15. Cap made of human hair, *c.*1850. Brooklyn Museum Costume Collection at the Metropolitan Museum of Art, 2009.300.1647. Photo: Courtesy of the Metropolitan Museum of Art, New York.

图 0-16. 'Perruquier Barbier, Perruques', from Diderot's *Encyclopédie* (1762), vol. 8, Plate VII. Photo: Courtesy of the Wellcome Library, London.

图 0-17. Louis Marie Lanté after Georges Jacques Gatine, engraving, no date (early nineteenth century). Wellcome Library, ICV No 20269. Photo: Courtesy of the Wellcome Library, London.

图 0-18. 'To Hair Merchants and Hair-Dressers', newspaper advertisement, 1777. Wellcome Library, EPH160B. Photo: Courtesy of the Wellcome Library, London.

图 0-19. Michlet, coloured lithograph, from *Le Bon Ton*, April 1865. Wellcome Library, ICV No 20282L. Photo: Courtesy of the Wellcome Library, London.

图 0-20 A and B. Hair tidies, *c.*1900, cotton. Nidderdale Museum, 2841 and 3831. Photos: Author, by kind permission of the Nidderdale Museum, Pateley Bridge.

图 0-21. Hindu woman having her head shaved. Photo: Allison Joyce/Getty Images.

图 1-1. Catherine Maria Fanshawe, after an unknown artist, *Lady Ann Fanshawe*, late eighteenth/early nineteenth century, etching. National Portrait Gallery. Photo: Courtesy of the National Portrait Gallery, London.

图 1-2. Ann Fanshawe's receipt book. Wellcome Library, MS.7113/29. Photo: Courtesy of the Wellcome Library, London.

图 1-3. Advertisement for macassar oil, no date (nineteenth century). Wellcome Library, EPH160B. Photo: Courtesy of the Wellcome Library, London.

图 1-4. Labels for bear's grease, no date (nineteenth century?). Photo: Courtesy of the Wellcome Library, London.

图 1-5. Advertisement for Buckingham's Dye, *c.*1870–*c.*1900. Boston Public Library. Photo: Digital Commonwealth: Massachusetts Collections Online.

图 1-6. *Prince Pückler-Muskau*, engraving from *Deutsches Taschenbuch uf das Jahr 1837* (1837). Photo: Wikimedia Commons.

图 1-7. *Elizabeth Vernon, Countess of Southampton*, *c.*1600, oil on panel. Private collection Duke of Buccleuch and Queensberry. Photo: Wikimedia Commons.

图 1-8. Advertisement for Brylcreem, from *Picture Post* (22 May 1954), vol. 63, no. 8, p. 52. Photo: Picture Post/Hulton Archive/Getty Images.

图 1-9. Advertisement for Edwards' Harlene, *c.*1890s. Wellcome Library, EPH154:20. Photo: Courtesy of the Wellcome Library, London.

图 1-10. Advertisement for Dr Scott's Electric Hair Brush, 1880s. Wellcome Library, EPH160A. Photo: Courtesy of the Wellcome Library, London.

图 1-11. Trade card, J. Marsh, no date (nineteenth century). Wellcome Library, EPH154. Photo: Courtesy of the Wellcome Library, London.

图 1-12. An early permanent-wave machine, 1928. Photo: Henry Miller New Picture Service/Archive Photos/Getty Images.

图 1-13. Gerard ter Borch, *A Mother Combing the Hair of her Child (Hunting for Lice)*, *c.*1652–3, oil on panel. Photo: © Mauritshuis, The Hague. Photography: Margareta Svensson.

图 1-14. Male human head louse. Photo: Gilles San Martin/Wikimedia Commons.

图 1-15. Early shampoo labels, no date. Wellcome Library, EPH157. Photo: Courtesy of the Wellcome Library, London.

图 1-16. Advertisement for Petroleum Hair Tonic, no date (early twentieth century). Wellcome Library: EPH154. Photo: Courtesy of the Wellcome Library, London.

图 1-17. Advertising leaflet for Edwards' Cremex Shampoo Powder, no date (late nineteenth century). Wellcome Library, EPH154. Photo: Courtesy of the Wellcome Library, London.

图 1-18. 'St. Giles and Bloomsbury public baths and washhouses', engraving from *The Builder* (1854), vol. 11, issue 473. Wellcome Library. Photo: Courtesy of the Wellcome Library, London.

图 2-1. Lithograph by Jäckel, no date. Wellcome Library, ICV 20148. Photo: Courtesy of the Wellcome Library, London.

图 2-2. Trade card, Hawkin's Hair Cutter, no date (early nineteenth century). Wellcome Library, EPH160B. Photo: Courtesy of the Wellcome Library, London.

图 2-3. Advertisement for Mr Paintie, ladies' hairdresser, 1778. Wellcome Library, EPH160B. Photo: Courtesy of the Wellcome Library, London.

图 2-4. Coloured engraving, no date (early nineteenth century). Wellcome Library, ICV 20046L. Photo: Courtesy of the Wellcome Library, London.

图 2-5. R. Bénard after J.R. Lucotte, engraving, 1762. Wellcome Library, ICV 20006. Photo: Courtesy of the Wellcome Library, London.

图 2-6. F. Barnard, engraving, 1875. Wellcome Library, ICV 20079. Photo: Courtesy of the Wellcome Library, London.

图 2-7. Bernard the Mans Barber, Oxford. Photo: Author.

图 2-8. *The Village Barber*, 1778, etching, published by Matthew Darly. Library of Congress, PC 1 - 5517 (A size) [P&P]. Photo: Courtesy of the Library of Congress, Washington, DC.

图 2-9. *La Belle Estvuiste*, no date (second half of the seventeenth century). Wellcome Library, ICV 20124. Photo: Courtesy of the Wellcome Library, London. An all but identical image from which this appears to be derived can be found in Jacques Lagniet, *Recueil des plus illustres proverbes divisés en trois livres: le premier contient les proverbes moraux, le second les proverbes joyeux et plaisans, le troisiesme représente la vie des gueux en proverbes ; mis en lumière par Jacques Lagniet . . . [La Vie de Tiel Wlespiegle . . . en proverbes instructifs et divertissans.]* (Paris, 1663): digitized by the Bibliothèque Nationale de France at http://gallica.bnf.fr/ark:/12148/btv1b86267983/f285.image

图 2-10. 'Woman Barber Shaves Inmates of a Lincolnshire Workhouse', from the *Daily Mirror*, 22 September 1911, p. 11. Photo: Mirrorpix.

图 2-11. Richard Newton, *Sketches in a Shaving Shop*, 1791, coloured etching, published by W. Holland. Wellcome Library, ICV 41273. Photo: Courtesy of the Wellcome Library, London.

图 2-12. HIV/AIDS awareness poster in a barbershop in Hyderabad, India.

Photo: NOAH SEELAM/AFP/Getty Images.

图 2-13. A traditional wet shave with an open razor. Photo: Christopher Furlong/Getty Images.

图 2-14. Vidal Sassoon cutting Mary Quant's hair, 1960s. Photo: Ronald Dumont/Getty Images.

图 2-15. Sweeney Todd and victim. Photo: © Hulton-Deutsch Collection/CORBIS/Corbis via Getty Images.

图 2-16. Lady Cynthia Asquith, by Bassano Ltd, 1912, whole-plate glass negative. National Portrait Gallery, x30857. Photo: © National Portrait Gallery, London.

图 2-17. Gossiping at the salon, New York, 1949. Photo: Ivan Dmitri/Michael Ochs Archives/Getty Images.

图 2-18. *Intelligence on the Change of the Ministry*, *c.*1782, etching and engraving, printed and sold for Bowles and Carver. Lewis Walpole Library, 782.05.20.02.2++. Photo: Courtesy of the Lewis Walpole Library, Yale University.

图 2-19. *The Barber Politician*, *c.*1771, etching. Lewis Walpole Library, 771.00.00.61+. Photo: Courtesy of the Lewis Walpole Library, Yale University.

图 2-20. *A Hint to [the] Husbands, or, The Dresser, properly Dressed*, 1777, mezzotint with etching, printed for R. Sayer and J. Bennett. Lewis Walpole Library, 777.08.14.01. Courtesy of the Lewis Walpole Library, Yale University.

图 2-21. Henry William Bunbury, *Monsieur le Frizuer*, 1771, etching and engraving, published by Matthew Darly. Lewis Walpole Library, Bunbury 771.05.21.01.1. Photo: Courtesy of the Lewis Walpole Library, Yale University.

图 2-22. Raymond Bessone, 1954. Photo: Keystone-France/Gamma-Keystone via Getty Images.

图 3-1. Hair at Auschwitz. Photo: Chris Jackson/Getty Images.

图 3-2. Marine giving a haircut, 2009. Photo: Wikimedia Commons.

图 3-3. Young woman receiving chemotherapy. Photo: Kevin Laubacher/Getty Images.

图 3-4. John Hayls, *Samuel Pepys*, 1666, oil on canvas. National Portrait Gallery, 211. Photo: Wikimedia Commons.

图 3-5. Charles Jervas (studio of), *Jonathan Swift*, 1709–10, oil on canvas. National Portrait Gallery, 4407. Photo: Wikimedia Commons.

图 3-6. A set of razors, 1801–1900. Wellcome Library, Science Museum A620159. Photo: Courtesy of the Wellcome Library, London.

图 3-7. Straight razor, shaving bowl and badger brush. Photo: MurrayProductions/Getty Images.

图 3-8. Waxing a man's hairy back. Photo: Oktay Ortakcioglu/Getty Images.

图 3-9. Advertisement for the Gillette safety razor, *c.*1910. Photo: Popperfoto/Getty Images.

图 3-10. Newspaper advertisement for the Mulcuto safety razor, from the *Daily Mirror*, 11 June 1908, p. 15. Photo: Mirrorpix.

图 3-11. 'Those Safety Razor Blades', cartoon from the *Daily Mirror*, 12 June 1929, p. 7. Photo: Mirrorpix.

图 3-12. Couple with an electric shaver, 1950s. Photo: George Marks/Retrofile/Getty Images.

图 3-13. Newspaper advertisement for Trent's Depilatory, no date (late eighteenth/early nineteenth century). Wellcome Library EPH160B. Photo: Courtesy of the Wellcome Library, London.

图 3-14. John Singer Sargent, *Madame X (Madame Pierre Gautreau)*, 1883–4, oil on canvas. Metropolitan Museum of Art, Arthur Hoppock Hearn Fund, 16.53. Photo: Courtesy of the Metropolitan Museum of Art, New York.

图 3-15. Newspaper advertisement for Decoltene liquid hair remover, from the *Daily Mirror*, 12 November 1919, p. 11. Photo: Mirrorpix.

图 3-16. Four women on the beach at Aldeburgh, Suffolk, *c.*1927. Photo: Fox Photos/Getty Images.

图 3-17. Marie Helvin modelling swimwear, *c.*1980. Photo: Tery O'Neill/Getty Images.

图 4-1. Juan Pantoja de la Cruz, *The Somerset House Conference*, 1604, oil on canvas. National Maritime Museum, Greenwich, London. Photo: Wikimedia Commons.

图 4-2. Anthony van Dyck, *Prince Charles Louis, Elector Palatine*, 1637, oil on canvas. The Museum of Fine Arts, Houston. Photo: Wikimedia Commons.

图 4-3. Anthony van Dyck, *Prince Charles Louis, Elector Palatine*, 1641, oil on canvas. Private Collection. Photo: Wikimedia Commons.

图 4-3. Christoph Le Blon, after a 1641 portrait by Anthony van Dyck, *Prince Charles Louis, Elector Palatine*, 1652, engraving. Photo: Wikimedia Commons.

图 4-4. Daniel Mytens, *Charles I*, 1629, oil on canvas. Metropolitan Museum of Art, Gift of George A. Hearn, 06.1289. Photo: Courtesy of the Metropolitan Museum of Art, New York.

图 4-5. Daniel Mytens (after), *Charles I as Prince of Wales*, *c.*1623, oil on canvas. Photo: Wikimedia Commons.

图 4-6. Anonymous (Dutch), *'t Moordadigh Trevrtoneel* (*The Murderous Tragedy*), cropped, 1649, engraving. Wolfenbüttel, Herzog August Bibliothek, Graph. Res. D: 39. Photo: © Herzog August Bibliothek Wolfenbüttel.

图 4-7. Anonymous (German), *Newer Kram Laden* (New Haberdashery), 1641, etching and engraving. British Museum, 1872,0113.587. Photo: © The Trustees of the British Museum.

图 4-8. Joseph Palmer's tombstone, Evergreen Cemetery, Leominster, Massachusetts. Photo: Courtesy of Bill Bourbeau, https://www.findagrave.com/cgi-bin/fg.cgi?page=gr&GRid=44843658

图 4-9. Ary Scheffer, *Charles Dickens*, 1855, oil on canvas. National Portrait Gallery. Photo: adoc-photos/Corbis via Getty Images.

图 4-10. Captain Dames of the Royal Artillery, in camp during the Crimean War, 1855. Photo: Roger Fenton/Library of Congress/Corbis/VCG via Getty Images.

图 4-11. 'The Moustache Movement', cartoon from *Punch* (21 January 1854), vol. 26, p. 30. Photo: Courtesy of the J.B. Morrell Library, University of York.

图 4-12. 'The Beard and Moustache Movement', cartoon from *Punch* (5 November 1853), vol. 25, p. 188. Photo: Courtesy of the J.B. Morrell Library, University of York.

图 4-13. 'Rather a Knowing Thing in Nets', cartoon from *Punch* (7 January 1860), vol. 38, p. 6. Photo: Courtesy of the J.B. Morrell Library, University of York.

图 4-14. Label for Pomade Hongroise, no date (late nineteenth century?). Wellcome Library, EPH157. Photo: Courtesy of the Wellcome Library, London.

图 4-15. Moustache trainer (German), no date (pre-1918), celluloid, cotton and leather. Australian War Memorial, RELAWM00701. Photo: Australian War Memorial, Canberra.

图 4-16. Moustache cup, no date (late nineteenth century?). Photo: Courtesy of Parkwood National Historic Site, Ontario.

图 4-17. 'Germ Theory of Putrefaction', from *Collected Papers of Joseph, Baron Lister* (1909), vol. 1, Plate XI. Wellcome Library, Slide 6492. Photo: Courtesy of the Wellcome Library, London.

图 4-18. D.H. Lawrence, *c.*1929. Photo: Photo12/UIG via Getty Images.

图 4-19. Sir William Orpen, *Augustus John*, 1900, oil on canvas. National Portrait Gallery, 4252. Photo: National Portrait Gallery, London.

图 4-20. 'The Guests We Never Ask Again – No. 2', cartoon from the *Daily Mirror*, 18 November 1913, p. 9. Photo: Mirrorpix.

图 4-21. Eric Gill, *c.*1925. Photo: Howard Coster/Hulton Archive/Getty Images.

图 4-22. 'Soldier Beckoning', poster, 1915, Parliamentary Recruiting Committee, London. Photo: Galerie Bilderwelt/Getty Images.

图 4-23. Ronald Colman, 1927. Photo: John Springer Collection/CORBIS/Corbis via Getty Images.

图 4-24. Thomas Phillips, *Portrait of Lord Byron in Albanian Dress*, 1813, oil on canvas. Government Art Collection, British Embassy, Athens. Photo: Wikimedia Commons.

图 4-25. George Cole, 1954. Photo: Popperfoto/Getty Images.

图 4-26. Fidel Castro and Che Guevara, 1959. Photo: Universal History Archive/UIG via Getty Images.

图 4-27. Hipster. Photo: Pexels, Creative Commons.

图 4-28. St Wilgefortis. Photo: Frankipank/Wikimedia Commons.

图 4-29. Poster of Julia Pastrana, no date (nineteenth century), coloured woodcut and text. Wellcome Library, Iconographic Collection 38980i. Photo: Courtesy of the Wellcome Library, London.

图 4-30. Jusepe de Ribera, *Magdalena Ventura with her Husband and Son*, 1631, oil on canvas. Museo Nacional del Prado, Madrid. Photo: Wikimedia Commons. Translation of inscription adapted from W. Michael G. Tunbridge, 'La Mujer Barbuda by Ribera, 1631: A Gender Bender', *QJM: An International Journal of Medicine* 104.8 (2011).

图 4-31. 'Barnum and Bailey's Show. A Curious Collection of Freaks', poster, no date (nineteenth century). Wellcome Library. Photo: Courtesy of the Wellcome Library, London.

图 4-32. 'Madame Delait en promenade avec son chien' (Madame Delait Walking with Her Dog), postcard, no date (*c*.1910?). Wellcome Library, EPH499:68. Photo: Courtesy of the Wellcome Library, London.

图 4-33. Jennifer Miller, *c*.2000. Photo: Andrew Lichtenstein/Sygma via Getty Images.

图 4-34. Conchita Wurst, 2014. Photo: Ragnar Singsaas/WireImage/Getty Images.

图 5-1. John de Critz (attributed), *Henry Wriothesley, 3rd Earl of Southampton*, *c*.1590–*c*.1593, oil on panel. Hatchlands Park, Surrey (National Trust). Photo: Wikimedia Commons.

图 5-2. Wenceslaus Hollar, *William Prynne*, no date (mid-seventeenth century), etching. Photo: Wikimedia Commons.

图 5-3. Title-page image from *A Dialogue, or, Rather a Parley betweene Prince Ruperts Dogge whose name is Puddle and Tobies Dog whose name is Pepper* (London, 1643). Photo: Universal History Archive/Getty Images.

图 5-4. Gerrit van Honthorst, *Prince Rupert of the Rhine*, 1642, Lower Saxony State Museum, Landesmuseum Hanover. Photo: Wikimedia Commons.

图 5-5. 'Colonel Sir John Hutchinson 1615–1664 and his Son', from J.R. Green, *Short History Of The English People* (London, 1893). It is based on an engraving by James Neagle from 1806, which in turn is based on a contemporary portrait by Robert Walker. Photo: Universal History Archive/UIG via Getty Images.

图 5-6. Wenceslaus Hollar, *Archbishop Laud*, no date (mid-seventeenth century). Photo: Wikimedia Commons.

图 5-7. Isaac Cruikshank, *The Knowing Crops*, 1791, etching. Lewis Walpole Library, 794.05.12.55. Photo: Courtesy of the Lewis Walpole Library, Yale University.

图 5-8. James Caldwell, *The Englishman in Paris*, 1770, engraving. Lewis Walpole Library, 770.05.10.01+. Photo: Courtesy of the Lewis Walpole Library, Yale University.

图 5-9. Villain?, *Un Perruquier*, coloured lithograph, 1780. Wellcome Library, ICV 20153. Photo: Courtesy of the Wellcome Library, London.

图 5-10. Isaac Cruikshank, *Favorite Guinea Pigs Going to Market*, 1795, etching, hand coloured. Yale Center for British Art, B1981.25.1221. Photo: Courtesy of the Yale Center for British Art, Paul Mellon Collection.

图 5-11. Richard Newton, *Crops Going to Quod*, 1791, etching, hand coloured. Yale Center for British Art, B1981.25.1816. Photo: Courtesy of the Yale Center for British Art.

图 5-12. James Gillray, *The Blood of the Murdered Crying for Vengeance*, 1793, etching, hand coloured. Lewis Walpole Library, 793.02.16.01. Photo: Courtesy of the Lewis Walpole Library, Yale University.

图 5-13. Isaac Cruikshank, *The Whims of the Moment or the Bedford Level!!*, 1795, etching, hand coloured. Yale Center for British Art, B1981.25.1350. Photo: Courtesy of the Yale Center for British Art, Paul Mellon Collection.

图 5-14. 'Algernon Sidney', illustration from Samuel Rawson Gardiner, *Oliver Cromwell* (1899), based on seventeenth-century original. Photo: The Print Collector/Print Collector/Getty Images.

图 5-15. John Russell, *Robert Shurlock*, 1801, pastel on paper, laid down on canvas. Metropolitan Museum of Art, Gift of Alan R. Shurlock, 67.131. Photo: Courtesy of the Metropolitan Museum of Art, New York.

图 5-16. John Russell, *Mrs Robert (Henrietta) Shurlock*, 1801, pastel on paper, laid down on canvas. Metropolitan Museum of Art, Gift of Geoffrey Shurlock, 67.132. Photo: Courtesy of the Metropolitan Museum of Art, New York.

图 5-17. Karl Anton Hick, *The House of Commons 1793–94*, 1793–5, oil on canvas. National Portrait Gallery, 745. Photo: Wikimedia Commons.

图 6-1. The Beatles, 1963. Photo: Val Wilmer/Redferns/Getty Images.

图 6-2. 'James Byrne, 14, covers his hair-trim as he leaves school with his mother', the *Daily Mirror*, 5 June 1964, p. 3. Photo: Mirrorpix.

图 6-3. Young women with long straight hair, 1967. Photo: Fotos International/Archive Photos/Getty Images.

图 6-4. Hippie and armed guard, 1969. Photo: Robert Altman/Michael Ochs Archives/Getty Images.

图 6-5. Hippie at a love-in, 1967. Photo: Bettmann/Getty Images.

图 6-6. John Lennon and Yoko Ono, 1969. Photo: Bentley Archive/Popperfoto/Getty Images.

图 6-7. Punks on a London street, *c.*1970. Photo: Erica Echnenberg/Redferns/Getty Images.

图 6-8. Fashion plate from *Journal de Dames et des Modes*, 1913. Rijksmuseum, Purchased with the support of the F.G. Waller-Fonds, RP-P-2009-1751. Photo: Courtesy of the Rijksmuseum, Amsterdam.

图 6-9. Camille Clifford, *c.*1905. Photo: Hulton Archive/Getty Images.

图 6-10. Camille Clifford, 1916. National Portrait Gallery, x22156. Photo: © National Portrait Gallery, London.

图 6-11. Amelia Earhart, 1927. Photo: Bettmann/Getty Images.

图 6-12. Fashion plate, 1922. Metropolitan Museum of Art, Costume Institute Fashion Plates, Gift of Woodman Thompson, Plate 050. Photo: Courtesy of the Metropolitan Museum of Art, New York.

图 6-13. Radclyffe Hall and Una Troubridge, 1927. Photo: Fox Photos/Getty Images.

图 6-14. Front page of the *New York Daily News*, 22 April 1924. Photo: New York Daily News Archive/Getty Images.

图 6-15. 'How Women Might Retaliate', cartoon from the *Daily Mirror*, 15 November 1924, p. 5. Photo: Mirrorpix.

图 6-16. Waitresses at a Lyons tea shop, early 20th century. Photo: Jewish Chronicle/Heritage Images/Getty Images.

图 6-17. Waitresses at a Lyons tea shop, 1926. Photo: H.F. Davis/Getty Images.

图 6-18. Louise Brooks, 1920s. Photo: John Springer Collection/CORBIS/Corbis via Getty Images.

图 6-19. Woman having her hair bobbed at a barber's, *c.*1920. Photo: PhotoQuest/Getty Images.

图 7.1a and b. The author, permed *c.*1985 and bobbed *c.*1969.

参考文献

手稿

London, The National Archives, SP 14/107

London, The National Archives, SP 29/101

London, The National Archives, SP 34/12

London, Wellcome Library, Boyle Family, MS.1340

London, Wellcome Library, Bridget Hyde, MS.2990

London, Wellcome Library, Caleb Lowdham, MS.7073

London, Wellcome Library, Elizabeth Okeover (and others), MS.3712

London, Wellcome Library, English Recipe Book, 17th–18th century, MS.7721

London, Wellcome Library, English Recipe Book, MS.7391

London, Wellcome Library, Lady Ann Fanshawe, MS.7113

London, Wellcome Library, Med. Ephemera EPH154, Hair care ephemera, Box 1

London, Wellcome Library, Med. Ephemera EPH160B, Hair care ephemera, Box 9

London, Wellcome Library, Corbyn & Co., chemists and druggists, London, Manufacturing recipe books, 1748–1851, MS.5446–5450

Northampton, MA, Smith College, Rare Book Room Cage, MS 134, Kenelm Digby, *Letter Book 1633–1635*

网站与数据库

17th and 18th Century Burney Collection Newspapers, http://gale.cengage.co.uk/

19th Century British Newspapers, http://gale.cengage.co.uk/

19th Century British Pamphlets (JSTOR), http://www.jstor.org

19th Century UK Periodicals Series 1: New Readerships, http://gale.cengage.co.uk/

American Historical Newspapers (ProQuest), http://search.proquest.com

BBC News, http://www.bbc.co.uk/news

Daily Mirror Digital Archive, 1903 to present (UKpressonline), http://www.ukpressonline.co.uk

Early English Books Online (EEBO), http://eebo.chadwyck.com

Eighteenth Century Collections Online, http://gale.cengage.co.uk/

The Gentleman's Journal, http://www.thegentlemansjournal.com/

Ginger Parrot, http://gingerparrot.co.uk

The Guardian, https://www.theguardian.com

Habia: Hair and Beauty Industry Authority, http://www.habia.org/

Health and Safety Executive UK Government, 'Hairdressing', http://www.hse.gov.uk/hairdressing/

John Steed's Flat, http://www.johnsteedsflat.com/index.html

Justice for Magdalenes, https://www.magdalenelaundries.com/

London, The National Archives, http://www.nationalarchives.gov.uk/

Mail Online, http://www.dailymail.co.uk/

Mass Observation Online, http://www.massobservation.amdigital.co.uk

MeasuringWorth, https://www.measuringworth.com/ukcompare/

Mintel Academic, http://academic.mintel.com/

National Hairdressers' Federation, http://www.nhf.info/home/

Oxford Dictionary of National Biography, http://www.oxforddnb.com

Oxford English Dictionary, http://www.oed.com

John Johnson Collection, An Archive of Printed Ephemera, http://johnjohnson.chadwyck.co.uk

Performing the Queen's Men, http://thequeensmen.mcmaster.ca/index.htm

The Scotsman, http://www.scotsman.com

The Spectator Archive, http://archive.spectator.co.uk/

State Papers Online, 1509–1714, http://gale.cengage.co.uk/

Time, http://time.com/

The Times Digital Archive, 1785 onwards, http://gale.cengage.co.uk/

U.K. Parliamentary Papers, http://parlipapers.proquest.com

Wellcome Library, digital collections: recipe books, http://wellcomelibrary.org/collections/digital-collections/recipe-books/

报刊

Athenian Gazette or Casuistical Mercury

The Atlanta Constitution

British Medical Journal

Chelmsford Chronicle

Chicago Daily Tribune

Cincinnati Daily Gazette

Daily Advertiser

Daily Courant

Daily Mirror

Daily News

Daily Post

Devon and Exeter Daily Gazette

The Englishman's Magazine

Evening Mail

The Evening News

Evening Telegraph and Star and Sheffield Daily Times

General Advertiser (1744)

The Gentleman's Journal

The Guardian

The Hairdressers' Journal, devoted to the interests of the profession

Hull Daily Mail

The Lady's Monthly Museum

The Leeds Mercury

London Chronicle or Universal Evening Post

London Gazette

The Manchester Guardian

Metro

Morning Chronicle

Morning Herald and Daily Advertiser

New Statesman

New York Times

New York Tribune

The Norfolk Chronicle: or, the Norwich Gazette

Oracle and Public Advertiser

The Penny Satirist

The Philadelphia Inquirer

Reads Weekly Journal or British Gazetteer

San Francisco Bulletin

St. James's Evening Post

The Scotsman

The Sheffield and Rotherham Independent

The Spectator

Star

Time

The Times

The Washington Post

Weekly Journal or British Gazetteer

Whitehall Evening Post or London Intelligencer

The Young Folk's Budget

主要印刷出版物

Andry de Bois-Regard, Nicolas. *Orthopædia: Or the Art of Correcting and Preventing Deformities in Children*. 2 vols. London, 1743.

Anon. *Crosby's royal fortune-telling almanack; or, Ladies universal pocket-book, for the year 1796*. London, [1795].

Anon. *The English Fortune-Teller*. London, 1670–9.

Anon. *To her Brown Beard*. [London], 1670–96.

Anon. *In Holborn over against Fetter-lane, at the sign of the last, liveth a physitian*. London, 1680.

Anon. *A new ballad of an amorous coachman.* [London], 1690.

Anon, *See, heer, malignants foolerie retorted on them properly The Sound-Head, Round-Head, Rattle-Head well plac'd, where best is merited.* [London],1642.

Anon, *A short, compendious, and true description of the round-heads and the long-heads shag-polls briefly declared.* London, 1642.

Aronson, Kristan J., Geoffrey R. Howe, Maureen Carpenter and Martha E. Fair. 'Surveillance of Potential Associations between Occupations and Causes of Death in Canada, 1965–91'. *Occupational and Environmental Medicine* 56 (1999): 265–9.

Aspinall-Oglander, Cecil. *Admiral's Widow: Being the Life and Letters of the Hon. Mrs. Edward Boscawen from 1761 to 1805.* London: Hogarth Press, 1942.

Asquith, Lady Cynthia. *Diaries 1915–1918.* London: Hutchinson, 1968.

B.[ulwer], J.[ohn]. *Anthropometamorphosis: man transform'd: or the artificiall changling.* London, 1653.

Baker, J.L., et al. 'Barbershops as Venues to Assess and Intervene in HIV/STI Risk among Young, Heterosexual African American Men'. *American Journal of Men's Health* 6 (2012): 368–82.

Banister, John. *An antidotarie chyrurgicall containing great varietie and choice medicines.* London, 1589.

Barbarossa [Alexander Ross]. *A Slap at the Barbers.* London, [*c.*1825].

Beasley, Henry. *The Druggist's General Receipt Book.* London: John Churchill, 1850.

Beaton, Cecil. *The Glass of Fashion.* London: Weidenfeld and Nicolson, 1954.

Beeton, Isabella. *The Book of Household Management.* 1861. Facsimile reprint. London: Jonathan Cape, 1977.

Bonsor, Sacha. 'A Tender Touch'. *Harper's Bazaar* (October 2013): 127.

Bremmer, L. Paul. *My Year in Iraq.* New York: Simon and Schuster, 2006.

Brontë, Charlotte. *Jane Eyre.* 1847. Reprinted. London: Penguin, 2012.

Brown, John. *Plain Words on Health Addressed to Working People.* [n.p.], 1882.

Burney, Frances. *The Court Journals and Letters of Frances Burney, vol. 1.* Edited by Peter Sabor. Oxford: Clarendon Press, 2011.

Campbell, R. *The London tradesman. Being a compendious view of all the trades.* London, 1747.

Chamberlain, John. *The Letters of John Chamberlain.* Edited by Norman Egbert McClure. 2 vols. Philadelphia: American Philosophical Society, 1939.

Chambers, Amelia. *The ladies best companion; or A Golden Treasure for the Fair Sex.* London, [1775?].

Christie, Agatha. *The Man in the Brown Suit.* 1924. Reprinted in *Agatha Christie: 1920s Omnibus.* London: HarperCollins, 2006.

Clifford, Anne. *The Diaries of Lady Anne Clifford,* edited by D.J.H. Clifford. Stroud: Alan Sutton, 1990.

Cobbett's Parliamentary History of England [*Cobbett's Parliamentary Debates*]. 36 vols. London: Printed by T.C. Hansard, for Longman et al., 1806–20.

Coke, Lady Mary. *The Letters and Journals of Lady Mary Coke.* 1889–96. Edited by J.A. Home. 4 vols. Reprinted. Bath: Kingsmead Reprints, 1970.

Copland, Robert. *The shepardes kalender.* London, 1570.

Crouch, Humphrey. *My Bird is a Round-head.* London, 1642.

Cumberland, Richard. *The Memoirs of Richard Cumberland.* Edited by Richard Dircks. 2 vols in 1. New York: AMS Press, 2002.

Darwin, Charles. *Descent of Man, and Selection in Relation to Sex, Part Two,* in *The Works of Charles Darwin.* Edited by Paul Barrett and R.B. Freeman. Vol. 22. London: William Pickering, 1989.

Emlinger Roberts, Rebecca. 'Hair Rules'. *The Massachusetts Review* 44 (2003/2004): 714–15.

Entry 3 / Level 1 VRQ in Hairdressing and Beauty Therapy, The City & Guilds Textbook. London: City & Guilds, 2012.

Erondell, Pierre. *The French garden: for English ladyes and gentlewomen to walke in.* London, 1605.

Evelyn, John. *The Diary of John Evelyn*. Edited by E.S. de Beer. 6 vols. Oxford: Oxford UP, 1955.

Fanshawe, Lady Ann. *The Memoirs of Anne, Lady Halkett and Ann, Lady Fanshawe*. Edited by John Loftis. Oxford: Oxford UP, 1979.

The First Book of Fashion: The Books of Clothes of Matthäus and Veit Konrad Schwarz of Augsburg. Edited by Ulinka Rublack and Maria Hayward. London: Bloomsbury, 2015.

Frampton, Mary. *The Journal of Mary Frampton*. Edited by Harriot Georgiana Mundy. London: S. Low, Marston, Searle and Rivington, 1885.

Franklin, Benjamin. *Benjamin Franklin's Autobiography*. Edited by J.A. Leo Lemay and P.M. Zall. New York: Norton, 1986.

Fraser, M., et al. 'Barbers as Lay Health Advocates: Developing a Prostate Cancer Curriculum'. *Journal of the National Medical Association* 101 (2009): 690–7.

Freeling, Arthur (ed.). *Gracefulness: Being a Few Words Upon Form and Features*. London: Routledge, [1845].

Gaskell, Elizabeth. *North and South*. 1855. Reprinted. London: Penguin, 2012.

Gill, Eric. *Clothes: An Essay Upon the Nature and Significance of the Natural and Artificial Integuments Worn by Men and Women*. London: Jonathan Cape, 1931.

Gipps, George. *A Sermon preached (before God, and from him) to the Honourable House of Commons*. London, 1644.

Gowing, Thomas S. *The Philosophy of Beards*. 1854. Reprinted. London: British Library, 2014.

Green, Martin, and Leo Palladino. *Professional Hairdressing: The Official Guide to Level 3*. 4th edn. London: Thomson, 2004.

Gregory the Great. *Dialogues*.

Gronow, R.H. *Captain Gronow's Recollections and Anecdotes of the Camp, the Court, and the Clubs, At the Close of the last War with France*. London: Smith, Elder and Co., 1864.

Guillemeau, Jacque. *Child-birth or, The happy deliuerie of vvomen*. London, 1612.

H.M. *Why Shave? or Beards v. Barbery*. London, [n.d., *c*.1888].

Hale, Cynthia M., and Jacqueline A. Polder. *ABCs of Safe and Healthy Child Care: A Handbook for Child Care Providers*. US Public Health Service, 1996.

Hall, Madame Constance. *How I Cured my Superfluous Hair*. London, [1910?].

Hardy, Lady Violet. *As It Was*. London: Christopher Johnson, 1958.

Harrold, Edmund. *The Diary of Edmund Harrold, Wigmaker of Manchester 1712–15*. Edited by Craig Horner. Aldershot: Ashgate, 2008.

Hart, John. *An address to the public, on the subject of the starch and hair-powder manufacturies*. London, [1795].

Hays, Mary. *Appeal to the Men of Great Britain in Behalf of Women*. London, 1798.

Hutchinson Almond, Hely. *The Difficulty of Health Reformers*. [n.p], 1884.

Hutchinson, Lucy. *Memoirs of the Life of Colonel Hutchinson*. Edited by N.H. Keeble. London: Dent, 1995.

Jeamson, Thomas. *Artificiall embellishments, or Arts best directions how to preserve beauty or procure it*. Oxford, 1665.

Jenyns, Soame. *The Works of Soame Jenyns, Esq*., 4 vols. London, 1790.

Jones, David K. 'Promoting Cancer Prevention through Beauty Salons and Barbershops'. *North Carolina Medical Journal* 69 (2008): 339–40.

La Fountaine, *A brief collection of many rare secrets*. [n.p.], 1650.

Lawrence, D.H. *The Collected Letters of D. H. Lawrence*. Edited by Harry T. Moore. 2 vols. London: Heinemann, 1962.

Levens, Peter. *A right profitable booke for all disseases Called The pathway to health*. London, 1582.

Lockes, Shaun. *Cutting Confidential: True Confessions and Trade Secrets of a Celebrity Hairdresser*. London: Orion, 2007.

MacDonald, John. *Memoirs of an Eighteenth-Century Footman: John MacDonald's Travels (1745–1779)*. Edited by John Beresford. London: Routledge, 1927.

Mayhew, Henry, and John Binny. *The Criminal Prisons of London and Scenes of Prison Life*. 1862. Reprinted. London: Frank Cass and Co., 1971.

Modern Etiquette in Public and Private. London: Frederick Warne and Co., [*c*.1887].

Moore, William. *The art of hair-dressing*. Bath, [1780].

Pafford, J.H.P. *John Clavell 1601–43: Highwayman, Author, Lawyer, Doctor. With a Reprint of his Poem 'A Recantation of an Ill Led Life, 1634*. Oxford: Leopard Press, 1993.

Papendiek, Charlotte. *Court and Private Life in the Time of Queen Charlotte: Being the Journals of Mrs Papendiek, Assistant Keeper of the Wardrobe and Reader to Her Majesty*. Edited by Mrs Vernon Delves Broughton. 2 vols. London: Richard Bentley and Son, 1887.

The Parliamentary register; or, history of the proceedings and debates of the House of Commons. 45 vols. London: printed for J. Almon and J. Debrett, 1781–96.

Partridge, John. *The widowes treasure plentifully furnished with sundry precious and approoued secretes in phisicke and chirurgery for the health and pleasure of mankind*. London, 1586.

Pepys, Samuel. *The Diary of Samuel Pepys*. Edited by Robert Latham and William Matthews. 11 vols. London: G. Bell, 1970–83.

Pharmaceutical Formulas: A Book of Useful Recipes for the Drug Trade. Annotated by Peter MacEwan. 3rd edn. London: The Chemist and Druggist, September 1898.

Pharmaceutical Formulas: A Book of Useful Recipes for the Drug Trade. Annotated by Peter MacEwan. 4th edn. London: The Chemist and Druggist, October 1899.

Pharmaceutical Formulas: A Book of Useful Recipes for the Drug Trade. Annotated by Peter MacEwan. 5th edn. London: The Chemist and Druggist, February 1902.

Pharmaceutical Formulas: Being 'The Chemist and Druggist's' Book of Useful Recipes for the Drug Trade. By Peter MacEwen. 7th edn. London: The Chemist and Druggist, 1908.

Pharmaceutical Formulas: Being 'The Chemist and Druggist's' Book of Useful Recipes for the Drug Trade. By Peter MacEwen. 8th edn. London: The Chemist and Druggist, 1911.

Pharmaceutical Formulas: Being 'The Chemist and Druggist's' Book of Useful Recipes for the Drug Trade. By Peter MacEwen. 9th edn rev. and enl. London: The Chemist and Druggist, 1914.

Pharmaceutical Formulas: Being 'The Chemist and Druggist' Book of Selected Formulas from the British, United States and other Pharmacopoeias. By S.W. Woolley and G.P. Forrester. 2 vols. 10th edn entirely rev. London: The Chemist and Druggist, 1934.

Pharmaceutical Formulas Volume II: (P. F. vol. II) Formulas. 11th edn. London: The Chemist and Druggist, 1956.

Plat, Sir Hugh. *Delightes for ladies to adorn their persons*. London, 1608.

Platter, Felix. *Platerus golden practice of physick fully and plainly disovering*. London, 1664.

Pope, Alexander. 'The Rape of the Lock', in *The Restoration and the Eighteenth Century*, The Oxford Anthology of Literature, edited by Martin Price, 321–44. Oxford: Oxford University Press, 1973.

Prynne, William. *The vnlouelinesse, of loue-lockes*. London, 1628.

Pückler-Muskau, Hermann, Fürst von. *Pückler's Progress: The Adventures of Prince Pückler-Muskau in England, Wales and Ireland as Told in Letters to his Former Wife, 1826–9*. Translated by Flora Brennan. London: Collins, 1987.

Raverat, Gwen. *Period Piece: A Victorian Childhood*. 1952. Reprinted. Bath: Clear Press, 2003.

Releford, B.J., et al. 'Cardiovascular Disease Control through Barbershops: Design of Nationwide Outreach Program'. *Journal of the National Medical Association* 102 (2010): 336–45.

Ritchie, David. *A Treatise on the Hair*. London, 1770.

Ross, Alexander. *A treatise on bear's grease*. London, 1795.

Sassoon, Vidal. *Vidal: The Autobiography*. London: Macmillan, 2010.

Sayers, Dorothy. *Have His Carcase*. 1932. Reprinted. London: New English Library, 1986.

Sennert, Daniel. *The Art of chirurgery explained in six parts*. London, 1663.

Shakespeare, William. *A Midsummer Night's Dream*.

Sitwell, Georgiana. *The Dew, It Lyes on the Wood*. In *Two Generations*, edited by Osbert Sitwell. London: Macmillan, 1940.

Smith, J.T. *Ancient Topography of London*. London: John Thomas Smith, 1815.

The soundheads description of the roundhead. Or The roundhead exactly anatomized in his integralls and excrementalls. London, 1642.

Springsteen, Bruce. *Born to Run.* London: Simon and Schuster, 2016.

Squire, Balmanno. *Superfluous Hair and the Means of Removing It.* London: J.A. Churchill, 1893.

Steele, Elizabeth. *Memoirs of Sophia Baddeley.* 6 vols. London, 1787.

Stuart Royal Proclamations, vol. II *Royal Proclamations of King Charles I 1625–1646.* Edited by James Larkin. Oxford: Clarendon Press, 1983.

Stuart, Lady Arbella. *The Letters of Lady Arbella Stuart.* Edited by Sara Jayne Steen. New York: Oxford UP, 1994.

Stubbes, Philip. *The second part of the anatomie of abuses conteining the display of corruptions.* London, 1583.

Swift, Jonathan. *The Correspondence of Jonathan Swift*, edited by H. Williams. 5 vols. Oxford: Clarendon Press, 1963.

Swift. Jonathan. *Journal to Stella*, edited by H. Williams. 2 vols. Oxford: Blackwell, 1974.

T. J. *A Medicine for the Times. Or an antidote against Faction.* London, 1641.

Taylor, John. *Superbiae flagellum, or, The vvhip of pride.* London, 1621.

Taylor, John. *The Devil turn'd Round-head.* [London], 1642.

Theoharris, Athan (ed.). *From the Secret Files of J. Edgar Hoover.* Chicago: I.R. Dee, 1991.

Theologos. *Shaving: A Breach of the Sabbath.* London, 1860.

Thomson, Elizabeth, and David Gutman (eds). *The Lennon Companion: Twenty-Five Years of Comment.* Houndmills and London: Macmillan Press, 1987.

Titmus, Keryl. *Level 2 NVQ Diploma in Hairdressing*, The City & Guilds Textbook. London: City & Guilds, 2011.

Torriano, Giovanni. *The second alphabet consisting of proverbial phrases.* London, 1662.

Valeriano, Pierio. *A treatise vvriten by Iohan Valerian a greatte clerke of Italie, which is intitled in latin Pro sacerdotum barbis translated in to Englysshe.* [London, 1533].

Walpole, Horace. *Selected Letters.* 1926. Edited by William Hadley. Reprinted, London: Dent, 1948.

Wenner, Jann. *Lennon Remembers: The Rolling Stone Interviews.* 1970. Harmondsworth: Penguin, 1973.

[W.M.], *The Queens closet opened incomparable secrets in physic, chyrurgery, preserving, and candying &c.* London, 1655.

Woodforde, James. *The Ansford Diary of James Woodforde, Vol. 4: 1769–1771.* Edited by R.L. Winstanley. [n.p.]: Parson Woodforde Society,1986.

Woodforde, James. *The Diary of James Woodforde, Volume 10 1782–1784.* Edited by R.L. Winstanley. [n.p.]: Parson Woodforde Society, 1998.

Woodforde, James. *The Diary of James Woodforde, Volume 11 1785–1787.* Edited by R.L. Winstanley and Peter Jameson. [n.p.]: Parson Woodforde Society. 1999.

Woodforde, James. *The Diary of James Woodforde, Volume 13 1791–1793.* Edited by Peter Jameson. [n.p.]: Parson Woodforde Society, 2003.

Woodforde, James. *The Diary of James Woodforde, Volume 14 1794–1795.* Edited by Peter Jameson. [n.p.]: Parson Woodforde Society, 2004.

Woodforde, James. *The Oxford and Somerset Diary of James Woodforde 1774–1775.* Edited by R.L. Winstanley. [n.p.]: Parson Woodforde Society, 1989.

Woodforde, James. *Woodforde at Oxford 1759–1776*, edited by W.N. Hargreaves-Mawdsley, Oxford Historical Society, n.s. 21 (1969).

Woolley, Hannah. *The Accomplish'd lady's delight.* London, 1675.

Wraxall, Sir N. William. *Historical Memoirs of my own Time.* 1815. Reprinted. London: Kegan Paul, Trench, Trubner and Co., 1904.

Wrecker, John Jacob. *Cosmeticks, or, the beautifying part of physic.* London, 1660.

Wright Proctor, Richard. *The Barber's Shop.* Manchester and London, 1883.

Zdatny, Steven (ed.). *Hairstyles and Fashion: A Hairdresser's History of Paris.* Oxford: Berg, 1999.

次要印刷出版物

Adam, Rachel. *Sideshow USA: Freaks and the American Cultural Imagination.* Chicago: University of Chicago Press, 2001.

Amann, Elizabeth. *Dandyism in the Age of Revolution: The Art of the Cut.* Chicago and London: University of Chicago Press, 2015.

Andrews, William. *At the Sign of the Barber's Pole: Studies in Hirsute History.* 1904. Reprinted. [n.p.]: Dodo Press, [n.d.].

Archer, John E. *Social Unrest and Popular Protest in England 1780–1840.* Cambridge: Cambridge UP, 2000.

Arnold, Janet. *Queen Elizabeth's Wardrobe Unlock'd.* Leeds: Maney, 1988.

Aspin, Richard. 'Who Was Elizabeth Okeover?'. *Medical History* 44 (2000): 531–40.

Baker, Paul. *Polari: The Lost Language of Gay Men.* London: Routledge, 2002.

Baron, Steve, and Kim Harris. 'Case Study 1: Joe & Co, Hairdressing'. In *Services Marketing: Texts and Cases*, by Steve Baron and Kim Harris, 206–211. 2nd edn. Basingstoke: Palgrave, 2003.

Barrell, John. *The Spirit of Despotism: Invasions of Privacy in the 1790s.* Oxford: Oxford UP, 2006.

Beard, Mary. *It's a Don's Life.* London: Profile Books, 2009.

Beaujot, Ariel. *Victorian Fashion Accessories.* London: Berg, 2012.

Beetles, Andrea C., and Lloyd C. Harris. 'The Role of Intimacy in Service Relationships: An Exploration'. *Journal of Services Marketing* 24 (2010): 347–58.

Biddle-Perry, Geraldine, and Sarah Cheang (eds). *Hair: Styling, Culture and Fashion.* Oxford: Berg, 2008.

Bogdan, Robert. *Freak Show: Presenting Human Oddities for Amusement and Profit.* Chicago: University of Chicago Press, 1988.

Boroughs, Michael, Guy Cafri, and J. Kevin Thompson. 'Male Body Depilation: Prevalence and Associated Features of Body Hair Removal'. *Sex Roles* 52 (2005): 637–44.

Bove, Liliana L., and Lester W. Johnson. 'Does "True" Personal or Service Loyalty Last? A Longitudinal Study'. *Journal of Services Marketing* 23 (2009): 187–94.

Brown, Jonathan, and Richard L. Kagan. 'The Duke of Alcalá: His Collection and Its Evolution'. *The Art Bulletin* 69 (1987): 231–55.

Cavallo, Sandra. *Artisans of the Body in Early Modern Italy: Identities, Families and Masculinities.* Manchester: Manchester UP, 2007.

Chemers, Michael M. *Staging Stigma: A Critical Examination of the American Freak Show.* New York: Palgrave Macmillan, 2008.

Clarke, Bob. *From Grub Street to Fleet Street: An Illustrated History of English Newspapers to 1899.* Aldershot: Ashgate, 2004.

Cole, Shaun. 'Hair and Male (Homo) Sexuality: "Up Top and Down Below"'. In *Hair: Styling, Culture and Fashion*, edited by Geraldine Biddle-Perry and Sarah Cheang, 81–95. Oxford: Berg, 2008.

Cooper, Wendy. *Hair: Sex Society Symbolism.* London: Aldus Books, 1971.

Corson, Richard. *Fashions in Hair: The First Five Thousand Years.* London: Peter Owen, 1971.

Cox, Caroline. *Good Hair Days: A History of British Hairstyling.* London: Quartet Books, 1999.

Cunnington, C. Willett, and Phillis Cunnington. *Handbook of English Costume in the Nineteenth Century.* 3rd edn. London: Faber, 1970.

Davis, Fred. *Fashion, Culture, and Identity.* Chicago and London: University of Chicago Press, 1992.

Dawson, Mark S. 'First Impressions: Newspaper Advertisements and Early Modern English Body Imaging'. *Journal of British Studies* 50 (2011): 277–306.

De Groot, Jerome. *Royalist Identities.* Houndmills: Palgrave Macmillan, 2004.

Doan, Laura. *Fashioning Sapphism: The Origins of a Modern Lesbian Culture.* New York: Columbia UP, 2001.

Draper, R.P. (ed.). *D. H. Lawrence: The Critical Heritage.* London: Routledge and Kegan Paul, 1970.

Durbah, Nadja. *Spectacle of Deformity: Freak Shows and Modern British*

Culture. Berkeley: University of California Press, 2010.

Durbin, Gail. *Wig, Hairdressing and Shaving Bygones*. Oxford: Shire, 1984.

Eales, Jacqueline. *Puritans and Roundheads: The Harleys of Brampton Bryan and the Outbreak of the English Civil War.* Cambridge: Cambridge UP, 1990.

Edwards, Eiluned. 'Hair, Devotion and Trade in India'. In *Hair: Styling, Culture and Fashion*, edited by Geraldine Biddle-Perry and Sarah Cheang, 149–66. Oxford: Berg, 2008.

Edwards, Louise. *Women Warriors and Wartime Spies of China*. Cambridge: Cambridge UP, 2016.

Evenden, Doreen. 'Gender Difference in the Licensing and Practice of Female and Male Surgeons in Early Modern England'. *Medical History* 42 (1998): 194–216.

Falaky, Fayçal. 'From Barber to Coiffeur: Art and Economic Liberalisation in Eighteenth-Century France'. *Journal for Eighteenth-Century Studies* 36 (2013): 35–48.

Fisher, Will. *Materializing Gender in Early Modern English Literature and Culture*. Cambridge: Cambridge UP, 2006.

Foan, Gilbert (ed.). *The Art and Craft of Hairdressing: A Standard and Complete Guide to the Technique of Modern Hairdressing, Manicure, Massage and Beauty Culture*. London: Sir Isaac Pitman, 1931.

Fornaciai, Valentina. *'Toilette', Perfumes and Make-up at the Medici Court: Pharmaceutical Recipe Books, Florentine Collections and the Medici Milieu Uncovered*. Livorno: Sillabe, 2007.

Friesen, Ilse E. *The Female Crucifix: Images of St. Wilgefortis Since the Middle Ages*. Waterloo, ON: Wilfrid Laurier UP, 2001.

Gere, Charlotte, and Judy Rudge. *Jewellery in the Age of Queen Victoria A Mirror to the World*. London: British Museum Press, 2010.

Gieben-Gamal, Emma. 'Feminine Spaces, Modern Experiences: The Design and Display Strategies of British Hairdressing Salons in the 1920s and 1930s'. In *Interior Design and Identity*, edited by Susie McKellar and Penny Sparke, 133–54. Manchester: Manchester UP, 2004.

Graham, Gael. 'Flaunting the Freak Flag: *Karr v. Schmidt* and the Great Hair Debate in American High Schools, 1965–1975'. *The Journal of American History* 91 (2004): 522–43.

Guéguen, Nicolas. 'Hair Color and Courtship: Blond Women Received More Courtship Solicitations and Redhead Men Received More Refusals'. *Psychological Studies* 57 (2012): 369–75.

Hall, Stuart. 'The Hippies: An American "Moment"', Occasional Paper, Sub and Popular Culture Series: SP No. 16. Centre for Cultural Studies, University of Birmingham, 1968.

Hampton, Wayne. *Guerrilla Minstrels: John Lennon, Joe Hill, Woody Guthrie, Bob Dylan*. Knoxville: University of Tennessee Press, 1986.

Hawksley, Lucinda. *Moustaches, Whiskers and Beards*. London: National Portrait Gallery, 2014.

Hebdige, Dick. *Subculture: The Meaning of Style*. 1979. Reprinted. London: Routledge, 2003.

Herzog, Don. 'The Trouble with Hairdressers'. *Representations* 53 (1996): 21–43.

Hill, Christopher, and Edmund Dell (eds). *The Good Old Cause: The English Revolution of 1640–1660*. Revised edn. London: Frank Cass, 1969.

Holbrook, Stuart. 'The Beard of Joseph Palmer'. *The American Scholar* 13, no. 4 (1944): 451–8.

Holm, Christine. 'Sentimental Cuts: Eighteenth-Century Mourning Jewelry with Hair'. *Eighteenth-Century Studies* 38 (2004): 139–43.

Holroyd, Michael. *Augustus John: The New Biography*. London: Vintage, 1997.

Hunt, Tristam. *The The English Civil War at First Hand*. London: Weidenfeld and Nicolson, 2002.

Huxley, Gervas. *Endymion Porter: The Life of a Courtier 1587–1649*. London: Chatto and Windus, 1959.

Immergut, Matthew. 'Manscaping: The Tangle of Nature, Culture, and Male Body Hair'. In *The Body Reader*, edited by Lisa Jean Moore and Mary Kosut, 287–304. New York and London: New York UP, 2010.

Johnston, Mark Albert. 'Bearded Women in Early Modern England'.

Studies in English Literature 1500–1900 47 (2007): 1–28.

Jones, Geoffrey. 'Blonde and Blue-eyed? Globalizing Beauty, c.1945–c.1980'. *Economic History Review* 61 (2008): 125–54.

Larson, Jessica. 'Usurping Masculinity: The Gender Dynamics of the coiffure à la Titus in Revolutionary France'. BA dissertation, University of Michigan, 2013.

Leach, E.R. 'Magical Hair'. *The Journal of the Royal Anthropological Institute of Great Britain and Ireland* 88, pt 2 (1958): 147–64.

Lesnik-Oberstein, Karin (ed.), *The Last Taboo: Women and Body Hair*. Manchester: Manchester UP, 2006.

Lethbridge, Lucy. *Servants: A Downstairs View of Twentieth-Century Britain*. London: Bloomsbury, 2013.

Lovell, Mary S. *The Mitford Girls: The Biography of an Extraordinary Family*. 2001. Reprinted. London: Abacus, 2002.

Mabey, Richard. *Flora Britannica*. London: Sinclair-Stevenson, 1996.

Mack, Robert L. *The Wonderful and Surprising History of Sweeney Todd*. London: Continuum, 2007.

Maguire, Laurie. 'Petruccio and the Barber's Shop'. *Studies in Bibliography* 51 (1998): 117–26.

Mahawatte, Royce. 'Hair and Fashioned Femininity in Two Nineteenth-Century Novels'. In *Hair: Styling, Culture and Fashion*, edited by Geraldine Biddle-Perry and Sarah Cheang, 193–203. Oxford: Berg, 2008.

Mansfield, Howard. *The Same Axe, Twice: Restoration and Renewal in a Throwaway Age*. Hanover, NH: UP of New England, 2000.

March, Rosemary. 'The Page Affair: Lady Caroline Lamb's Literary Cross-Dressing', available at http://www.sjsu.edu/faculty/douglass/caro/PageAffair.pdf

Matson, Andrew, and Stephen Duncombe. *The Bobbed Haired Bandit: A True Story of Crime and Celebratory in 1920s New York*. New York: NYU Press, 2006.

Melling, Joan. *Big Bad Wolves: Masculinity in the American Film*. New York: Pantheon Books, 1977.

Moller, Herbert. 'The Accelerated Development of Youth: Beard Growth as a Biological Marker'. *Comparative Studies in Society and History* 29 (1987):748–62.

Muddiman, J.G. *Trial of King Charles the First*. Edinburgh and London: W. Hodge and Company, 1928.

Murray, I. 'The London Barbers'. In *The Company of Barbers and Surgeons*, edited by Ian Burn, 73–86. London: Ferrand Press, 2000.

Nickell, Joe. *Secrets of the Sideshows*. Lexington: University of Kentucky Press, 2005.

Nicolson, Virginia. *Among the Bohemians: Experiments in Living 1900–1939*. London: Penguin, 2003.

Nightlinger, Elizabeth. 'The Female *Imitatio Christi* and Medieval Popular Religion: The Case of St Wilgefortis'. In *Representations of the Feminine in the Middle Ages*, edited by Bonnie Wheeler, 291–328. Dallas: Academia, 1993.

October, Dene. 'The Big Shave: Modernity and Fashions in Men's Facial Hair'. In *Hair: Styling, Culture and Fashion*, edited by Geraldine Biddle-Perry and Sarah Cheang, 67–78. Oxford: Berg, 2008.

Ofek, Galia. *Representations of Hair in Victorian Literature and Culture*. Farnham: Ashgate, 2009.

Oldstone-Moore, Christopher. 'Moustaches and Masculine Codes in Early Twentieth-Century America'. *Journal of Social History* 45 (2011): 47–60.

Oldstone-Moore, Christopher. *Of Beards and Men: The Revealing History of Facial Hair*. Chicago: University of Chicago Press, 2016.

Oldstone-More, Christopher. 'The Beard Movement in Victorian Britain'. *Victorian Studies* 48 (2005): 7–34.

Orgel, Stephen and Roy Strong (eds). *Inigo Jones: The Theatre of the Stuart Court*. 2 vols. [London]: Sotheby Parke Bernet, 1973.

Pearl, Sharrona. *About Faces: Physiognomy in Nineteenth-Century Britain*. Cambridge, MA: Harvard University Press, 2010.

Pelling, Margaret. 'Appearance and Reality: Barber-surgeons, the Body and Disease'. In *London 1500–1700: The Making of a Metropolis*, edited by A.L. Beier and Roger Finlay, 82–110. London: Longman, 1986.

Pelling, Margaret. *The Common Lot: Sickness, Medical Occupations and the Urban Poor in Early Modern England.* London: Longman, 1998.

Pergament, Deborah. 'It's Not Just Hair: Historical and Cultural Considerations for an Emerging Technology'. *Chicago-Kent Law Review* (75): 48–52.

Peterkin, Allan. *One Thousand Beards: A Cultural History of Facial Hair.* Vancouver: Arsenal Pulp Press, 2001.

Phillips, Clare. *Jewelry: From Antiquity to the Present.* London: Thames and Hudson, 1996.

Pickering, Paul. 'Class Without Words: Symbolic Communication in the Chartist Movement'. *Past and Present* 112 (1986): 144–62.

Pierce, Helen. *Unseemly Pictures: Graphic Satire and Politics in Early Modern England.* New Haven and London: Yale UP for the Paul Mellon Centre for Studies in British Art, 2008.

Piper, David. *The English Face*, edited by Malcom Roger. Revised edn. London: National Portrait Gallery, 1992.

Pitman, Joanna. *On Blondes. From Aphrodite to Madonna: Why Blondes Have More Fun.* London: Bloomsbury, 2003.

Pointon, Marcia. *Brilliant Effects: A Cultural History of Gem Stones and Jewellery.* New Haven and London: published for The Paul Mellon Centre for Studies in British Art by Yale UP, 2009.

Rahm, Virginia L. 'Human Hair Ornaments'. *Minnesota History* 44 (1974): 70–4.

Reynolds, Reginald. *Beards: An Omnium Gatherum.* London: George Allen and Unwin, 1950.

Ribeiro, Aileen. *Facing Beauty: Painted Women and Cosmetic Art.* New Haven and London: Yale UP, 2011.

Ribeiro, Aileen. *Fashion in the French Revolution.* London: Batsford, 1988.

Roberts, Mary Louise. 'Samson and Delilah Revisited: The Politics of Women's Fashion in 1920s France'. *The American Historical Review* 98 (1993): 657–84.

Robertson, Geoffrey. 'Who Killed the King?'. *History Today* 56, no. 11 (2006).

Rycroft, Eleanor. 'Facial Hair and the Performance of Adult Masculinity on the Early Modern English Stage'. In *Locating the Queen's Men, 1583–1603: Material Practices and Conditions of Playing*, edited by Helen Ostovich, Holder Schott Syme and Andrew Griffin, 217–28. Aldershot: Ashgate, 2009.

Schulenburg, Jane Tibbetts. *Forgetful of their Sex: Female Sanctity and Society ca. 500–1100.* Chicago: University of Chicago Press, 1998.

Sherrow, Victoria. *Encyclopedia of Hair: A Cultural History.* Westport: Greenwood Press, 2006.

Sheumaker, Helen. '"This Lock You See": Nineteenth-Century Hair Work as the Commodified Self'. *Fashion Theory: The Journal of Dress, Body and Culture* 1 (1997): 421–45.

Sinclair, Rodney. 'Fortnightly Review: Male Pattern Androgenetic Alopecia'. *British Medical Journal* 317, no. 7162 (26 September 1998): 865–9.

Skoski, Joseph R. 'Public Baths and Washhouses in Victorian Britain, 1842–1914'. Ph.D. thesis, Indiana University, Bloomington, 2000.

Smit, Christopher R. 'A Collaborative Aesthetic: Levinas's Idea of Responsibility and the Photographs of Charles Eisenmann and the Late Nineteenth-Century Freak-Performer'. In *Victorian Freaks: The Social Context of Freakery in Britain*, edited by Marlene Tromp, 238–311. Columbus: Ohio State UP, 2008.

Smith, Virginia. *Clean: A History of Personal Hygiene and Purity.* Oxford: Oxford UP, 2007.

Spufford, Margaret. *The Great Reclothing of Rural England: Petty Chapmen and their Wares in the Seventeenth Century.* London: Hambledon Press, 1984.

Stevens Cox, James. *An Illustrated Dictionary of Hairdressing and Wigmaking.* Rev. edn. London: Batsford, 1984.

Sullivan, Eric, and Andrew Wear. 'Materiality, Nature and the Body'. In *The Routledge Handbook of Material Culture in Early Modern Europe*, edited by Catherine Richardson, Tara Hamling and David R.M. Gaimster, 141–57. London: Routledge, 2017.

Sun, Lung-kee. 'The Politics of Hair and the Issue of the Bob in Modern

China'. *Fashion Theory: The Journal of Dress, Body and Culture* 1 (1997): 353–65.

Swami, Viren, and Seishin Barrett. 'British Men's Hair Color Preferences: An Assessment of Courtship Solicitation and Stimulus Ratings'. *Scandinavian Journal of Psychology* 52, no. 6 (2011): 595–600.

Synnott, Anthony. 'Hair: Shame and Glory'. In *The Body Social: Symbolism, Self and Society*, by Anthony Synnott, 103–27. London: Routledge, 1993.

Szreter, Simon, and Kate Fisher. *Sex before the Sexual Revolution: Intimate Life in England 1918–1963*. Cambridge: Cambridge UP, 2010.

Taavitsainen, Irma. '*Characters* and English Almanac Literature: Genre Development and Intertextuality'. In *Literature and the New Interdisciplinarity: Poetics. Linguistics, History*, edited by Roger D. Sell and Peter Verdonk, 163–78. Amsterdam and Atlanta: Rodopi, 1994.

Tarlo, Emma. *Entanglement: The Secret Lives of Hair*. London: Oneworld Publications, 2016.

Toerien, Merran. 'Hair Removal and the Construction of Gender: A Multi-Method Approach'. Ph.D. thesis, University of York, 2004.

Trainor, Sean. 'Fair Bosom/Black Beard: Facial Hair, Gender Determination, and the Strange Career of Madame Clofullia, "Bearded Lady"'. *Early American Studies* 12 (2014): 548–75.

Tunbridge, W. Michael G. 'La Mujer Barbuda by Ribera, 1631: A Gender Bender'. *QJM: An International Journal of Medicine* 104 (2011): 733–6.

Velasco, Sherry. 'Women with Beards in Early Modern Spain'. In *The Last Taboo: Women and Body Hair*, edited by Karin Lesnik-Oberstein, 181–90. Manchester: Manchester UP, 2006.

Velody, Rachel. 'Hair-"Dressing" in Desperate Housewives: Narration, Characterization and the Pleasures of Reading Hair'. In *Hair: Styling, Culture and Fashion*, edited by Geraldine Biddle-Perry and Sarah Cheang, 215–27. Oxford: Berg, 2008.

Vigarello, George. *Concepts of Cleanliness: Changing Attitudes in France since the Middle Ages*. Cambridge: Cambridge UP, 1988.

Vincent, Susan. 'Beards and Curls: Hair at the Court of Charles I'. In *(Un) dressing Rubens: Fashion and Painting in Seventeenth-Century Antwerp*, edited by Abigail Newman and Lieneke Nijkamp. New York: Harvey Miller, forthcoming.

Vincent, Susan. 'Men's Hair: Managing Appearances in the Long Eighteenth Century'. In *Gender and Material Culture in Britain Since 1600*, edited by Hannah Grieg, Jane Hamlett and Leonie Hannan, 49–67. London: Palgrave, 2016.

Vincent, Susan. *The Anatomy of Fashion: Dressing the Body from the Renaissance to Today*. Oxford: Berg, 2003.

Waugh, Norah. *The Cut of Men's Clothes, 1600–1900*. 1964. Reprinted. Abingdon: Routledge, 2015.

Wedgwood, C.V. *The Trial of Charles I*. London: Collins, 1964.

Weitz, Rose. *Rapunzel's Daughters: What Women's Hair Tell Us About Women's Lives*. New York: Farrar, Strauss and Giroux, 2004.

White, Carolyn L. *American Artifacts of Personal Adornment 1680–1820: A Guide to Identification and Interpretation*. Lanham, MD: Altamira Press, 2005.

Wiesner-Hanks, Merry. *The Marvelous Hairy Girls: The Gonzales Sisters and their Worlds*. New Haven: Yale UP, 2009.

Willen, Diane. 'Guildswomen in the City of York, 1560–1700'. *The Historian* 43 (1984): 204–28.

Williams, Tamsyn. '"Magnetic Figures": Polemical Prints of the English Revolution'. In *Renaissance Bodies: The Human Figure in English Culture, c. 1540–1660*, edited by Lucy Gent and Nigel Llewellyn, 88–94. London: Reaktion, 1990.

Withey, Alun. 'Shaving and Masculinity in Eighteenth-Century Britain'. *Journal for Eighteenth-Century Studies* 36 (2013): 225–43.

Wright, Lawrence. *Clean and Decent: The Fascinating History of the Bathroom and the Water Closet*. London: Routledge and Kegan Paul, 1960.

Zdatny, Steven. 'The Boyish Look and the Liberated Woman: The Politics and Aesthetics of Women's Hairstyles'. *Fashion Theory* 1 (1997): 367–97.

MULCUTO